Jürgen Reiß

Schimmelpilze

Lebensweise Nutzen Schaden Bekämpfung

Mit einem Geleitwort von H. K. Frank

Mit 69 Abbildungen

Springer-Verlag
Berlin Heidelberg New York Tokyo

Dr. Jürgen Reiss

Mikrobiologisches Labor der Grahamhaus Studt KG
6550 Bad Kreuznach

Umschlagbild: Konidienträger von Penicillium
(aus Wartenberg, 1972; mit freundlicher Genehmigung des G. Thieme Verlages, Stuttgart)

ISBN 3-540-16419-7 Springer-Verlag Berlin Heidelberg New York Tokyo
ISBN 0-387-16419-7 Springer-Verlag New York Heidelberg Berlin Tokyo

CIP-Kurztitelaufnahme der Deutschen Bibliothek.
Reiss, Jürgen: Schimmelpilze : Lebensweise, Nutzen, Schaden, Bekämpfung / Jürgen Reiss. – Berlin ; Heidelberg ; New York ; Tokyo : Springer, 1986.
ISBN 3-540-16419-7 (Berlin ...)
ISBN 0-387-16419-7 (New York ...)

Druck und Bindearbeiten: Beltz, Offsetdruck, Hemsbach/Bergstr.
2131/3130-543210

Geleitwort

Es gehört eine Portion Mut dazu, ein Buch über Schimmelpilze zu schreiben – und zu verlegen. Jeder Mensch kennt die Schimmelpilze aus seiner täglichen Umgebung im Haus, im Garten, auf dem Käse, auf der Tapete, auf alten Schuhen und, und, und ... "Die gehören doch zu unserem Leben". Der Biologe kennt die Bezeichnung Schimmelpilze zwar auch aus dem täglichen Leben, aber im Studium tauchte dieser Begriff nicht oder fast nicht auf, und der Mykologe ist entsetzt über eine so unwissenschaftliche Taxonomie einer Gruppe von Pilzen, die es in seinem System nicht gibt. Fachleute vom Vorratsschutz, Materialschutz, Dermatologen, Allergologen, Tierärzte, Phytopathologen und andere Spezialisten kennen "ihre" Pilzarten, mit welchen sie sich täglich herumzuschlagen haben, aber Schimmelpilze, die gibt es schon, doch das sind entsetzlich viele. Für die Bodenkunde und die Ökologie ist diese Gruppe von Organismen die wichtigste Hilfstruppe zur Erhaltung der Bodenfruchtbarkeit und zur Rezyklisierung, zur Stabilisierung des Gleichgewichts zwischen organischen und anorganischen Verbindungen auf der Erdoberfläche. Einige Wissenschaftler wissen, daß es da in Holland, in Baarn, ein "Centraalbureau voor Schimmelcultures" gibt.

Mit der Entdeckung des Penicillins vor 50 Jahren wurde man auf die "niederen" Pilze wegen ihrer Biosyntheseleistungen aufmerksam, und die Naturstoffchemiker nahmen sich ihrer an. In der Pharmaindustrie wurden Methoden zur Massenkultur entwickelt und damit die Basis für die moderne Biotechnologie geschaffen; Medizin und Patienten ernteten die Früchte. Vor 25 Jahren wurden dann die Aflatoxine entdeckt, und man lernte plötzlich, daß bei diesen Organismen noch ein ganz anderes Potential an Stoffwechselprodukten vorhanden war, vor dem man sich in acht nehmen mußte. Mit der Zunahme der Angst vor dem "Gift in der Nahrung" wuchsen auch das Interesse und die kritische Haltung gegenüber den Pilzen. Mykologen, Chemiker, Tierernährer, Mediziner, Landwirte und Ökologen hatten ein alle verbindendes Gesprächsthema bekommen, und Lebensmittelmikrobiologen und Vorratsschützer waren daran ebenso interesssiert wie Biochemiker und Hersteller von Enzymen.

Mit der Energieeinsparung bei der Wohnraumheizung wurden die Fenster immer mehr abgedichtet, der Luftaustausch verringerte sich, und die Zunahme von Schimmelschäden an den Wänden rief Architekten und Allergologen auf den Plan.

Die saprophytischen Pilze, einst Arbeitsgebiet einiger, z.T. belächelter Gelehrter, waren "kongreßfähig" geworden.

Dieses weite Gebiet wurde synopsenartig zusammengefaßt, und es zeigt den genannten Fachleuten zwar nicht das eigene Metier in seiner Tiefe und Umfänglichkeit – hierfür gibt es die Spezialliteratur –, es zeigt ihnen aber die benachbarten Probleme hinreichend deutlich. So verbindet dieses Buch Disziplinen, die von der Ausbildung her und in der Ausübung ihres Berufes nur Ausschnitte der Organismengruppe kennen, nur partiell wissen, welcher Stoffwechselleistungen, welcher Anpassung, welcher Zerstörungskraft, welcher Wachstums- und Vermehrungsraten sie fähig ist.

Weltweit gehen etwa 5% unserer Erntegüter durch Schimmelpilze verloren. Das erscheint auf den ersten Blick nicht viel, doch leider ist dieser Verlust nicht gleichmäßig über die Erde verteilt. Gerade in den ärmsten der Entwicklungsländer kann über die Hälfte der Körnerfrüchte – Getreide und Leguminosensamen – schon kurz nach der Ernte unter feucht-warmen Klimabedingungen durch Pilzwachstum vernichtet oder für menschlichen Verzehr unbrauchbar werden. Aber auch bei uns nehmen die Schimmelschäden zu, bedingt durch verlängerte Transportwege, Änderungen der Lebensgewohnheiten – Schnittbrot, Portionspackungen –, Vorratshaltung von sogenannten Handelsfuttermitteln auf dem Bauernhof, Verbot bewährter Methoden des Vorratsschutzes – z.B. Ethylenoxid – und anderes.

Die Beschäftigung mit den Schimmelpilzen ist daher eine Notwendigkeit, und dieses Buch füllt eine lange vorhandene Lücke. Pasteurs Hinweis von 1872: "Es gibt keine angewandte Wissenschaft, nur Anwendung der Wissenschaft" wird hier bei der Behandlung einer Gruppe von Mikroorganismen des "täglichen Lebens" deutlich.

Prof. Dr. H.K. Frank
Bundesforschungsanstalt für Ernährung
Karlsruhe

Januar 1986

Danksagung

Für die Überlassung von Bildmaterial danke ich den Herren Dr. G. Brandt (Pathologisches Institut, Am Schwarzen Meer, Bremen), Dr. F.E.W. Eckhardt (Institut für Allgemeine Mikrobiologie der Universität, Kiel), Prof. Dr. H.K. Frank (Bundesforschungsanstalt für Ernährung, Karlsruhe), Prof. Dr. C.W. Hesseltine (Northern Regional Research Center, Peoria, IL, USA), Dr. W. Kerner-Gang (Bundesanstalt für Materialprüfung, Berlin), Dr. T.J. Kerr (Dept. of Microbiology, University of Georgia, Athens, GA, USA), Prof. Dr. E.S. Kuttin (Israel Reference Laboratory for Medical Mycology, Ness-Ziona, Israel), Prof. Dr. L. Leistner (Bundesanstalt für Fleischforschung, Kulmbach), Dr. M. Manabe (National Food Research Institute, Ibaraki, Japan), Dr. S.F. Marsh (Dept. of Plant Pathology, North Carolina State University, Raleigh, NC, USA), Prof. Dr. F. Staib (Robert-Koch-Institut des Bundesgesundheitsamtes, Berlin) und Prof. Dr. O. Wälchli (EMPA, St. Gallen, Schweiz).

Dr. Jürgen Reiß

Inhaltsverzeichnis

A. Einführung

Pilze sind Pflanzen, die einen einfachen, nicht in Wurzel und Sproß gegliederten Vegetationskörper (*Thallus*) besitzen und denen Pigmente zur Photosynthese fehlen. Sie sind daher nicht zur Assimilation von Kohlendioxid aus der Luft befähigt und sind somit auf organisch gebundenen Kohlenstoff angewiesen. In diesen Eigenschaften stimmen die Pilze mit gewissen Bakteriengruppen überein, von denen sie sich jedoch durch den Besitz echter Zellkerne unterscheiden. Zusammen mit den Bakterien spielen die Pilze im Boden als Destruenten eine wichtige Rolle, indem sie organische Substanzen zu anorganischen Verbindungen abbauen, die dadurch wieder in den Stoffkreislauf gelangen und den Produzenten zugänglich werden.

Eine besondere Gruppe der Pilze sind die "Schimmelpilze". Dieser Begriff läßt sich nicht genau definieren und abgrenzen, was daher kommt, daß er aus der mikrobiologischen Praxis stammt und keine systematisch abgegrenzte Pilzgruppe umfaßt. Nach Delitsch (1943) können solche Pilze zu den Schimmelpilzen gezählt werden, die folgende gemeinsame Merkmale besitzen:

- ihr Lebensraum ist der Boden oder allenfalls konzentrierte Nährlösungen (es sind also keine ausgesprochenen Wasserpilze);
- sie können saprophytisch leben, gewinnen also ihre Nährstoffe aus abgestorbenen organischen Substanzen, die sie dadurch zersetzen;
- sie bilden ein typisches Mycel. Hierin unterscheiden sie sich von den Hefen, die durch Sprossung lockere Zellverbände, jedoch kein echtes Mycel bilden;
- sie vermehren sich überwiegend ungeschlechtlich durch Sporen (Sporangiosporen oder Konidien);
- wenn sie überhaupt sexuelle Fortpflanzungsorgane bilden, dann sind diese sehr klein.

Eine klare Festlegung, welche Pilze zu den Schimmelpilzen zu zählen sind und welche nicht, ist naturgemäß schwer und hängt weitgehend von der persönlichen Ansicht des Autors ab. So ist etwa der Übergang zwischen saprophytischer und parasitischer Lebensweise fließend. Je nach den Gegebenheiten bevorzugen manche Pilze die eine oder andere Lebensweise. So sind etwa Vertreter der Gattung *Fusarium* gefürchtete Parasiten von Nutzpflanzen, können aber auch auf abgestorbenen Pflanzenteilen im Boden existieren. Andererseits sind einige in erster Linie saprophytische Vertreter der Gattung *Aspergillus* in der Lage, in verschiedenen Organen des menschlichen Körpers zu gedeihen und dort parasitär gefährliche Mykosen hervorzurufen.

Auch die Bildung eines typischen Mycels als Kennzeichen der Zugehörigkeit zu den Schimmelpilzen ist kein unveränderliches Merkmal. So kennt man unter dem Begriff "Dimorphismus" die Erscheinung, daß viele Pilze je nach Umweltbedingungen mit einem typischen Mycel oder hefeähnlich wachsen. Viele dimorphe Pilze sind fakultative Parasiten und nehmen als Saprophyten eine andere Wuchsform ein denn als Parasiten (Abb. 59). Darüber hinaus bilden manche Arten der Mucoraceen und von *Aspergillus* bei Anwesenheit von Sauerstoff ein Mycel, wachsen jedoch bei anaeroben Verhältnissen hefeartig.

Es ist wohl zweckmäßig, unter dem Begriff "Schimmelpilze" solche Pilze zusammenzufassen, die in erster Linie auf Lebens- und Futtermitteln wachsen, diese Substrate zersetzen und ungenießbar machen und dadurch hohe wirtschaftliche Verluste verursachen. Sie stellen nur geringe Ansprüche an die Zusammensetzung des Nährsubstrates und gedeihen in einem weiten Bereich physikalischer Ökofaktoren, was einerseits den Befall der unterschiedlichsten Produkte, andererseits ihr weltweites Vorkommen erklärt.

Probleme gibt es bei der korrekten Benennung mancher Schimmelpilze. Die Pilzsystematiker haben in den vergangenen Jahren aufgezeigt, daß eine Reihe von Schimmelpilzen umgruppiert, zusammengefaßt und neu benannt werden muß. Solche Erkenntnisse gelangen nur sehr langsam auf die Ebene der Praktiker. Hier werden noch lange ungültige Bezeichnungen verwendet. Im vorliegenden Buch wurden überall dort die neuen Namen eingesetzt, wo die Zuordnung eindeutig war. Fast unmöglich ist jedoch die Neubenennung vieler Arten von *Aspergillus*, *Fusarium* und *Penicillium*. So gibt es *"Aspergillus glaucus"* und *"Penicillium glaucum"* nicht im Sinne einer jeweils wohl definierten Art, sondern als Formengruppe, die mehrere Arten umfaßt. Dies hat zur Folge, daß Pilznamen bei älteren Autoren sich meist nicht eindeutig einer bestimmten Art der neueren Nomenklatur zuordnen lassen. Auch die Benennung der Fusarien wird von den verschiedenen Autoren sehr unterschiedlich gehandhabt. Bei den Vertretern der drei genannten Gattungen wurden daher in allen Zweifelsfällen die Bezeichnungen der Originalliteratur beibehalten.

Literatur

Ainsworth GC (1966) Ainsworth & Bisby's Dictionary of the Fungi. Commonw Mycol Inst, Kew, Surrey

Delitsch H (1943) Systematik der Schimmelpilze. Lemke A (Hrsg) Ergebnisse der theoretischen und angewandten Mikrobiologie, Bd I. Neumann, Neudamm

B. Morphologische Kennzeichen der Schimmelpilze

I. Mycel

Während der Entwicklung der Schimmelpilze unterscheidet man zwei Phasen, die *vegetative Phase (Wachstumsphase)* und die *generative* oder *Vermehrungsphase*. Die erste Phase ist meist unscheinbar und oft mit bloßem Auge nicht zu erkennen. Hier bildet der Pilz fadenartige, meist farblose Zellfäden, die *Hyphen*, die in ihrer Gesamtheit *Mycel* genannt werden. Die Hyphen entstehen durch Auskeimen von Sporen (Abb. 1) und bilden nach starkem Wachstum und fortlaufender Verzweigung das Mycel (Abb. 2). Hyphenverzweigungen entstehen dadurch, daß sich direkt hinter der wachsenden Hyphenspitze oder auch an etwas älteren Bereichen die Zellwand vorwölbt, sich verlängert, und so eine selbständig weiterwachsende Seitenhyphe entsteht, die sich selbst wiederum verzweigen kann. Die Hyphen wachsen zwar in ihrem Spitzenbereich, doch sind alle Teile des Mycels potentiell wachstumsfähig. Daher genügt zur Überimpfung ein kleines Stück des Mycels, um einen neuen Thallus entstehen zu lassen. Das Mycel kann sich im Substrat entwickeln *(Substratmycel)* oder auf der Substratoberfläche wachsen und von dort aus sich in den Luftraum erheben *(Oberflächenmycel)*.

Man kann das Mycel mit einem Röhrensystem vergleichen, das mehr oder minder stark mit Cytoplasma ausgefüllt ist. Da die Hyphen im Spitzenbereich wachsen, ist hier das Plasma besonders reich an Enzymen (Abb. 3), die das Nährsubstrat in resorbierbare Bestandteile abbauen und damit ein Wachstum, d.h. eine Zunahme an Cytoplasma und Wandmaterial überhaupt erst ermöglichen. Ältere Mycelabschnitte haben meist keine entscheidende Bedeutung mehr für den Fortbestand des Pilzes, sie verarmen daher zunehmend an Cytoplasma durch die Ausbildung von Vakuolen, bis sie endlich absterben. In dem Maße, wie die Hyphen im Spitzenbereich wachsen und sich verzweigen, strömt das Cytoplasma mit seinen Organellen aus den älteren in die jüngeren Abschnitte. Das Röhrensystem des Mycels kann durch Querwände (Septen) in einzelne Zellen untergliedert oder völlig unseptiert sein (Abb. 4). Von den Schimmelpilzen besitzen die Mucoraceae ein ungegliedertes, die übrigen Formen (Ascomyceten und Fungi Imperfecti) hingegen ein gegliedertes Mycel. In jedem Fall besitzen die Septen aber dann eine Öffnung (Porus), durch die das Plasma der angrenzenden Zellen miteinander in Verbindung tritt und durch die sich die Strömung von Plasma und die Wanderung von Organellen vollziehen.

Von den vielen spezialisierten Strukturen, die das Mycel bilden kann, seien hier nur die *Sklerotien* genannt, dickwandige Strukturen aus dicht verflochtenen Hyphen, die weniger der Verbrei-

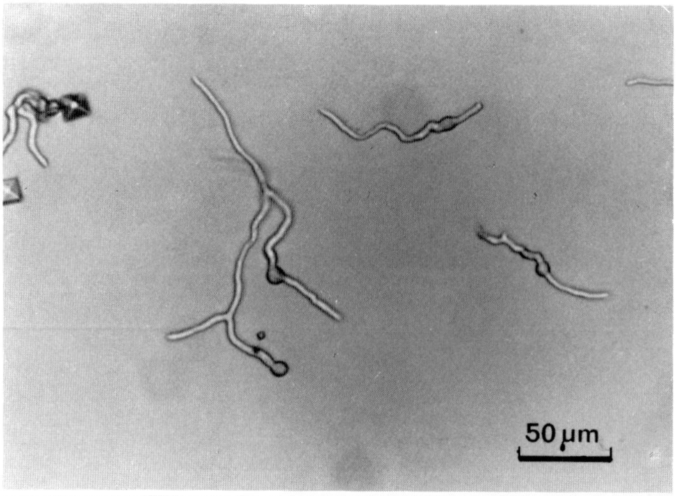

Abb. 1. *Aspergillus niger*: Konidien mit Keimhyphen (Kultur 24 Stunden alt)

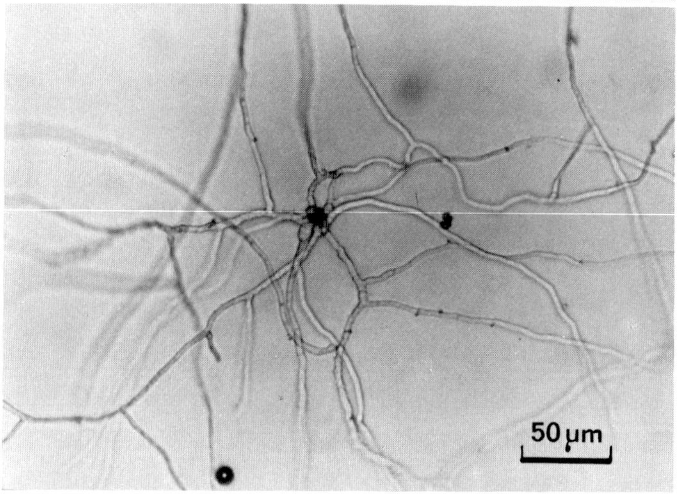

Abb. 2. *Aspergillus niger*: Mycel (Kultur 48 Stunden alt)

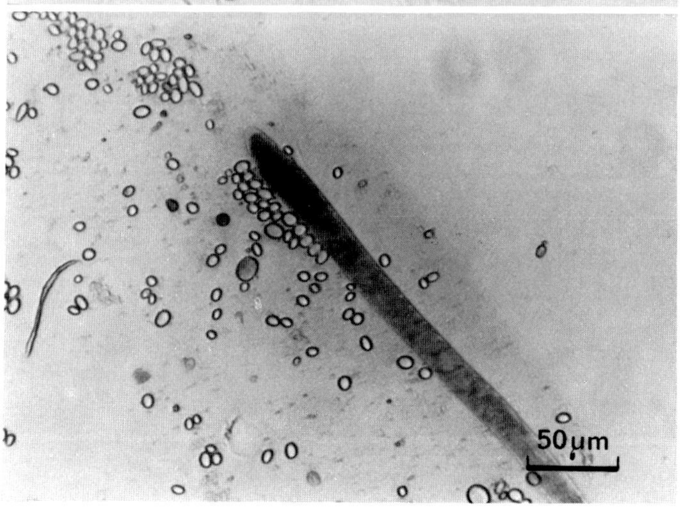

Abb. 3. *Thamnidium elegans*: Cytochemischer Nachweis des Enzyms Bernsteinsäure-Dehydrogenase: stärkste Reaktion im Spitzenbereich der Hyphe

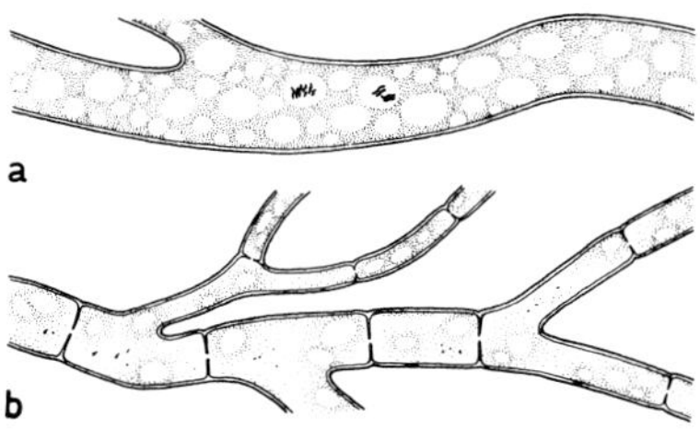

Abb. 4. Typen von Pilzhyphen: *a* unseptiert: Phycomyceten, *b* septiert: Ascomyceten und Deuteromyceten (Schlegel 1976)

tung (wie die Sporen) als vielmehr dem Überdauern bei ungünstigen Lebensbedingungen dienen.

II. Fortpflanzungsorgane

Die generative Phase der Entwicklung ist durch die Bildung von Fortpflanzungszellen gekennzeichnet. Erst mit Hilfe dieser Strukturen ist ein Schimmelpilz bestimmbar. Die Vermehrungszellen werden als *Sporen* bezeichnet und nach der Art ihrer Entstehung in ungeschlechtliche und geschlechtliche Sporen unterteilt. Für die Verbreitung der Schimmelpilze spielen die ungeschlechtlichen Sporen die Hauptrolle, da sie in sehr großer Zahl auf den verschiedensten Substraten gebildet werden.

Bildet ein Schimmelpilz sowohl ungeschlechtliche wie auch geschlechtliche Sporen, wird er als "perfekt" bezeichnet. Besitzt er darüber hinaus ein unseptiertes Mycel, wird er den Zygomycetes zugeordnet, verfügt er über gegliederte Hyphen, dann gehört er in die Klasse der Ascomycetes. Bei den meisten Schimmelpilzen ist jedoch nur eine ungeschlechtliche Fortpflanzung bekannt. Für diese Organismen wurde eine künstliche Pilzklasse geschaffen, die Deuteromycetes (Fungi Imperfecti) (vgl. Abb. 11).

Die sexuellen Fortpflanzungsorgane (*Hauptfruchtformen*, teleomorphe Stadien) sind mit einem Kernphasenwechsel verbunden, der beispielsweise von haploiden Zellen über eine Kernverschmelzung zu diploiden Zellen und durch Meiose wieder zu haploiden Zellen führt (Abb. 9). Demgegenüber sind die asexuellen Fruktifikationen (*Nebenfruchtformen*, anamorphe Stadien) nicht mit einem Kernphasenwechsel verbunden.

Die verschiedenen Fruchtformen derselben Pilze haben oftmals eigene Namen erhalten. Dies kann zu großen Unklarheiten bei der Bestimmung der Schimmelpilze führen. So besitzen Ascomyceten von unterschiedlichem Aussehen und verschiedenartiger Entwicklung Nebenfruchtformen vom *Aspergillus*- oder *Penicillium*-Typ. Gleichzeitig gibt es auch *Aspergillus*- und *Penicillium*-Arten, von denen Hauptfruchtformen nicht bekannt sind. Es kann auch vorkommen, daß zwei Arten der gleichen Ascomyceten-Gattung verschiedene Nebenfruchtformen ausbilden. Die Verwirrung in der Pilznomenklatur entsteht dadurch, daß die höchste Priorität dem Namen der Hauptfruchtform zukommt. Tabelle 1 faßt hierzu einige Beispiele zusammen.

Tabelle 1. Gültige Gattungsnamen einiger Schimmelpilze in Beziehung zum Typ der Haupt- und Nebenfruchtformen (nach Müller 1973 und Tubaki 1981)

Gültiger Name	Name begründet auf Entwicklung und Morphologie der Hauptfruchtform	Name begründet auf Entwicklung und Morphologie der Nebenfruchtform	Typ der Nebenfruchtform
Aspergillus		+	*Aspergillus*
Emericella	+		*Aspergillus*
Eurotium	+		*Aspergillus*
Chaetosartorya	+		*Aspergillus*
Dichlaena	+		*Aspergillus*
Edyuillia	+		*Aspergillus*
Fennellia	+		*Aspergillus*
Hemicarpenteles	+		*Aspergillus*
Neosartorya	+		*Aspergillus*
Petromyces	+		*Aspergillus*
Sartorya	+		*Aspergillus*
Sclerocleista	+		*Aspergillus*
Warcupiella	+		*Aspergillus*
Penicillium		+	*Penicillium*
Dichlaena	+		*Penicillium*
Eupenicillium	+		*Penicillium*
Hamigera	+		*Penicillium*
Talaromyces	+		*Penicillium*
Penicilliopsis	+		*Penicillium*
Trichocoma	+		*Penicillium*
Paecilomyces		+	*Paecilomyces*
Byssochlamys	+		*Paecilomyces*
Fusarium		+	*Fusarium*
Gibberella	+		*Fusarium*

Abb. 5. Sporenbildung bei *a Mucor* sp., *b Penicillium* sp., *c Aspergillus* sp. (Wartenberg 1972)

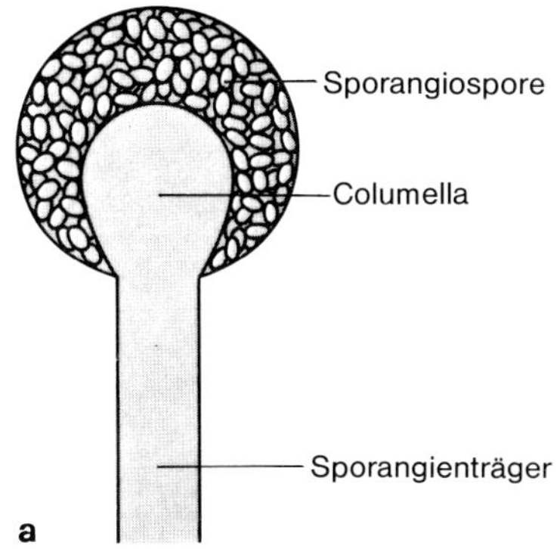

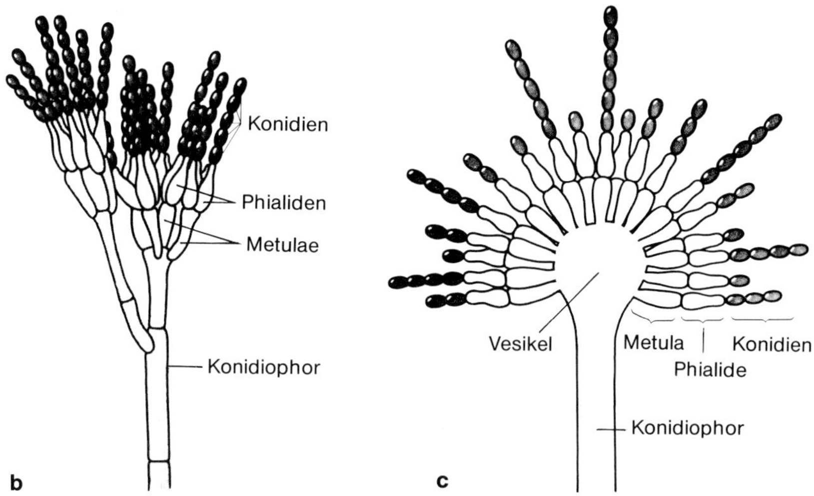

1) Ungeschlechtliche Sporen

Hat das Mycel ein gewisses Alter erreicht, bildet es vom Substrat meist in die Luft wachsende Trägerhyphen, an deren oberem Teil Fortpflanzungszellen auf ungeschlechtlichem Wege produziert werden. Diese ungeschlechtlichen Sporen sind oftmals gefärbt, und daher wird mit beginnender Sporulation der Vegetationskörper eines Schimmelpilzes mit bloßem Auge sichtbar, während das feine Mycel meist nicht zu erkennen ist.

Nach der Art ihrer Entstehung lassen sich die meisten Schimmelpilzsporen einteilen in

- *Sporangiosporen*: diese Sporen werden *in* spezialisierten Hyphenabschnitten, den *Sporangien*, gebildet. Diese entstehen am Ende von Trägerhyphen, den *Sporangiophoren* (Abb. 5a, 6);
- *Konidien*: die aus dem Substratmycel entstandenen *Konidiophoren* bilden an ihrem oberen Ende besonders ausgebildete Strukturen, die die Konidien meist typischerweise in Ketten abschnüren (Abb. 5b,c, 7).

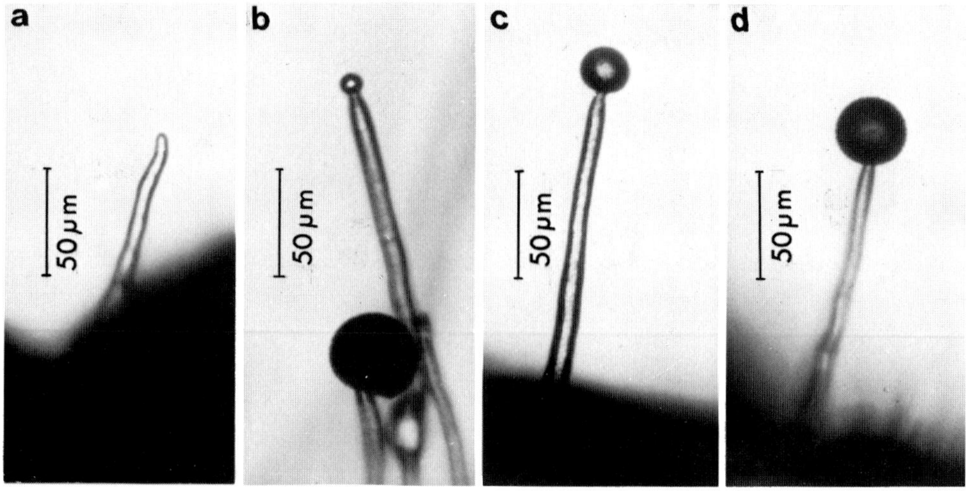

Abb. 6. *Mucor hiemalis*: *a* junger Sporangiophor, *b* angeschwollenes Köpfchen am Ende des Sporangiophors als Anlage eines Sporangiums, *c* unreifes Sporangium, *d* reifes Sporangium

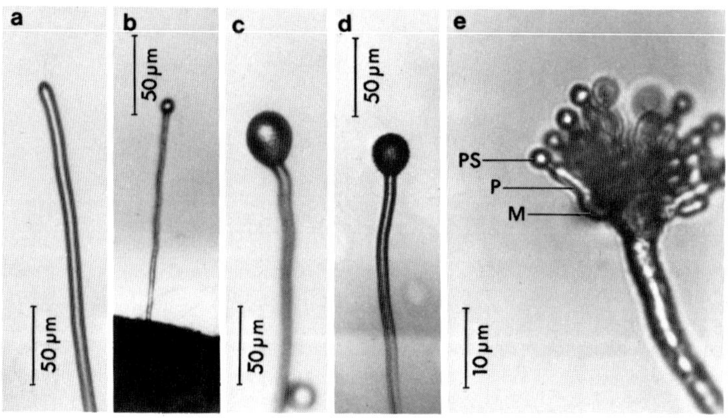

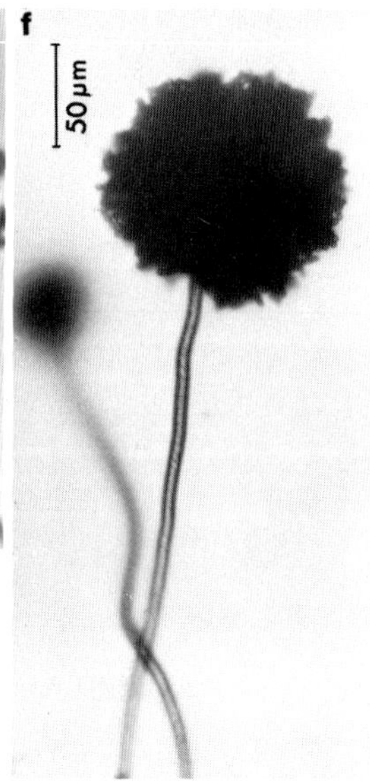

Abb. 7. *Aspergillus elegans*: *a* junger Konidiophor, *b* entstehende Vesikel als Anschwellung des obersten Teils des Konidiophors, *c* und *d* fortschreitende Entwicklung der Sterigmen, *e* junges Köpfchen mit Sterigmen (*S*), Metulae (*M*) und abgeschnürten Phialosporen (*PS*), *f* annähernd ausgereiftes Sporenköpfchen

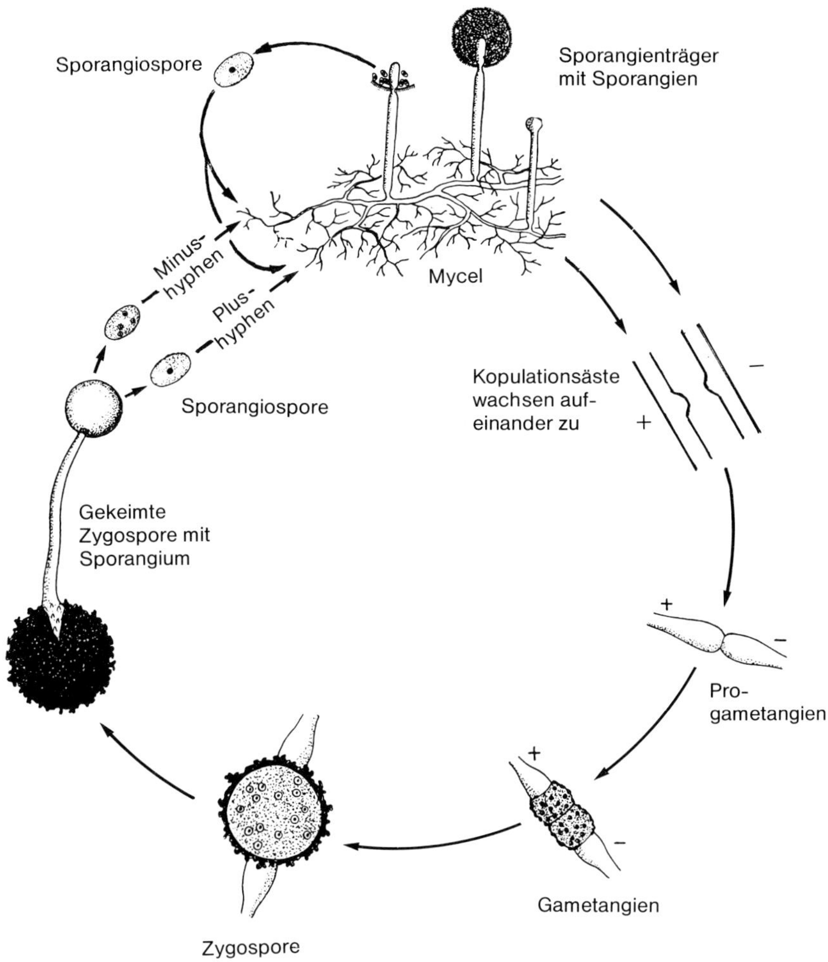

Abb. 8. Entwicklungszyklus von *Mucor* sp. (nach Walter 1961, verändert)

2) Geschlechtliche Sporen

Hier unterscheidet man bei den Schimmelpilzen zwei Formen:

- *Zygosporen*: bei den Zygomyceten liegt das Wesen der sexuellen Fortpflanzung in der Verschmelzung von Gametangien (Sporangien mit sexueller Funktion). Die entstehenden diploiden Sporen werden Zygosporen genannt. Die Karyogamie (Verschmelzung der Kerne) erfolgt beim Mucor-Typ sofort nach der Plasmogamie (Abb. 8), beim Phycomyces-Typ erst beim Keimen der Zygospore.
- *Ascosporen*: In einer sackartigen Zelle (Ascus) entstehen die Ascosporen auf komplizierte Weise (Abb. 9). Bei den Schimmelpilzen, bei denen Hauptfruchtformen bekannt sind, werden die Asci in einem Fruchtkörper gebildet, der ringsum geschlossen ist. Man nennt diesen Fruchtkörpertyp *Cleistothecium* (Abb. 10).

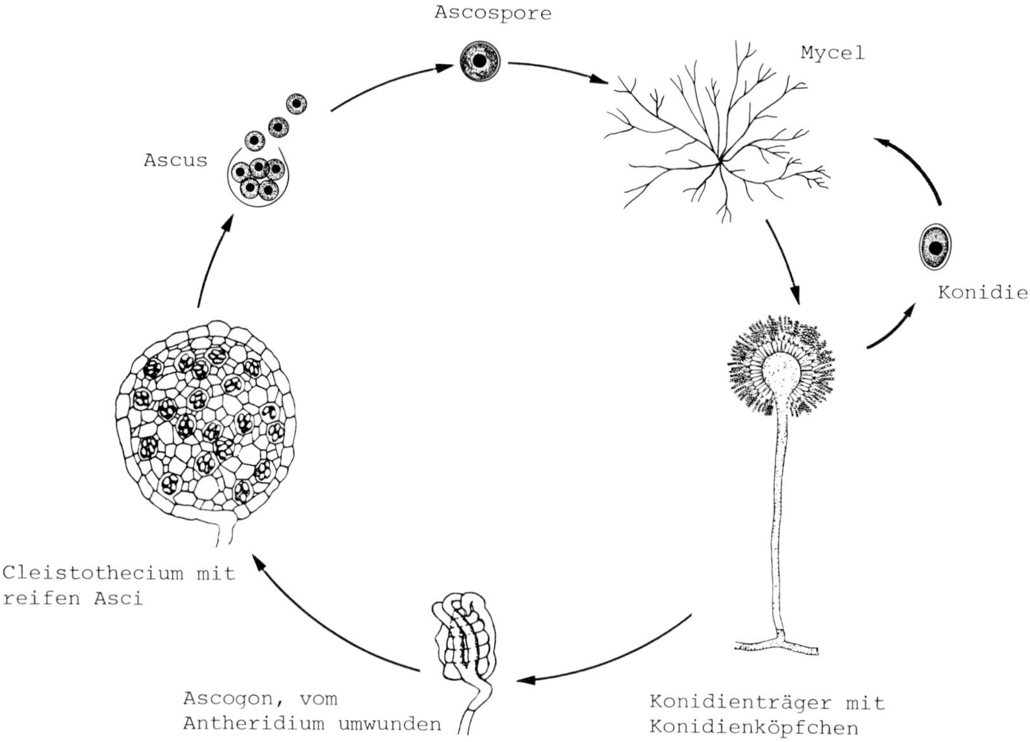

Abb. 9. Entwicklungszyklus von *Aspergillus nidulans* (nach Esser 1976, verändert)

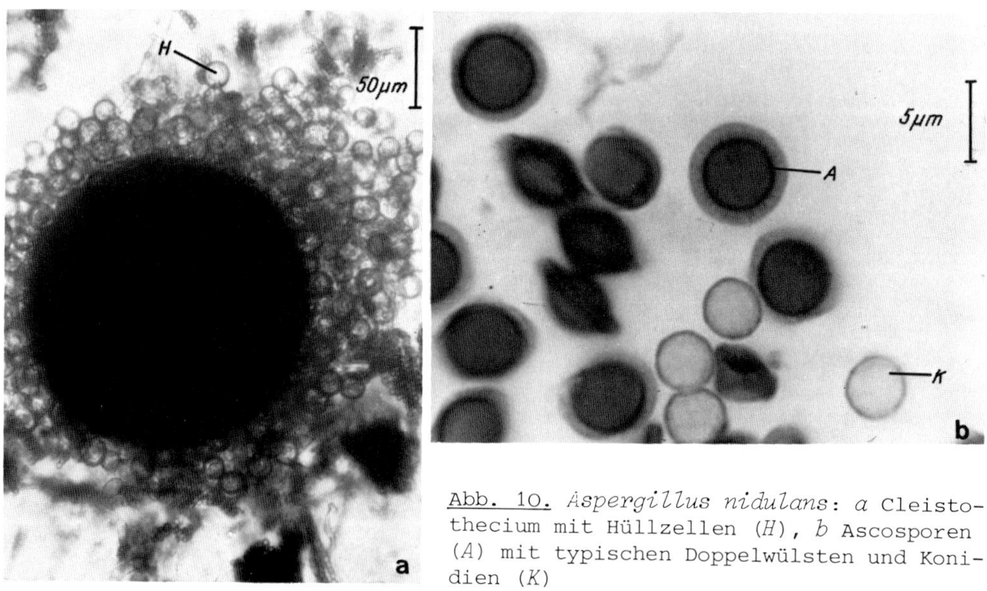

Abb. 10. *Aspergillus nidulans*: *a* Cleistothecium mit Hüllzellen (*H*), *b* Ascosporen (*A*) mit typischen Doppelwülsten und Konidien (*K*)

Literatur

Ainsworth GC, Sussman AS (Hrsg) (1965-1973) The fungi. An advanced treatise, Bde I, II, III, IV A, IV B. Academic Press, London New York

Arx von JA (1981) The genera of fungi sporulating in pure culture. Cramer, Vaduz

Esser K (1976) Kryptogamen. Springer, Berlin Heidelberg New York

Madelin MF (Hrsg) (1966) The fungus spore. Butterworths, London

Müller E (1973) Was sind Schimmelpilze und Hefen? 6. Arbeitstagung Schweiz. Ges. Lebensmittelhyg., Rüschlikon

Müller E, Loeffler W (1982) Mykologie. Thieme, Stuttgart

Schlegel HG (1976) Allgemeine Mikrobiologie. Thieme, Stuttgart

Tubaki K (1981) Hyphomycetes - their perfect - imperfect connections. Cramer, Vaduz

Walter H (1961) Grundlagen des Pflanzensystems, Bd II. Ulmer, Stuttgart

Wartenberg A (1972) Systematik der niederen Pflanzen. dtv Verlag, München

C. Stellung der Schimmelpilze im System der Pilze und wichtige Gattungen

Wie schon dargestellt, sollte sich die gültige Bezeichnung eines Schimmelpilzes nach der Art seiner Hauptfruchtform richten. Meist haben sich aber in der Praxis die Namen der Nebenfruchtformen eingebürgert. Dies erklärt sich daraus, daß die Nebenfruchtformen überreichlich gebildet werden und daher bei mikroskopischen Untersuchungen verschimmelter Substrate auffallen.

I. Stellung der Schimmelpilze im System der Pilze

Viele Schimmelpilze können über Hyphenanastomosen mit Vertretern der gleichen Art oder mit "Verwandten" Kerne austauschen. Dies hat eine ausgeprägte Variabilität zur Folge, die zu einer starken Anpassungsfähigkeit führt und damit die Besiedlung extremer Lebensräume (ökologischer Nischen) erlaubt. Wegen dieser Variabilität können die Schimmelpilze nur nach morphologischen Eigenschaften systematisch eingeordnet werden. Praktisch ohne Ausnahmen werden sie den Klassen der Zygomycetes, Ascomycetes und Deuteromycetes (Fungi Imperfecti) zugeordnet. Die Stellung dieser systematischen Kategorien im System der Pilze und ihre weitere Untergliederung (soweit sie hier von Bedeutung ist) gibt Abbildung 11 wieder.

1) Zygomycetes (Jochpilze)

Das Mycel ist unseptiert (nur selten Querwände), d.h. der Pilzthallus besteht aus einer sehr großen, vielfach verzweigten Zelle. Die Fortpflanzung und Verbreitung erfolgt überwiegend durch ungeschlechtliche Sporangiosporen, seltener durch geschlechtliche Zygosporen. Diese entstehen dadurch, daß zwei sexuell differenzierte Hyphenzweige aufeinander zuwachsen. Von ihren Enden gliedern sich Gametangien ab, die miteinander verschmelzen (Gametangiogamie). Anschließend verschmelzen auch die Kerne (Karyogamie) (Abb. 8).

2) Ascomycetes (Schlauchpilze)

Das Mycel ist durch Querwände septiert. Die Fortpflanzung und Verbreitung erfolgt überwiegend durch ungeschlechtliche Konidien, seltener durch geschlechtliche Ascosporen. Bei der Bildung der Asci findet die Reduktionsteilung und oft auch die diesem Prozeß vorausgehende Verschmelzung der geschlechtlich differenzierten Kerne statt (Abb. 9).

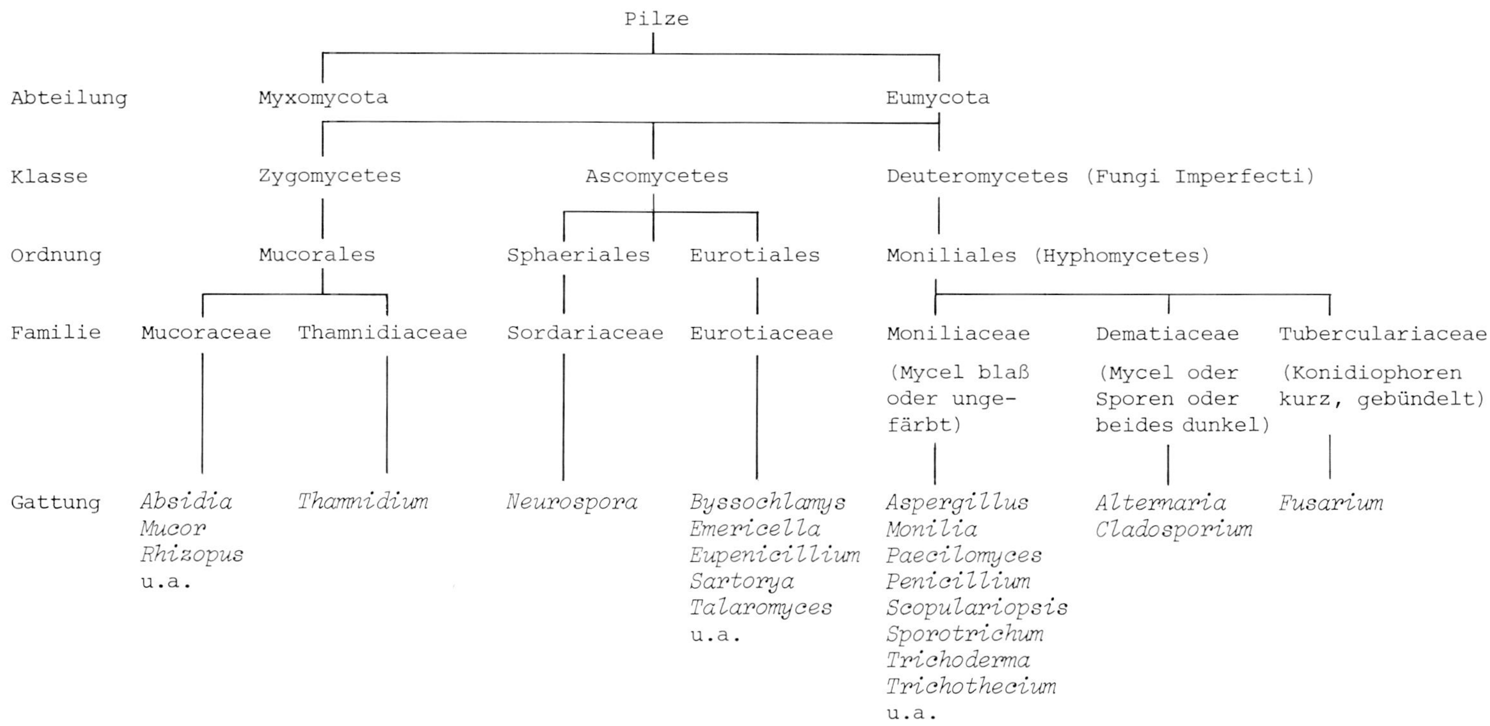

Abb. 11. Einordnung wichtiger Gattungen der Schimmelpilze in das System der Pilze (vereinfacht nach Ainsworth 1973 und Kreisel 1969)

3) Deuteromycetes (Fungi Imperfecti)

Das Mycel ist durch Querwände septiert. Als Fortpflanzungs- und Verbreitungsorgane sind nur Konidien bekannt (eine Übersicht über die wichtigsten Gattungen ist bei Carmichael et al. 1980 zu finden). Bei den Deuteromycetes sind die meisten Schimmelpilze zu finden.

II. Wichtige Gattungen der Schimmelpilze und deren morphologische Kennzeichen

In der folgenden Zusammenstellung werden wichtige Schimmelpilz-Gattungen vorgestellt.

1) *Absidia*

a) Wichtige Kennzeichen: das Substrat wird mit Lufthyphen überzogen, an deren Enden Rhizoiden entstehen; Sporangiophoren entstehen meist in Büscheln zwischen Beginn und Spitze der Lufthyphen (im Gegensatz zu *Rhizopus*); Sporangien birnenförmig mit mehr oder weniger halbkugeliger Columella auf einer schmalen Apophyse.
b) Vorkommen und wichtige Vertreter: *A. corymbifera* weltweit im Boden, auf Getreide, Gemüse, Obst, Kompost.
c) Literatur: Zycha und Siepmann 1969.

2) *Alternaria*

a) Wichtige Kennzeichen: Kolonie schmutzig grau-grün; Konidiophoren dunkel, unverzweigt, kurz; Konidien typischerweise akropetal in einer verzweigten oder unverzweigten Kette gebildet, dunkel, charakteristische Quer- und Längswände, elliptisch oder eiförmig (Abb. 12).
b) Vorkommen und wichtige Vertreter: verbreitete Materialzerstörer und Lebensmittelverderber; *A. alternata (A. tenuis)*, *A. citri*.
c) Literatur: Joly 1964, Barnett 1967, Simmons 1967, Ellis 1971.

3) *Aspergillus*

a) Wichtige Kennzeichen: Konidiophoren entstehen im Mycel von einer vergrößerten Fußzelle aus und enden in einem Bläschen (Vesikel), auf dem meist nach allen Seiten entweder direkt die Konidien-bildenden Phialiden oder zunächst die Metulae stehen; die in der Masse grün, braun oder schwarz gefärbten Konidien werden von den Phialiden in langen Ketten basipetal abgeschnürt (Abb. 5, 7). Hauptfruchtformen können verschiedene Ascomyceten sein (Tab. 1).
b) Vorkommen und wichtige Vertreter: Raper und Fennell (1965) listen 18 Gruppen mit 132 Arten auf. Wirtschaftlich bedeut-

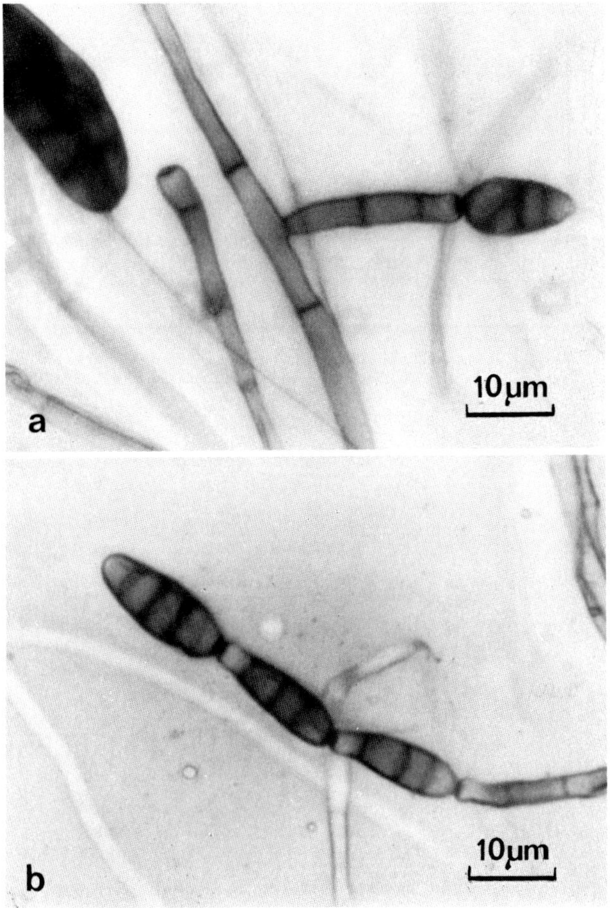

Abb. 12. *Alternaria alternata*: *a* Konidienträger mit Konidien, *b* Kette von Konidien

same Vertreter sind insbesondere zu finden in den Gruppen

- *A. glaucus*: die zugehörigen Arten (z.B. *A. amstelodami*, *chevalieri*, *mangini*, *repens*, *ruber*) (Abb. 13) sind besonders xerotolerant und können daher Lebensmittel mit geringem Wassergehalt verderben. Die meisten Arten dieser Gruppe bilden Hauptfruchtformen der Gattung *Eurotium*.
- *A. flavus-oryzae*: hierzu gehören wichtige Mykotoxin-Produzenten, wie etwa *A. flavus* und *A. parasiticus* (Abb. 14); *A. oryzae* wird in Japan als Starter für die Herstellung von Koji verwendet (vgl. S. 66).
- *A. niger*: Der Hauptvertreter *A. niger* (Abb. 15) ist ein weit verbreiteter Lebensmittelverderber, wird aber auch zur Gewinnung von organischen Säuren und verschiedenen Enzymen industriell eingesetzt (vgl. S. 48, 50).

c) Literatur: Raper und Fennell 1965.

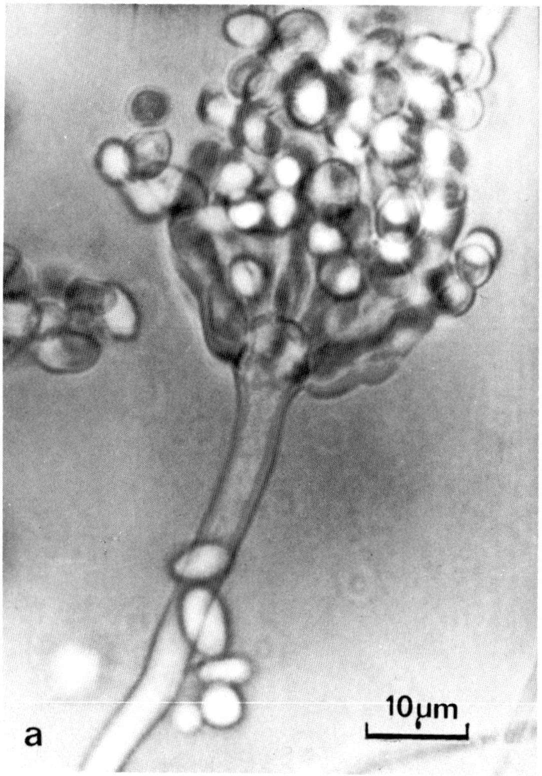

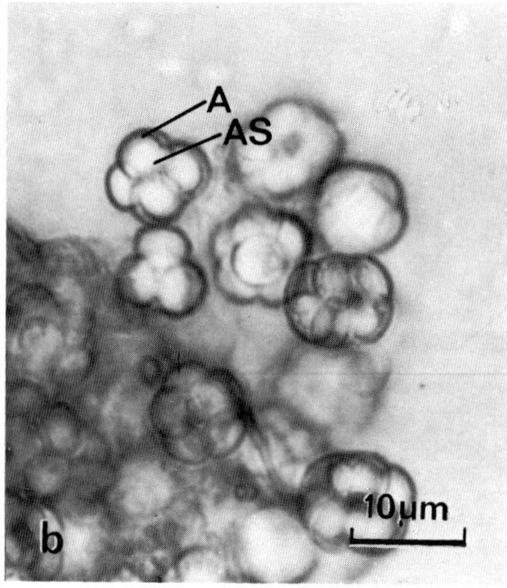

Abb. 13. *Aspergillus repens*: *a* junges Konidienköpfchen mit einem Stockwerk von Phialiden, *b* aus einem Cleistothecium freigesetzte Asci (*A*) mit Ascosporen (*AS*)

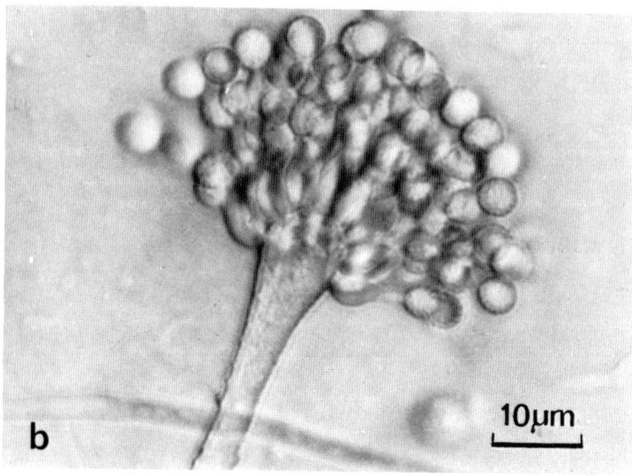

Abb. 14. *Aspergillus parasiticus*: *a* Konidiophor mit jungem Konidienköpfchen, *b* junges Konidienköpfchen mit einem Stockwerk von Phialiden

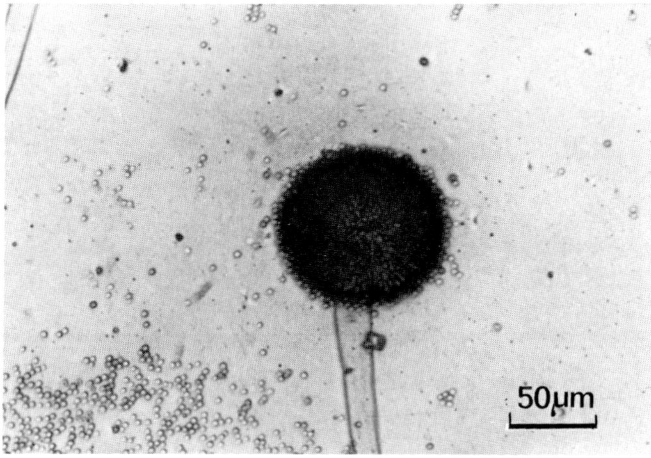

Abb. 15. *Aspergillus niger*: junges Konidienköpfchen mit Metulae und Phialiden

4) *Aureobasidium (Pullularia)*

a) Wichtige Kennzeichen: Mycel wird im Alter dunkel bis schwarz; Konidien dunkel, entstehen seitlich an den Hyphen, einzellig, eiförmig, bilden durch Knospung weitere Konidien (Abb. 16a).
b) Vorkommen und wichtige Vertreter: *A. pullulans* weltweit in Böden, auf Pflanzenteilen, Früchten und in Fruchtprodukten, gefürchteter Materialzerstörer (z.B. Tapeten).
c) Literatur: Barnett 1967, Ellis 1971.

5) *Cladosporium*

a) Wichtige Kennzeichen: Kolonie dick, samtig, oliv- bis graugrün, Unterseite auffallend blauschwarz bis grünlich-schwarz schillernd; Konidiophoren dunkel, in der Mitte und am Ende verzweigt; Konidien dunkel, ein- oder zweizellig, eiförmig bis zylindrisch (Abb. 17).
b) Vorkommen und wichtige Vertreter: *C. herbarum* als verbreiteter Lebensmittelverderber (besonders in gemäßigten Breiten) und auf vielen organischen Materialien.
c) Literatur: Barnett 1967, de Vries 1967, Ellis 1971.

6) *Epicoccum*

a) Wichtige Kennzeichen: Konidienträger kurz, in dunklen, polsterartigen Lagern (Sporodochien) vereint; Konidien dunkel, ein- bis mehrzellig, rundlich.
b) Vorkommen und wichtige Vertreter: *E. purpurascens (E. rubrum)* verbreitet in toten Pflanzenteilen, Papier, Textilien u.a.
c) Literatur: Barnett 1967, Ellis 1971.

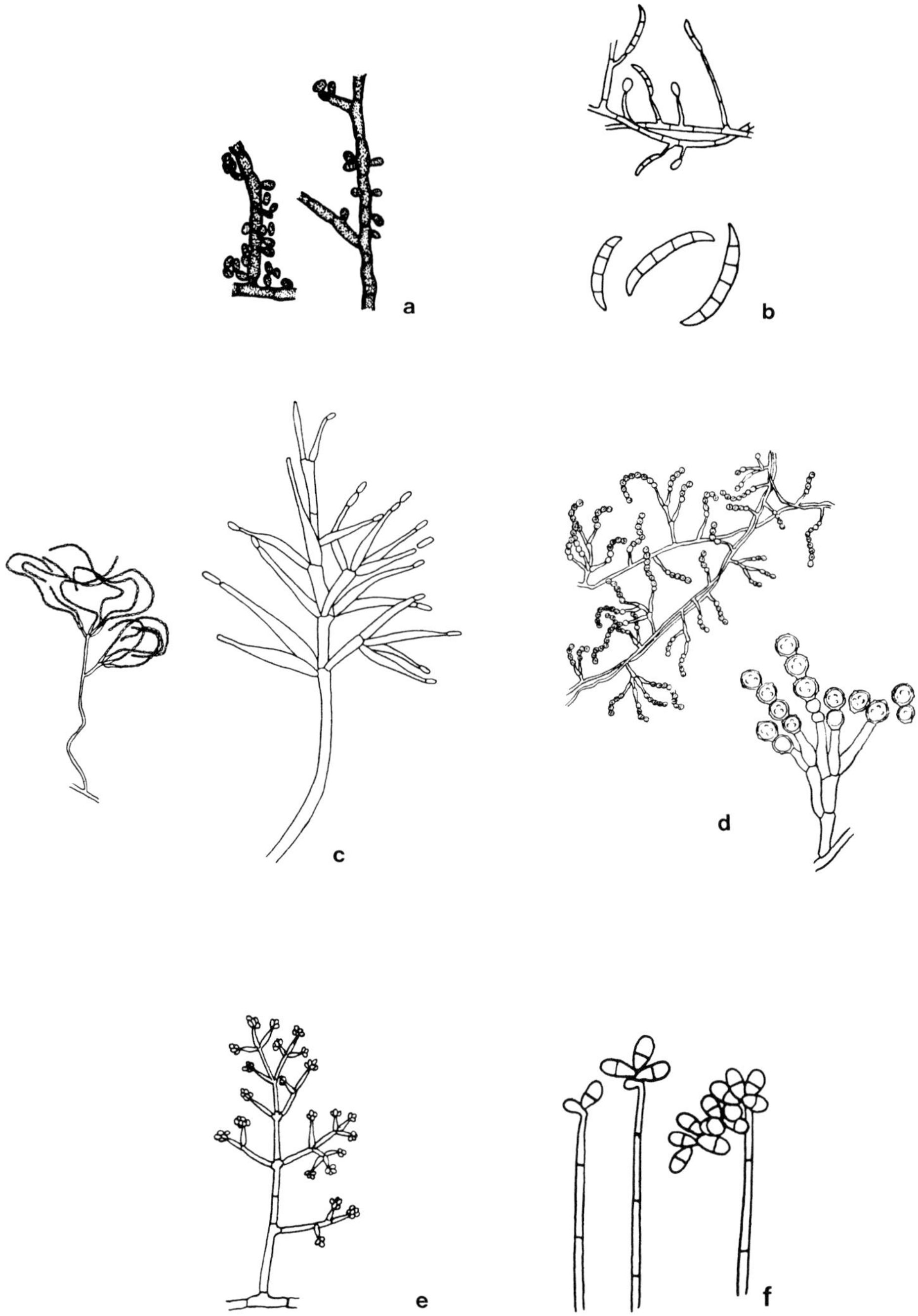

Abb. 16. Wichtige Deuteromycetes: *a Aureobasidium (Pullularia) pullulans*, *b Fusarium* sp., *c Paecilomyces* sp., *d Scopulariopsis brevicaulis*, *e Trichoderma lignorum*, *f Trichothecium roseum* (Barnett 1967, Brown und Smith 1957, Morton und Smith 1963)

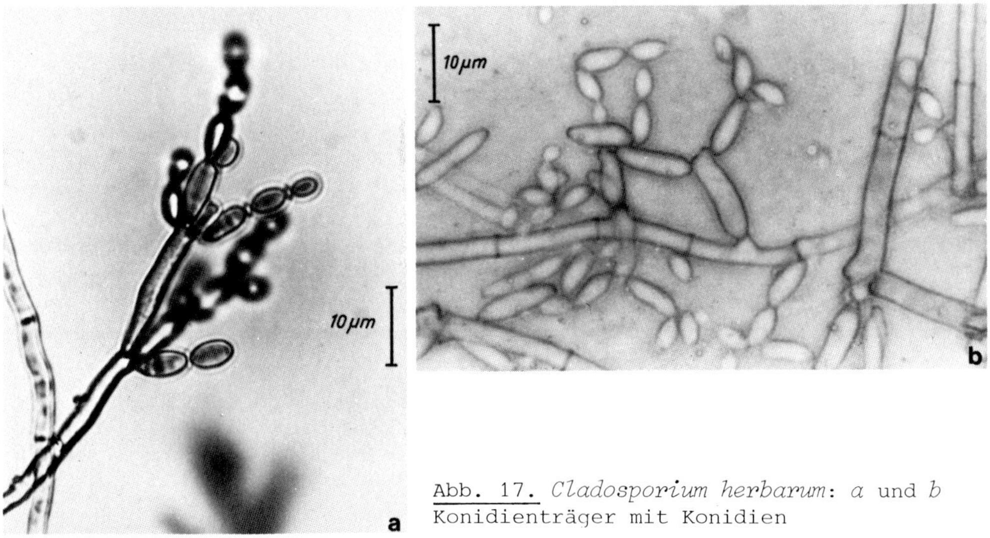

Abb. 17. *Cladosporium herbarum*: *a* und *b* Konidienträger mit Konidien

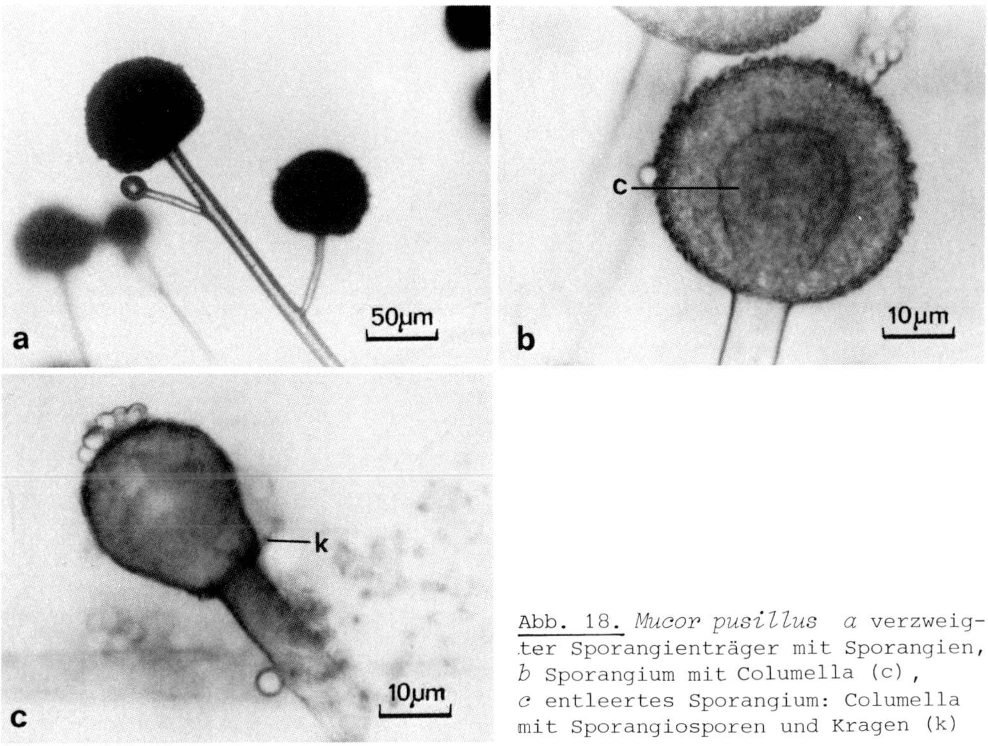

Abb. 18. *Mucor pusillus* *a* verzweigter Sporangienträger mit Sporangien, *b* Sporangium mit Columella (c), *c* entleertes Sporangium: Columella mit Sporangiosporen und Kragen (k)

7) *Fusarium*

a) Wichtige Kennzeichen: Mycel oft hellgelb bis rosa gefärbt; Konidiophoren einfach, kurz, unregelmäßig verzweigt oder mit einem Büschel von Phialiden; Makrokonidien vielzellig, gekrümmt; Mikrokonidien einzellig, eiförmig, einzeln oder in Ketten gebildet (Abb. 16b).
b) Vorkommen: verbreitete Besiedler von Futter- und Lebensmitteln (z.B. Getreide); Saprophyten und Pflanzenparasiten; Mykotoxinproduzenten.
c) Literatur: Barnett 1967, Palti 1978.

8) *Mucor*

a) Wichtige Kennzeichen: Sporangiophoren mehr oder weniger verzweigt, stets mit Sporangium am Ende; Sporangium mit Columella (Abb. 5), aber ohne Apophyse. Wand zerfließend oder zerbrechlich; Sporangiosporen kugelig oder länglich, glatt oder schwach ornamentiert (Abb. 18).
b) Vorkommen und wichtige Vertreter: Vertreter der Gattung *Mucor* sind weit verbreitet in faulenden Früchten, in Gemüse und fermentierten Lebensmitteln: *M. hiemalis*: einer der häufigsten Bodenpilze, auf vielen pflanzlichen Produkten; *M. plumbeus*: weltweit in Böden, auf Kot, Getreide u.a.; *M. racemosus*: weltweit in Böden, auf Sämereien, pathogen bei Tieren.
c) Literatur: Zycha und Siepmann 1969.

9) *Neurospora* (Nebenfruchtform: *Monilia*)

a) Wichtige Kennzeichen der Nebenfruchtform: Konidien meist rosa, einzellig, zylindrisch, in Ketten am Ende von verzweigten Konidiophoren abgeschnürt (Abb. 19).
b) Vorkommen und wichtige Vertreter: *N. crassa* und *N. sitophila* auf feuchtem oder schlecht durchgebackenem Brot ("roter Brotschimmel").
c) Literatur: Samson et al. 1981.

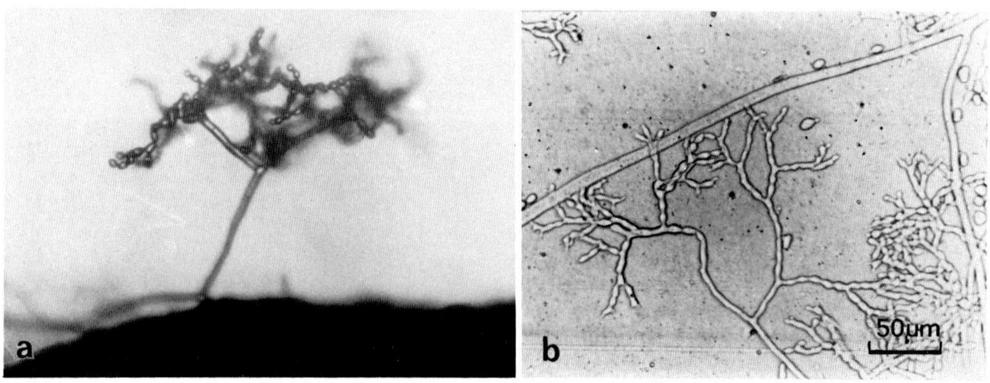

Abb. 19. *Neurospora sitophila*: *a* und *b* verzweigter Konidienträger mit Konidien

10) *Paecilomyces* (Hauptfruchtform: *Byssochlamys*)

a) Wichtige Kennzeichen der Nebenfruchtform: flaschenförmige Phialiden in lockerer, wirteliger Anordnung auf den Konidiophoren oder direkt an den Hyphen gebildet; Konidien entstehen basipetal in Ketten, einzellig, durchsichtig (Abb. 16c).
b) Vorkommen und wichtige Vertreter: *P. varioti* (bzw. *B. fulva*) in der Erde und auf Obst, in Obstsäften, auf Papier, Leder und anderen Substraten; *B. fulva* und *B. nivea* sind gefährliche Verderber von Obst und Obstprodukten.
c) Literatur: Brown und Smith 1957, Barnett 1967.

11) *Penicillium*

a) Wichtige Kennzeichen: Konidiophoren enden in einem Büschel von mehr oder weniger verzweigten Ästen (Penicillus), an deren Enden die Konidien-bildenden Phialiden sitzen (Abb. 5). Die in der Masse meist grün gefärbten Konidien werden basipetal in langen Ketten gebildet. Hauptfruchtformen sind eine Reihe Cleistothecien-bildender Ascomyceten (Tab. 1).
b) Vorkommen und wichtige Vertreter: Infolge ihrer verhältnismäßig geringen Temperaturansprüche (Tab. 3) sind *Penicillium*-Arten bevorzugt in gemäßigten Regionen der Erde zu finden. Nach dem Bau des Penicillus werden nach Raper und Thom (1949) vier Sektionen (Abb. 20) unterschieden, die weiter in insgesamt 41 Serien untergliedert werden:

- *Sektion Monoverticillata*: Penicillus unverzweigt, trägt nur einen Wirtel aus Phialiden. Toxinbildende Arten: *P. citreoviride, frequentans, lividum, spinulosum* u.a.
- *Sektion Asymmetrica*: Penicillus ein- oder zweimal verzweigt, asymmetrisch. Toxinbildende Arten: *P. brevicompactum, camemberti, chrysogenum (notatum), citrinum, claviforme, cyclopium, expansum* (Abb. 21), *italicum, roqueforti, verrucosum, viridicatum* u.a.
- *Sektion Biverticillata-Symmetrica*: Penicillus aus einem Wirtel Metulae und einem Wirtel Phialiden, symmetrisch. Toxinbildende Arten: *P. islandicum, purpurogenum, rubrum, rugulosum* u.a.
- *Sektion Polyverticillata*: Penicillus mehrfach verzweigt, gewöhnlich symmetrisch.

c) Literatur: Raper und Thom 1949, Pitt 1979, Scott 1968, Samson et al. 1976 (neue systematische Gliederung der Subsektion Fasciculata der Sektion Asymmetrica, die viele verbreitete Schimmelpilze enthält), Samson et al. 1977 (*P. camemberti*, *P. caseicolum* und *P. album* werden in der Art *P. camemberti* zusammengefaßt; *P. casei* ist *P. verrucosum* var. *cyclopium*).

12) *Phialophora*

a) Wichtige Kennzeichen: Mycel im Alter dunkel; Konidiophoren dunkel und kurz; Phialiden unterschiedlich geformt, aber im allgemeinen in der Mitte am dicksten; Konidien meist eiförmig, einzellig, in Schleimköpfen oder -ketten zusammengehalten.
b) Vorkommen und wichtige Vertreter: *P. fastigiata* und *P. hoffmannii* in Holz, Böden, Sämereien u.a.
c) Literatur: Barnett 1967.

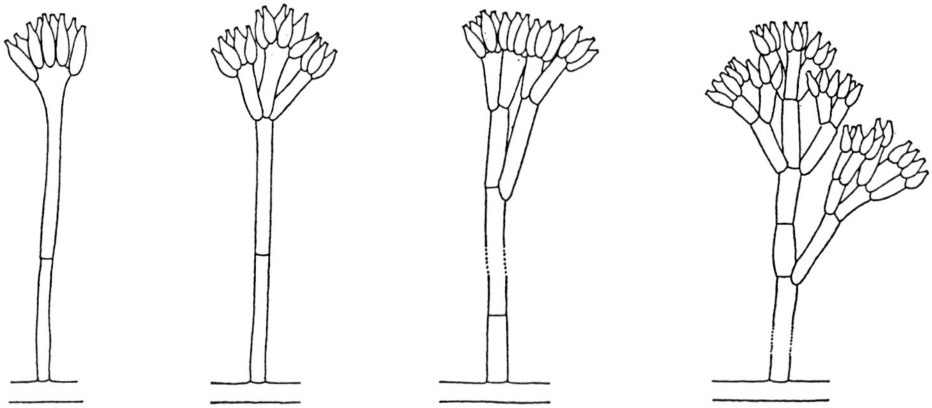

Abb. 20. Gattung *Penicillium*: Charakteristische Penicillus-Formen (nach Samson et al. 1976)

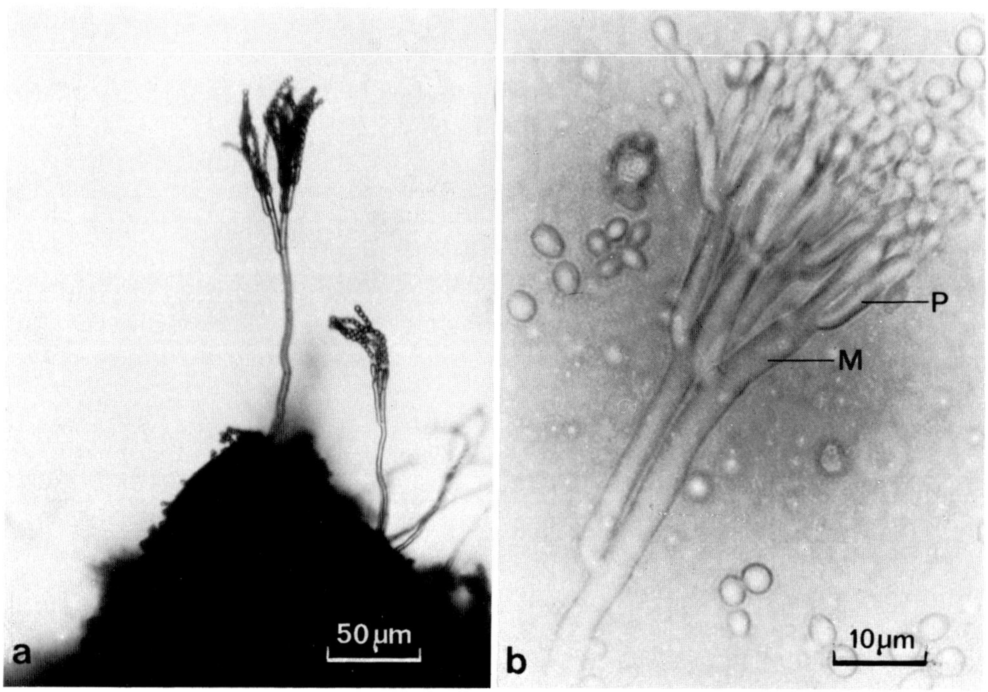

Abb. 21. *Penicillium expansum*: *a* Konidienträger mit Penicillus, *b* fertiger Penicillus mit Phialiden (*P*) und Metulae (*M*)

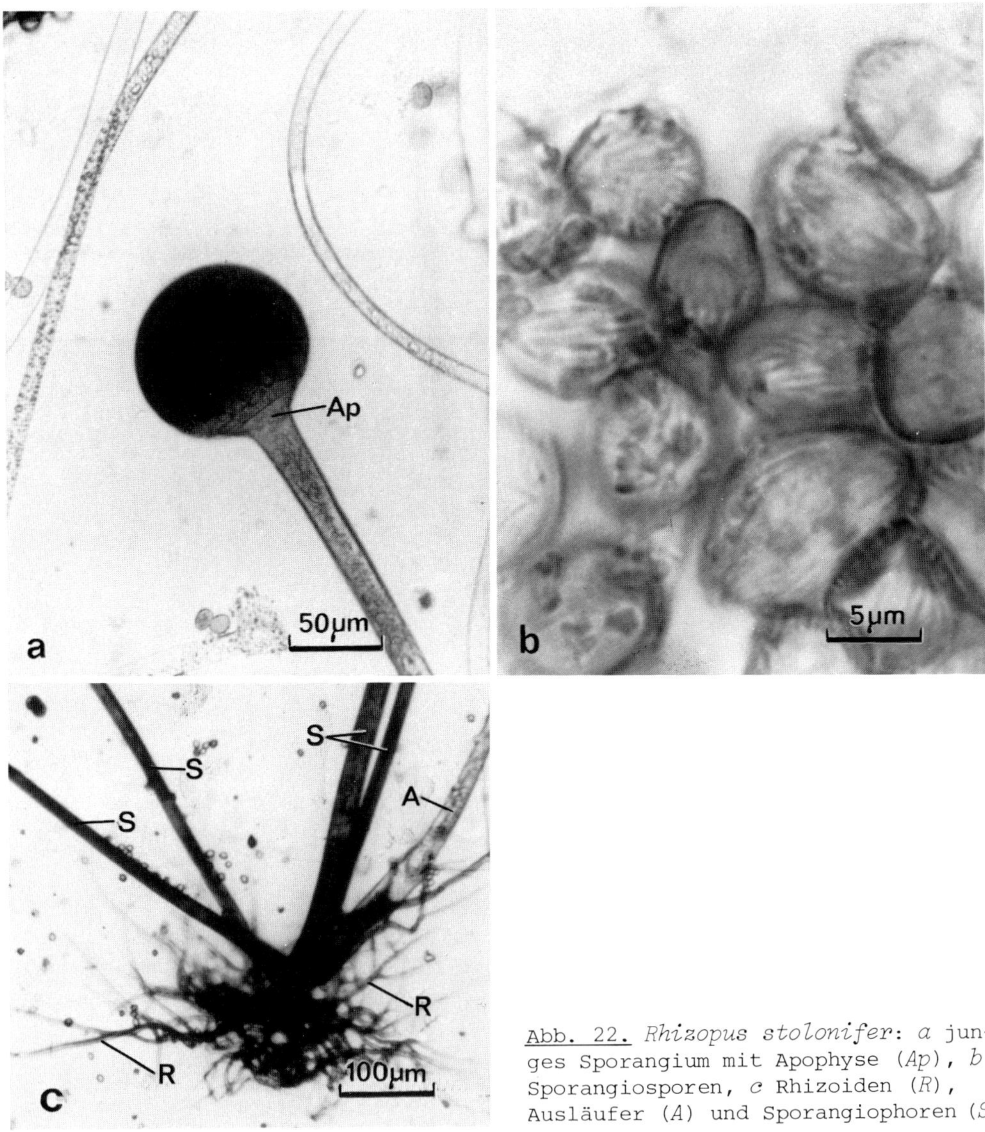

Abb. 22. *Rhizopus stolonifer*: *a* junges Sporangium mit Apophyse (*Ap*), *b* Sporangiosporen, *c* Rhizoiden (*R*), Ausläufer (*A*) und Sporangiophoren (*S*)

13) *Rhizopus*

a) Wichtige Kennzeichen: Mycel weit verzweigt und daher locker, bildet Ausläufer, die auf einer festen Unterlage wurzelartige Rhizoiden bilden; Sporangiophoren entstehen an Ausläufern gegenüber den Rhizoiden; Sporangien schwarz mit Columella und Apophyse, mit bloßem Auge gut sichtbar; Sporangienwand zerfließend; Sporangiosporen kugelig bis oval, im trockenen Zustand mit Längsfalten (Abb. 22).
b) Vorkommen und wichtige Vertreter: *Rh. stolonifer (nigricans)* als Fäulniserreger auf Früchten, Beeren, Gemüse, Brot; *Rh. oryzae*

(arrhizus) weltweit, vor allem in Tropen und Subtropen; in Ostasien wird *Rh. microsporus* var. *oligosporus* zur Fermentierung von Sojabohnen verwendet (vgl. S. 62 ff.).
c) Literatur: Zycha und Siepmann 1969, Schipper 1984.

14) *Scopulariopsis* (Hauptfruchtform: *Microascus*)

a) Wichtige Kennzeichen der Nebenfruchtform: Konidiophoren meist verzweigt, am oberen Teil eine Gruppe von Phialiden; Konidien in der Masse gelblich-braun (nie grün wie bei *Penicillium*), einzellig, stachelig, rund mit einer abgestumpften Basis, basipetal in Ketten gebildet (Abb. 16d).
b) Vorkommen und wichtige Vertreter: *S. brevicaulis* weit verbreitet auf verrottenden Pflanzen, humanpathogen; *S. fusca* in Böden, auf Stroh, Käse und anderen Substraten, humanpathogen; *Scopulariopsis*-Arten können auf arsenhaltigen Substraten wachsen und arsenhaltige Gase emittieren.
c) Literatur: Morton und Smith 1963, Barnett 1967.

15) *Sporotrichum*

a) Wichtige Kennzeichen: Konidiophoren meist unregelmäßig verzweigt; Konidien farblos, einzellig, birnenförmig, an der Spitze und seitlich der Konidiophoren gebildet.
b) Vorkommen und wichtige Vertreter: *S. carnis* als Verderber von gekühltem Fleisch.
c) Literatur: Barnett 1967.

16) *Thamnidium*

a) Wichtige Kennzeichen: Sporangiophoren tragen große Sporangien an der Spitze und tiefer unten dichotom verzweigte Kurztriebe, die an ihren Enden Sporangiolen tragen (Abb. 23).
b) Vorkommen und wichtige Vertreter: *Th. elegans* auf Fleisch in Kühlräumen und auf Backwaren.
c) Literatur: Zycha und Siepmann 1969.

17) *Trichoderma*

a) Wichtige Kennzeichen: Konidiophoren stark verzweigt; flaschenförmige Phialiden einzeln oder in Gruppen; Konidien hellgrün, einzellig, in kleinen terminalen Schleimklumpen vereint; die Kolonie erscheint hellgrün (Abb. 16e).
b) Vorkommen und wichtige Vertreter: *T. lignorum* und *T. viride* häufig im Erdboden und auf zerfallendem Holz und auf Papier.
c) Literatur: Barnett 1967, Samson et al. 1981.

18) *Trichothecium*

a) Wichtige Kennzeichen: Konidiophoren lang, einfach, septiert; Konidien sitzen einzeln oder in Gruppen am Ende der Träger,

Abb. 23. *Thamnidium elegans*: Sporangienträger mit Endsporangium (*S*) und Lufthyphe mit Sporangiolen (*Sp*)

jedoch nicht in Ketten; Konidien meist zweizellig, durchsichtig oder hell gefärbt, elliptisch (Abb. 16f).

b) Vorkommen und wichtige Vertreter: *T. roseum* auf Holz, Papier, Früchten, Gemüse, Mehlprodukten u.a.

c) Literatur: Barnett 1967, Samson et al. 1981.

19) *Wallemia (Sporendonema)*

a) Wichtige Kennzeichen: Kolonie braun bis orange; Konidiophoren fadenförmig, hellbraun, schnüren an der Spitze meist Ketten von vier Sporen (Arthroconidien) ab; Konidien zunächst viereckig, später rundlich, blaßbraun.

b) Vorkommen und wichtige Vertreter: *W. sebi* ist ein Verderber von Lebensmitteln mit hohem osmotischem Druck, wie von zuckerhaltigen Produkten und gesalzenem Fisch.

c) Literatur: Ellis 1971, Samson et al. 1981.

Literatur

Ainsworth GC (1973) Introduction and keys to higher taxa. In: Ainsworth GC, Sparrow FK, Sussman AS (Hrsg) The fungi. An advanced treatise, Bd IV A. Academic Press, London New York, S 1-7

Arx von JA (1981) The genera of fungi sporulating in pure culture. Cramer, Vaduz

Barnett HL (1967) Illustrated genera of imperfect fungi. Burgess, Minneapolis

Brown AHS, Smith G (1957) The genus Paecilomyces Bainier and its perfect stage Byssochlamys Westling. Trans Br Mycol Soc 40:17-89

Carmichael JW, Kendrick WB, Connors IL, Sigler L (1980) Genera of hyphomycetes. Univ Alberta, Edmonton, Alberta, Canada

Ellis MB (1971) Dematiaceous hyphomycetes. Commonw Mycol Inst, Kew, Surrey
Joly P (1964) Le genre Alternaria. Lechevalier, Paris
Kreisel H (1969) Grundzüge eines natürlichen Systems der Pilze. Cramer, Lehre
Morton FJ, Smith G (1963) The genera Scopulariopsis Bainier, Microascus Zukal, and Doratomyces Corda. Mycol Pap 86:1-96
Palti J (1978) Toxigenic fusaria, their distribution and significance as causes of disease in animal and man. Parey, Berlin Hamburg
Pitt JI (1979) The genus Penicillium and its teleomorphic states Eupenicillium and Talaromyces. Academic Press, London New York
Raper KB, Fennell DI (1965) The genus Aspergillus. Williams & Wilkins, Baltimore
Raper KB, Thom C (1949) A manual of the Penicillia. Williams & Wilkins, Baltimore
Samson RA, Stolk AC, Hadlok R (1976) Revision of the subsection Fasciculata of Penicillium and some allied species. Stud Mycol 11:1-47
Samson RA, Eckardt Ch, Orth R (1977) The taxonomy of Penicillium species from fermented cheeses. A v Leeuwenhoek 43:341-350
Samson RA, Hoekstra ES, Oorschot van CAN (1981) Introduction to food-borne fungi. Centraalbur Schimmelcult, Baarn, Netherlands
Schipper MAA (1984) A revision of the genus Rhizopus. 1. The Rh. stolonifer-group and Rh. oryzae. 2. The Rh. microsporus-group. Stud Mycol 25:1-34
Scott De B (1968) The genus Eupenicillium Ludwig. CSIR Res Rep Pretoria, S Afr 272:1-150
Simmons EG (1967) Typification of Alternaria, Stemphylium, and Ulocladium. Mycologia 59:67-92
Vries de GA (1967) Contribution to the knowledge of the genus Cladosporium Link ex. Fr. Bibl Mycol, Bd III. Cramer, Lehre
Zycha H, Siepmann R (1969) Mucorales. Eine Beschreibung aller Gattungen und Arten dieser Pilzgruppe. Cramer, Lehre

D. Verbreitung der Schimmelpilze

I. Vorkommen im Boden

Schimmelpilze sind überwiegend ubiquitär und in erster Linie im Erdboden zu finden. Ihr Vorkommen ist lediglich begrenzt durch einen Mangel an Nährstoffen, die Anwesenheit von Hemmsubstanzen oder konkurrierenden Arten sowie durch ungeeignete physikalische Bedingungen. In den meisten Böden finden die Schimmelpilze auf verwesenden tierischen und pflanzlichen Substraten gute Lebensbedingungen. Hier spielen sie dann zusammen mit anderen Pilzen, Aktinomyceten, Bakterien und Kleintieren eine wichtige Rolle als Verrottungsorganismen (saprophytische Lebensweise). Mit Hilfe ihrer überreich gebildeten Sporen sind die Schimmelpilze in der Lage, vom Boden aus andere Lebensräume zu besiedeln.

Genauere Daten über die geographische Verbreitung von Pilzen allgemein sind höchst unvollständig. Es ist daher verständlich, daß über die Verbreitung von Schimmelpilzen in der Natur nur einige wenige Informationen über beschränkte Areale existieren. So nimmt die Häufigkeit von *Aspergillus niger* in den Böden Mitteleuropas von Norden nach Süden hin zu. Diese Erscheinung ist unabhängig von der Art des Bodens und deckt sich mit der Beobachtung, daß *Aspergillus*-Arten allgemein wärmeliebend sind und daher auch besonders häufig in tropischen Böden zu finden sind. Penicillien und Fusarien bevorzugen demgegenüber mittlere Temperaturen und sind daher vor allem in den Böden der gemäßigten Breiten zu finden.

In der Zusammenstellung von Domsch und Gams (1970) über die Pilzflora in zwei Ackerböden bei Kiel (Schleswig-Holstein) findet man eine Reihe weit verbreiteter Schimmelpilze (*Alternaria alternata*, *Aspergillus versicolor*, *Cladosporium herbarum*, verschiedene *Mucor*- und *Penicillium*-Arten, *Scopulariopsis brevicaulis*, *Thamnidium elegans*). Weitere Angaben über das Auftreten von Schimmelpilzen in den Böden in verschiedenen Regionen der Erde sind bei Domsch et al. (1981) und bei Gilman (1957) zu finden.

Im allgemeinen nimmt der Pilzgehalt der Böden von oben nach unten hin ab, wobei Waldböden höhere Pilzkeimzahlen besitzen als Wiesenböden. Der Einsatz von anorganischem Volldünger erhöht den Pilzgehalt.

II. Vorkommen in der Luft

1) Außenluft

In die Luft gelangen Sporen und Mycelfragmente von Schimmelpilzen, die im Erdboden leben. Dort entstehen bevorzugt in trockenen Sommermonaten die ungeschlechtlichen Fortpflanzungsstrukturen in sehr großer Zahl und werden in erster Linie durch Luftbewegungen, aber auch durch Nebeltröpfchen, abgelöst. In der freien Luft ist die Lebensdauer der Pilzsporen von der Temperatur, der Luftfeuchtigkeit und der Sonneneinstrahlung abhängig. Farblose Sporen werden rasch durch die UV-Strahlen im Sonnenlicht abgetötet. Dies führt dazu, daß die pigmentierten Sporen von *Alternaria* und *Cladosporium* in allen untersuchten Luftproben der verschiedensten Regionen der Erde überwiegen (z.B. Abb. 24).

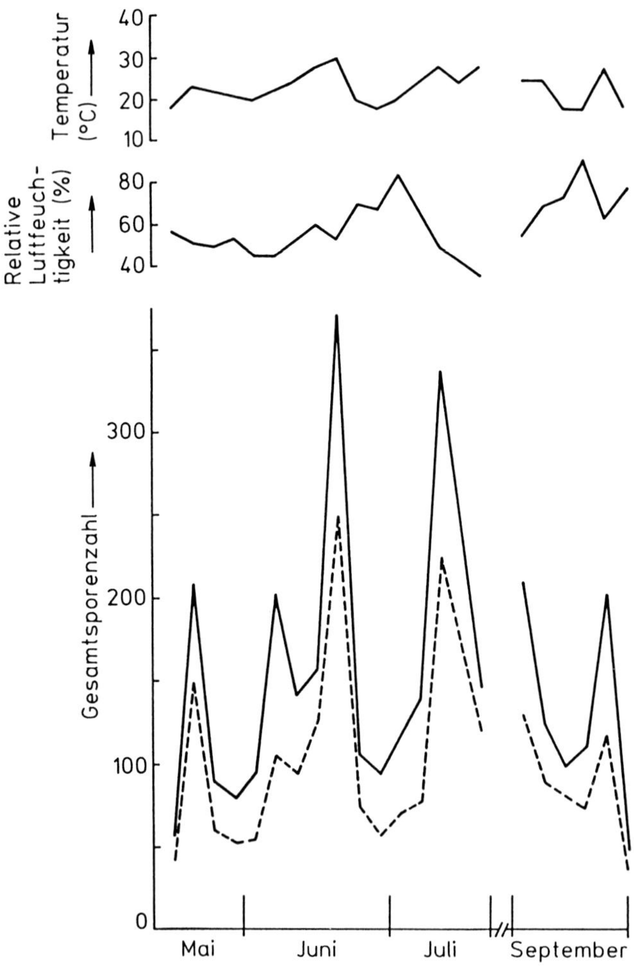

Abb. 24. Abhängigkeit des Gehalts der Luft an Schimmelsporen (——) und Sporen von *Cladosporium* (---) in Abhängigkeit von Temperatur und relativer Luftfeuchtigkeit (nach eigenen Messungen)

Pilzsporen sind schwerer als Luft und sinken daher bei ruhiger Luft ab. Dabei treffen sie auf neue Substrate, die sie besiedeln können. Bei normalen Druck- und Temperaturverhältnissen folgt die Sedimentationsgeschwindigkeit v_s von Teilchen mit einem Durchmesser von 1-100 µm dem Stokes'schen Gesetz:

$$v_s = \frac{2}{9} \cdot g \cdot r^2 \cdot \frac{d_p - d_m}{\eta}$$

v_s = Sedimentationsgeschwindigkeit (in cm/sec)

d_p = Dichte des Teilchens in g/cm^3 (Wasser: 1,00)

d_m = Dichte des Mediums (Luft: $1{,}27 \cdot 10^{-3}$ g/cm^3)

g = Erdbeschleunigung (981 cm/sec^2)

η = Viskosität des Mediums (Luft bei 18°C: $1{,}8 \cdot 10^{-4}$ g/cm/sec)

r = Radius des Teilchens in cm

Das Stokes'sche Gesetz gilt allerdings nur für runde und glatte Einzelpartikel und nicht für längliche, asymmetrische Strukturen mit rauher Oberfläche oder für verklumpte Sporeneinheiten, wie sie bei Schimmelpilzen oft anzutreffen sind. Die wenigen verfügbaren Angaben über Dichte und Sedimentationsgeschwindigkeit von Pilzsporen sind in Tabelle 2 zusammengefaßt.

Tabelle 2. Dichte und Sedimentationsgeschwindigkeit von Pilzsporen (nach Gregory 1973)

Pilz	Dichte (d_p)	Sedimentations-geschwindigkeit (v_s)
Alternaria sp.		0,3-0,55
Alternaria oleracea	1,1	
Aspergillus fumigatus		0,03
Cladosporium sp.		0,07
Neurospora sitophila	1,1	0,16

Bei den in der Luft anzutreffenden Sporenkonzentrationen sind charakteristische Rhythmen zu beobachten. So ist häufig der Sporengehalt erhöht, wenn die Temperatur hoch und die relative Luftfeuchtigkeit demzufolge gering ist (Abb. 24). Die Gesamtsporenkonzentration ist daher im Winter verhältnismäßig gering und steigt in Mitteleuropa in den Monaten Mai bis September stark an (Abb. 25). Neben diesem jahreszeitlichen Rhythmus gibt es auch im Tagesverlauf bestimmte Maximal- und Minimalwerte im Sporengehalt der Luft (diurnaler Rhythmus). Die Freisetzung der Sporen von *Alternaria* und *Cladosporium* ist an Luftturbulenzen gebunden. Solche "Schönwetter-Sporen" sind infolgedessen in besonders hoher Anzahl um die Mittagszeit in der Luft zu finden (Abb. 26).

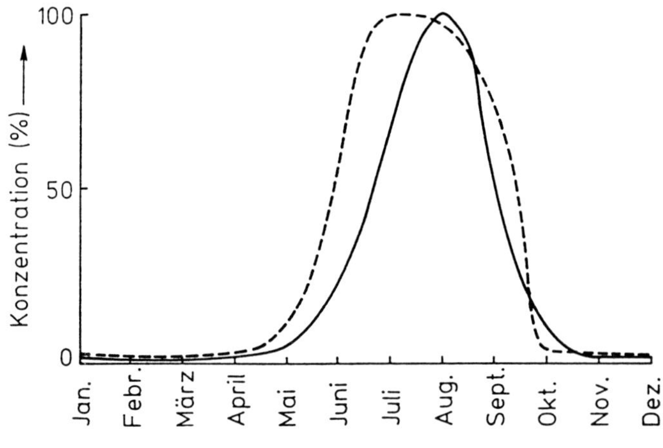

Abb. 25. Jahreszeitliche Schwankungen des Gehalts der Luft an Sporen von *Cladosporium* (———) und *Alternaria* (------)

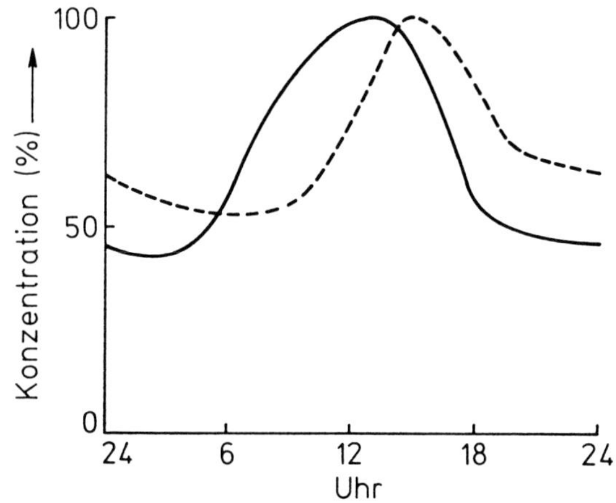

Abb. 26. Diurnale Schwankungen des Sporengehalts der Luft in England: *Cladosporium* (———), *Alternaria* (------)

Bei besonders günstigen Konvektionsströmungen und wetterbedingt aufsteigenden Luftmassen können Sporen von Schimmelpilzen über viele Hunderte von Kilometern verfrachtet werden und dabei sogar kleinere Meere überqueren.

2) Innenluft

Nur verhältnismäßig wenige Studien beschäftigen sich mit der Schimmelpilzflora von Innenräumen. Da Räume häufig mehr Staub enthalten als die Außenluft und die Staubteilchen mit Sporen beladen sind, können hohe Keimgehalte auftreten, zumal eine Verdünnung durch Luftbewegungen vermindert und die abtötende Wirkung der UV-Strahlen hier fehlt. Dabei dominieren die xerotoleranten Arten von *Aspergillus* und *Penicillium* sowie Vertreter der Gattungen *Cladosporium*, *Alternaria*, *Aureobasidium (Pullularia)*, *Mucor*, *Rhizopus* und *Absidia*.

Der thermotolerante *Aspergillus fumigatus* ist regelmäßig in Komposten, Müll und Torf zu finden. Auch in Blumenerde kommt dieser Pilz vor und gelangt von dort aus in die Zimmerluft, wo große Konidienzahlen gemessen wurden. Die medizinischen Konsequenzen dieses Befundes sind auf S. 136 dargestellt.

Ein hoher Anteil an Schimmelpilzsporen in der Luft ist immer dann zu erwarten, wenn in Innenräumen mit staubenden organischen Materialien hantiert wird. Dies ist etwa der Fall in Scheunen und Tierställen, Mühlen, Malzfabriken, in Lederfabriken und in der holzverarbeitenden Industrie.

III. Vorkommen im Wasser

Über das Vorkommen von Schimmelpilzen im Wasser ist sehr wenig bekannt. Obwohl *Cephalosporium*, *Cladosporium*, *Penicillium* und andere Schimmelpilze aus Wasser isoliert werden können, ist anzunehmen, daß echte Schimmelpilze nur selten im Wasser anzutreffen sind, sind sie doch insgesamt optimal an das Landleben angepaßt und mit einer beachtlichen Trockenheitsresistenz ausgestattet (Tab. 4). Immerhin konnten in gechlortem Schwimmbadwasser in Finnland *Acremonium* sp., *Aspergillus* sp. (darunter auch *A. niger*), *Cladosporium* sp., *Fusarium* sp. und *Penicillium* sp. nachgewiesen werden.

Literatur

Campbell R (1981) Mikrobielle Ökologie. Akademie Verlag, Berlin
Domsch KH, Gams W (1970) Pilze aus Agrarböden. Fischer, Stuttgart
Domsch KH, Gams W, Anderson T-H (1981) Compendium of soil fungi. Bde I, II. Academic Press, London New York
Gilman JC (1957) A manual of soil fungi. Iowa State Univ, Ames, IA
Gregory PH (1973) The microbiology of the atmosphere. Hill, London

E. Lebensbedingungen der Schimmelpilze

Die weite Verbreitung der Schimmelpilze beruht auf ihrer ausgeprägten Anspruchslosigkeit. Viele Vertreter dieser Pilzgruppe wachsen auf unterschiedlich zusammengesetzten Substraten und gedeihen auch noch in einem weiten Temperaturbereich. Neben dem Nährsubstrat und der Temperatur bestimmen auch der pH-Wert des Substrates, sein Gehalt an freiem Wasser (Wasseraktivität, a_W-Wert) sowie Licht und die Zusammensetzung der umgebenden Atmosphäre die Ausbreitung der Schimmelpilze. Alle diese Faktoren wirken jedoch nicht isoliert, sondern verstärken sich oder schwächen sich gegenseitig ab. Außerdem kann man beobachten, daß das Mycelwachstum einerseits und Sporulation sowie bestimmte Stoffwechselleistungen (wie etwa die Bildung von Mykotoxinen) andererseits unterschiedliche Anforderungen an die Umwelt stellen.

I. Vermehrungsphasen

Gelangen Schimmelpilze auf ein Substrat, dessen Zusammensetzung das Wachstum begünstigt, dann vermehren sie sich nach einer bestimmten Gesetzmäßgkeit, wobei sechs Phasen aufeinander folgen (Abb. 27):

- *Anlaufphase (lag-Phase)*: die Zellen vergrößern sich, ihr Stoffwechsel wird aktiviert, die Anzahl der Zellen bleibt noch im wesentlichen konstant. Die Dauer der lag-Phase ist abhängig von der Zusammensetzung des Nährstubstrates und vom Alter des Impfmaterials;
- *Beschleunigungsphase*: die Vermehrungs- und Wachstumsraten nehmen ständig zu;
- *Exponentielle Wachstumsphase (log-Phase)*: die Vermehrungsgeschwindigkeit nimmt konstant zu und erreicht hier ihr Maximum;
- *Verzögerungsphase*: die Vermehrungsrate sinkt infolge ungünstiger Umweltbedingungen (Mangel an Nährstoffen, Ansammlung giftiger Stoffwechselprodukte u.a.);
- *Stationäre Phase*: die Keimzahl bleibt konstant, da zwischen der Neubildung und dem Absterben der Zellen ein Gleichgewicht herrscht;
- *Absterbephase*: durch Nährstoffmangel oder Anhäufung toxischer Stoffwechselprodukte sterben je Zeiteinheit mehr Zellen ab als neue gebildet werden, so daß die Gesamtkeimzahl abnimmt.

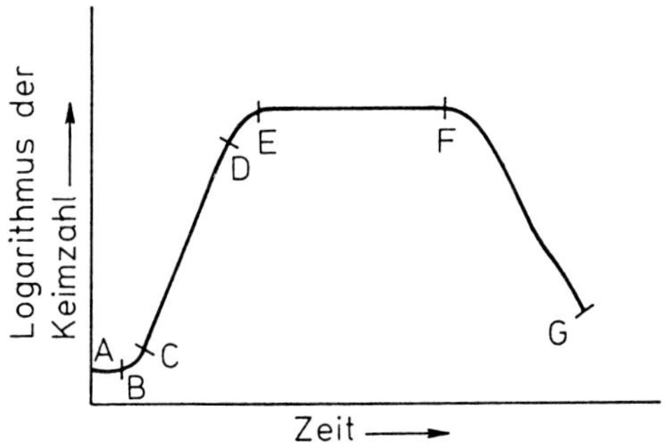

Abb. 27. Wachstumskurve einer Schimmelpilzkultur: *A-B* Anlaufphase (lag-Phase); *B-C* Beschleunigungsphase; *C-D* exponentielle Wachstumsphase (log-Phase); *D-E* Verzögerungsphase; *E-F* stationäre Phase; *F-G* Absterbephase

II. Physikalische Faktoren

1) Temperatur

Schimmelpilze treffen während ihres Wachstums im Boden, auf Lebensmitteln oder auf anorganischen Materialien oft schwankende Temperaturen an. Sie können sich nur durchsetzen, wenn sie in einem weiten Temperaturbereich gedeihen können. Man bezeichnet diese Eigenschaft als *Mesophilie*. Für das Mycelwachstum liegt die Minimaltemperatur hier meist um 0°C, die Optimaltemperatur bei 25 bis 35°C und die Maximaltemperatur zwischen 30 und 40°C (Panasenko 1967). Neben den mesophilen Schimmelpilzen gibt es auch solche mit *Thermotoleranz*; diese sind durch einen etwas größeren Temperaturbereich für das Wachstum (Minimum: 0°C, Optimum: 30 bis 40°C, Maximum: etwa 50°C) gekennzeichnet. Nur selten findet man unter den Schimmelpilzen Vertreter mit *Thermophilie*, bei denen für das Wachstum das Minimum bei 20 bis 25°C, das Optimum bei 35 bis 55°C und das Maximum bei 55 bis 60°C liegen. Hierzu gehört etwa der im letzten Jahrhundert auf Brot entdeckte Zygomycet *Mucor pusillus*.

Die Kardinalwerte für wichtige Schimmelpilze sind in Tabelle 3 zusammengefaßt. Wichtig für den Schimmelbefall von Lebensmitteln in Mitteleuropa ist die Tatsache, daß Vertreter der Gattung *Penicillium* niedrigere Temperaturen (etwa 20 bis 25°C) bevorzugen als *Aspergillus*-Arten (etwa 25 bis 35°C).

Für die Praxis (etwa bei der Ermittlung von Sterilisationsbedingungen) ist die Tatsache bedeutsam, daß die Schimmelpilze zwar ihr Wachstum bei Unterschreiten der Minimaltemperatur und bei Überschreiten der Maximaltemperatur einstellen, daß ihre Dauerorgane (geschlechtliche oder ungeschlechtliche Sporen und Sklerotien) jedoch in inaktivem Zustand diese Extremtemperaturen überdauern. Meist ist die Hitzetoleranz jedoch wesentlich schwächer als die Kältetoleranz.

2) Wassergehalt des Substrates

In älteren Untersuchungen wird als Maß für die Substratfeuchtigkeit der prozentuale Wassergehalt des Substrates angegeben. Dieser Wert ist jedoch fehlerhaft, da für die Schimmelpilze (und

Tabelle 3. Kardinaltemperaturen wichtiger Schimmelpilze

Pilz		Minimum (°C)	Optimum (°C)	Maximum (°C)
Absidia corymbifera	W		35-37	45
Alternaria alternata	W	-2 bis +5	20-25	31-32
Aspergillus candidus	W	3-4	20-24	40-42
- *clavatus*	W	5-6	20-25	42
- *flavus*	W	6-8	35-37	42-45
	S		35	
- *fumigatus*	W	10-12	37-43	52-55
- *"glaucus"*	W	ca. -8	30	43
- *nidulans*	W	6-8	35-40	46-48
- *niger*	W	6-8	35-37	45-47
	SK	>10		
- *ochraceus*	W		28-32	
- *oryzae*	W	7-9	35-37	45-47
- *parasiticus*	W	10-13	37	
- *repens*	W	4-5	25-27	38-40
- *versicolor*	W	4-5	25-30	38-40
Aureobasidium pullulans	W	2	25	35
Byssochlamys fulva	W	10	30-35	45
Cladosporium herbarum	W	-7 bis -5	24-25	30-32
Fusarium avenaceum	W	-3	25	31
- *culmorum*	W	0	25	31
- *oxysporum*	W	5	25-30	37
- *sporotrichioides*	W	2,5-7	23-30	35
Mucor hiemalis	W	5	25	30
	S	5	25	30
- *plumbeus (M. spinosus)*	W	4-5	20-25	35
- *pusillus*	W	20	40-45	55
- *racemosus*	W	-4 bis -3	20-25	30-33
Neurospora sitophila	W	4	36	44
Penicillium chrysogenum	W	-4	25-28	32-33
- *digitatum*	W	-3	20-25	32-35
- *expansum*	W	-3	25-26	33-35
	SK	<0		
- *italicum*	W	-3	22-24	32-34
- *roqueforti*	S		23-24	

Pilz		Minimum (°C)	Optimum (°C)	Maximum (°C)
(Fortsetzung)				
Rhizopus microsporus	W	12	30-35	42
var. *oligosporus* *(R. oligosporus)*				
Rhizopus oryzae	W	7-9	36-38	43-49
- *stolonifer*	W	10	25-26	35-37
	SK	1,5	26-28	33
Scopulariopsis brevicaulis	W	5	24-30	37
- *fusca*	W	5	24-30	37-40
Thamnidium elegans	W	-7	27	
	SK			<31
Trichothecium roseum	W	15	25	35
	SK	5		
Wallemia sebi	W	5	24-30	37-40

W = Mycelwachstum; S = Sporenbildung; SK = Sporenkeimung

für andere Mikroorganismen) nicht der gesamte Wasseranteil des Nährbodens zur Verfügung steht, sondern nur der Teil des Gesamtwassergehaltes, der nicht von löslichen Substanzen (Salze, Kohlenhydrate, Eiweißstoffe) gebunden ist. Diese *Wasseraktivität* (a_W-Wert) ist in ihrer Höhe daher abhängig von der chemischen Zusammensetzung, der Temperatur und dem pH-Wert des Substrates. Man definiert die Wasseraktivität als Quotient des Wasserdampfdruckes im Substrat (P_D) und des Sättigungsdruckes (P_S) des reinen Wassers bei derselben Temperatur:

$$a_W = \frac{P_D}{P_S}$$

Der Zusammenhang zwischen a_W-Wert und der relativen Luftfeuchtigkeit (R.H.), die im Gleichgewicht mit dem Substrat über diesem herrscht, wird nach Scott (1957) ausgedrückt mit der Gleichung

$$R.H. (\%) = a_W \cdot 100$$

In ihren Ansprüchen an die Wasseraktivität liegen die Schimmelpilze zwischen den Bakterien und einigen spezialisierten Hefen. Während die meisten Bakterien einen a_W-Wert von 0,95 benötigen und osmophile Hefen noch bei einer Wasseraktivität von unter 0,6 gedeihen, haben die meisten Schimmelpilze ihr a_W-Minimum um 0,80-0,85 (Tab. 4). Mathematische Berechnungen (Wiesner und Casolari 1983) zeigen, daß ein Pilzwachstum in Medien mit einer Wasseraktivität von 0,61 und darunter sehr unwahrscheinlich ist.

Tabelle 4. Kardinalwerte der Wasseraktivität wichtiger Schimmelpilze

Pilz		Minimum	Optimum
Alternaria alternata	W	0,85	0,98
	S	0,90	0,98-0,99
	SK	0,94	
Aspergillus amstelodami [a]	W	0,75	
	SK	0,75	
- *candidus*	W	0,75	0,90
	S	0,80	0,90
	SK	0,75	
- *chevalieri* [a]	W	0,65	0,90
	S	0,75	0,92
	SK	0,73	
- *clavatus*	W	0,88	0,98
	S	0,90	0,98-1,0
- *echinulatus* [a]	W	0,62	
	S	0,65	0,91
	SK	0,71	
- *flavus*	W	0,80	0,95
	S	0,85	0,95-0,96
	SK	0,80	
- *fumigatus*	W	0,85	0,98
	S	0,90	0,98-0,99
- *nidulans*	W	0,80	0,95
	S	0,85	0,95-0,98
	SK	0,82	
- *niger*	W	0,88-0,89	0,96-0,98
	S	0,92-0,95	0,96-0,98
	SK	0,84	
- *ochraceus*	W	0,80	0,95
	S	0,85	0,95-0,98
- *repens* [a]	W	0,65	
	S	0,75	0,92
	SK	0,72	
- *restrictus*	W	0,75	0,91
	SK	0,75	
- *ruber* [a]	W	0,71	
	SK	0,71	
- *tamarii*	W	0,78	
- *versicolor*	W	0,75	0,95
	S	0,80	0,95-0,97
	SK	0,78	
Byssochlamys nivea	W	0,89	

Pilz		Minimum	Optimum
(Fortsetzung)			
Cladosporium herbarum	W	0,85-0,86	0,95-0,96
	S	0,88-0,89	0,96-0,98
	SK	0,88	
Mucor circinelloides	W	0,90	
- *racemosus*	W	0,92	0,98
	S	0,95	0,98-0,99
- *plumbeus (M. spinosus)*	W	0,93	
	SK	0,93	
Neurospora sitophila	W	0,88-0,90	0,95-0,98
	S	0,90-0,92	0,98-0,99
Paecilomyces varioti	W	0,84	
Penicillium chrysogenum	W	0,85	0,96
	S	0,86	0,98
- *citrinum*	W	0,80	
- *cyclopium*	W	0,85	0,95
	SK	0,84	
- *expansum*	W	0,82	0,95
	S	0,85	
	SK	0,82-0,86	
- *fellutanum*	W	0,80	
- *islandicum*	W	0,83	
- *italicum*	W	0,87	0,96
	S	0,89	0,96-0,98
- *martensii*	W	0,79	
- *palitans*	W	0,83	
- *patulum*	W	0,81	
- *puberulum*	W	0,81	
- *rugulosum*	W	0,85	0,96
	S	0,85	0,96-0,98
	SK	0,86	
- *spinosum*	S	0,80	0,96
- *viridicatum*	W	0,81	
Rhizopus stolonifer	W	0,92-0,94	0,98
	S	0,96	0,98-0,99
	SK	0,93	
Scopulariopsis brevicaulis	W	0,85	0,92-0,94
	S	0,86	0,95-0,96
Thamnidium elegans	W	0,92-0,94	0,98
	S	0,95-0,96	0,98-1,00

Pilz		Minimum	Optimum
(Fortsetzung)			
Trichothecium roseum	W	0,86-0,88	0,96
	S	0,92	0,96-0,98
	SK	0,90	
Wallemia sebi	W	0,75	

[a]Mitglieder der *Aspergillus glaucus*-Gruppe

W = Mycelwachstum; S = Sporenbildung; SK = Sporenkeimung

Zu den ausgesprochen xerotoleranten Schimmelpilzen gehören Vertreter der *Aspergillus glaucus*-Gruppe (*A. amstelodami*, *chevalieri*, *echinulatus*, *repens*, *ruber* u.a.), die als Zuckerschädlinge noch in 80%iger Saccharoselösung wachsen können, und *Wallemia (Sporendonema) sebi*, der auf gesalzenem Fisch und Trockenfrüchten gedeiht. Die Sporangiosporen der Mucoraceen können nur kurzfristig in Trockenheit überleben, während die Konidien von *Aspergillus*- und *Penicillium*-Arten über Jahre hinweg in trockenem Zustand lebensfähig bleiben.

Bemerkenswert ist, daß für das Wachstum und für einzelne Stoffwechselleistungen unterschiedliche a_W-Werte erforderlich sind. Dies ist besonders interessant bei mykotoxinogenen Schimmelpilzen, bei denen die Toxinproduktion in der Regel einen höheren Minimum-a_W-Wert zur Voraussetzung hat als das Mycelwachstum (Abb. 56).

a) Einfluß der Wasseraktivität auf die Sporenkeimung

Die Sporenkeimung ist die Lebensäußerung eines Schimmelpilzes, die noch bei den ungünstigsten Außenbedingungen abläuft. So keimen die Konidien von Vertretern der *Aspergillus glaucus*-Gruppe noch bei einer Wasseraktivität von 0,7, allerdings nur dann, wenn die Temperatur optimal ist, oder anders ausgedrückt: bei der Optimaltemperatur ist der a_W-Bereich, der ein Auskeimen der Konidien erlaubt, am größten. Sinkt oder steigt die Temperatur, dann sind höhere a_W-Werte erforderlich (Abb. 28).

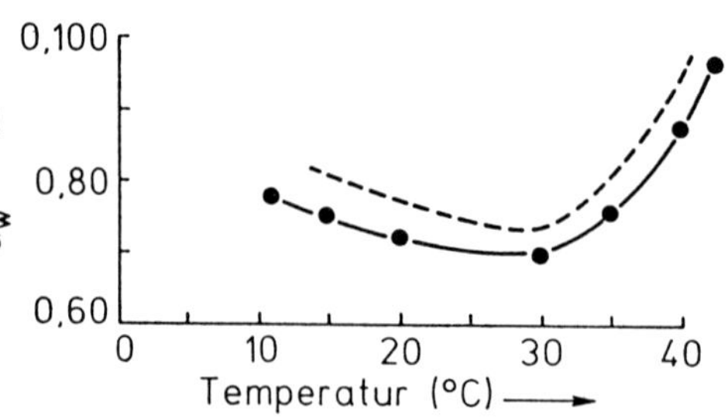

Abb. 28. Abhängigkeit der Sporenkeimung (———) und des Auftretens eines nennenswerten Mycelwachstums (------) bei Vertretern der *Aspergillus glaucus*-Gruppe von der Wasseraktivität (a_W) des Substrats (nach Stille und Uzelac 1978, ergänzt)

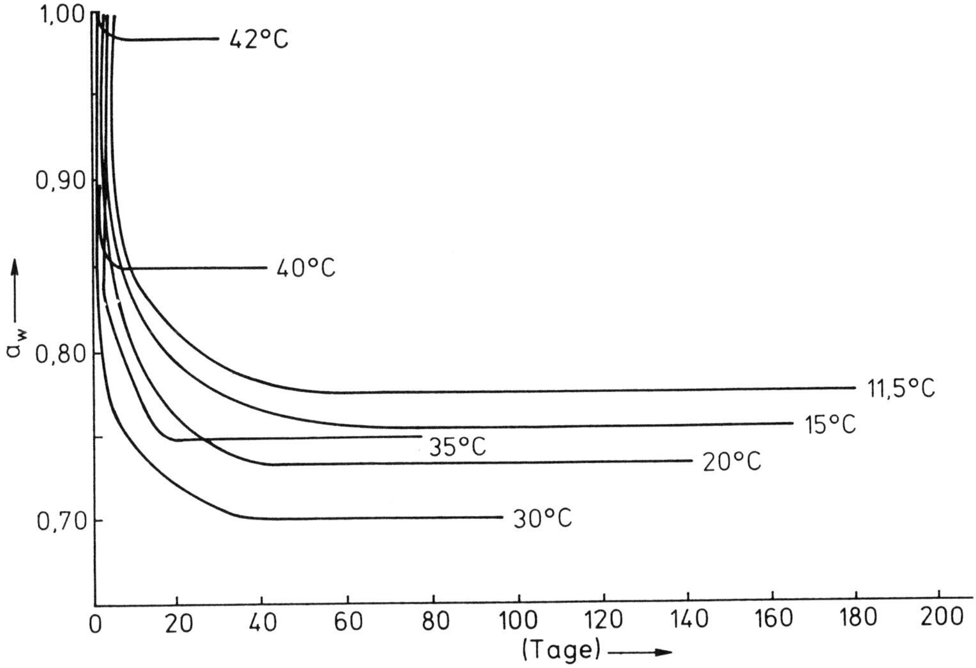

Abb. 29. Zeit bis zum Auskeimen der Sporen von Vertretern der *Aspergillus glaucus*-Gruppe bei verschiedenen Temperaturen in Abhängigkeit vom a_W-Wert des Substrats (nach Stille und Uzelac 1978)

Auch der Zeitpunkt der Sporenkeimung ist abhängig von der Wasseraktivität des Substrates und der Temperatur (Abb. 29). Bei hohem a_W-Wert keimen die Konidien von Arten der *Aspergillus glaucus*-Gruppe stets rasch aus, wobei die Temperatur zusätzlich fördernd wirkt. Fällt die Wasseraktivität ab, dann tritt eine deutliche Verzögerung der Keimung ein, wenn eine bestimmte, für jede Temperatur charakteristische Grenze erreicht wird. Dies ist in Abbildung 29 aus dem Übergang der Kurven aus dem vertikalen in den horizontalen Verlauf erkennbar. Ein solcher Übergang in die Horizontale bedeutet nun, daß bei Unterschreiten der jeweils erreichten Wasseraktivität ein Auskeimen selbst bei verlängerter Beobachtungszeit nicht mehr zu registrieren ist. Ähnliche Beobachtungen sind auch bei den Konidien von *A. niger* gemacht worden.

Die Keimungsrate der Schimmelpilzsporen sinkt im allgemeinen bei jeder Temperatur, wenn die Wasseraktivität des Substrates abnimmt. Andererseits steigt die Überlebensrate von Konidien (z.B. *A. flavus*), wenn der a_W-Wert des Nährbodens sinkt.

b) Einfluß der Wasseraktivität auf das Mycelwachstum

Im allgemeinen ist bei Bedingungen, die die Sporenkeimung verzögern, auch nur mit einem sehr schwachen Mycelwachstum zu rechnen. Liegt beispielsweise die Wasseraktivität des Substrates in der

Nähe des Minimum-a_W-Wertes für das Wachstum, dann keimen zwar die Konidien aus, bilden jedoch nur extrem verkürzte Keimhyphen aus, die zudem oftmals deformiert sind. Sehr wichtig für die Praxis der Pilzbekämpfung ist die Tatsache, daß viele Schimmelpilze bei höheren Temperaturen zu wachsen vermögen, wenn das Substrat einen niedrigen a_W-Wert besitzt.

Abbildung 30 zeigt den Zusammenhang zwischen der Wachstumsrate und der Temperatur und der Wasseraktivität des Substrates bei einem xerotoleranten (*Aspergillus chevalieri*) und einem nicht xerotoleranten Schimmelpilz (*Penicillium islandicum*).

c) Einfluß der Wasseraktivität auf die Sporenbildung

Die Bildung von Konidien und Sporangiosporen erfordert in der Regel einen höheren Minimum-a_W-Wert als das Mycelwachstum und als die Sporenkeimung (Tab. 4). Ebenso findet die Entwicklung der geschlechtlichen Ascosporen bei höherer Substratfeuchtigkeit statt als die Bildung ungeschlechtlicher Sporen.

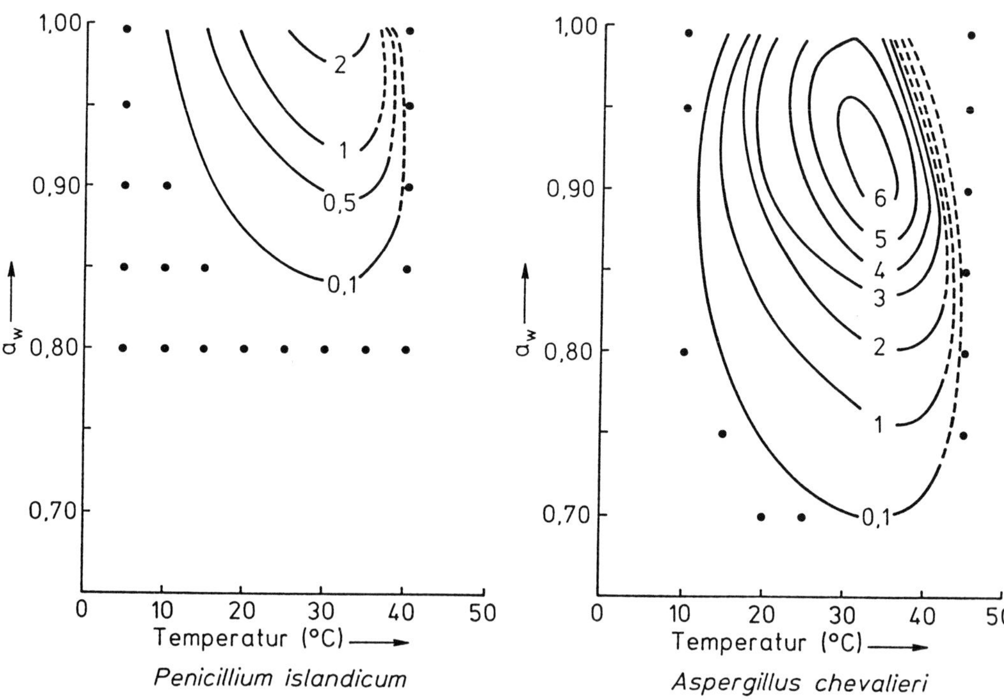

Abb. 30. Einfluß der Temperatur und der Wasseraktivität auf das Wachstum von *Penicillium islandicum* und *Aspergillus chevalieri*. Die Zahlen an den Kurven geben die Wachstumsrate in mm/Tag an. Die *schwarzen Punkte* kennzeichnen Bedingungen, unter denen selbst nach 95 Tagen keine Sporenkeimung eintritt (nach Ayerst 1969, verändert)

3) pH-Wert des Substrates

Der optimale pH-Bereich des Kulturmediums für Schimmelpilze liegt bei 4,5 bis 6,5, also im leicht sauren Milieu. Maximalwerte liegen meist bei pH 8, während manche Pilze noch bei pH 2 und darunter wachsen (Tab. 5). Allerdings ist zu beachten, daß viele Schimmelpilze durch Ausscheidung von Stoffwechselprodukten den pH-Wert ihres Substrates verändern können.

Die verschiedenen Stoffwechselfunktionen sind oft an unterschiedliche pH-Optima gebunden. So ist das Wachstum vieler Schimmelpilze in einem weiten pH-Bereich möglich, während die Synthese von Mykotoxinen stark pH-abhängig ist. Oft hat die Mykotoxin-Produktion ein anderes pH-Optimum als das Hyphenwachstum (z.B. *Aspergillus versicolor*: pH-Optima für Wachstum: 5,0, für die Bildung von Sterigmatocystin: 8,0).

Tabelle 5. Abhängigkeit der Lebenstätigkeit von Schimmelpilzen vom pH-Wert des Mediums

Pilz		Minimum	Optimum	Maximum
Alternaria alternata	W	<2,7	5,4	>8,0
Aspergillus candidus	W	2,1		7,7
- *flavus*	W	2,5	7,5	>10,5
	S		6,5	
- *fumigatus*	W	3,0	6-7	8,0
- *niger*	W	1,5		9,8
	SK		3,0	
- *ochraceus*	W	3,0	6-7,5	>8,0
- *repens*	W	1,8		8,5
Cladosporium herbarum	W	3,1		7,7
Fusarium oxysporum	W	2,0		9,0
Mucor plumbeus (*M. spinosus*)	W		7,0	
Neurospora sitophila	W	>3,0	5-6	>8,0
- *pusillus*	W		6,1	
- *racemosus*	W	2,0		8,4
Penicillium cyclopium	W	2,0		10,0
- *italicum*	W	1,6		9,8
Rhizopus stolonifer	W			<6,8
Scopulariopsis brevicaulis	W		9-10	
Trichoderma koningi	W	2,5		9,5

W = Mycelwachstum; S = Sporenbildung; SK = Sporenkeimung

4) Licht

Das Wachstum der Schimmelpilze wird in den meisten Fällen durch die Art und Intensität der Beleuchtung nicht beeinflußt. Bei einigen Vertretern (z.B. Arten der *Aspergillus glaucus*-Gruppe, *Alternaria alternata*) ist jedoch zu beobachten, daß die Bildung von Konidien durch Licht angeregt wird; andererseits kann Dunkelheit die Produktion der geschlechtlichen Ascosporen sowie von Sklerotien (z.B. von *Aspergillus ochraceus*) fördern.

Wechselnde Hell- und Dunkelphasen führen bei manchen Schimmelpilzen zur Ausbildung charakteristischer Zonierungen. Diese beruhen darauf, daß in periodisch wiederkehrenden Abständen Sporen produziert werden (Abb. 31). Da das Mycel von einer Impfstelle nach allen Richtungen gleichmäßig wächst, sind die ungeschlechtlichen Vermehrungszellen in konzentrischen Kreisen angeordnet ("Hexenringe"). Als Ursache werden durch Licht verursachte Veränderungen gewisser Membraneigenschaften (z.B. der Permeabilität) angenommen.

5) Zusammensetzung der Atmosphäre

Schimmelpilze stellen im allgemeinen nur geringe Ansprüche an den Sauerstoffgehalt der Atmosphäre. So können die Sporen einiger *Mucor*-Arten und von *Rhizopus stolonifer* in reinem Stickstoff bei völliger Abwesenheit von Sauerstoff auskeimen, während andere verbreitete Schimmelpilze erst bei Spuren von Sauerstoff auskeimen (Tabak und Cooke 1968). So benötigen etwa die Konidien von *Alternaria alternata* und *Cladosporium herbarum* zur Bildung von Keimhyphen einen Sauerstoffgehalt der Atmosphäre von mindestens 0,25%.

Ein steigender Kohlendioxidgehalt hemmt die Wachstumsgeschwindigkeit vieler Schimmelpilze, die gelegentlich dann ihren Stoffwechsel auf Gärung umstellen und auch morphologisch ein hefeartiges Aussehen annehmen (viele *Mucor*-Arten). Senkt man den Sauerstoffgehalt (2%-3%) bei gleichzeitiger Heraufsetzung des Kohlendioxidgehaltes (etwa 5%), dann können etwa Lagerpilze von Obst (z.B. *Penicillium expansum*) völlig in ihrem Wachstum unterdrückt werden.

III. Chemische Faktoren

Wie alle Pilze sind auch die Schimmelpilze heterotroph, das heißt auf die Anwesenheit organischer Kohlenstoffverbindungen angewiesen. Besonders geeignet sind Glucose, Maltose, Saccharose und andere wasserlösliche Verbindungen von geringer Molekülmasse. Ein besonders hohes Angebot an Glucose führt bei manchen *Mucor*-Arten zu einem hefeartigen Wachstum, wobei auch alkoholische Gärung auftritt. Stärke und Pektin können von einigen Schimmelpilzen abgebaut werden, Cellulose und Lignin hingegen nur selten. Proteine und Lipoide sind ebenfalls meist nutzbar, ebenso wie Stickstoff in Form von Ammonium- und Nitrat-Ionen oder organi-

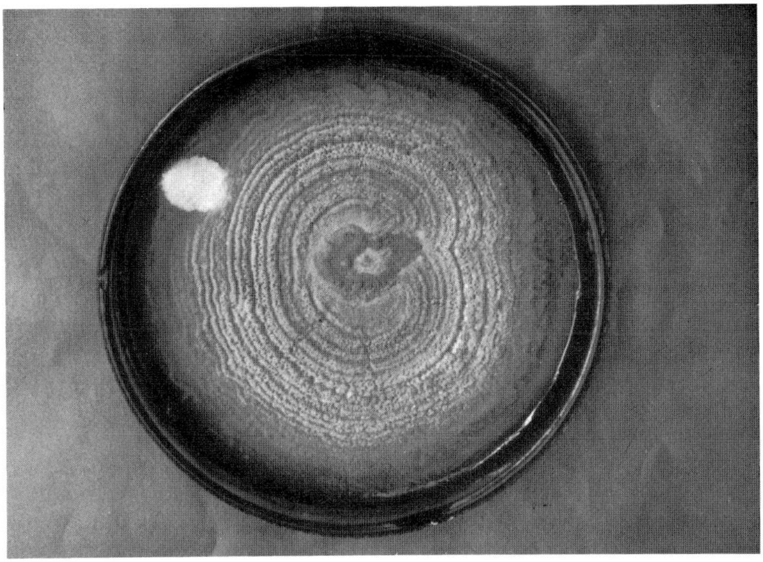

Abb. 31. *Penicillium expansum*: Zonierung der Kultur nach achtstündigem Licht-Dunkel-Wechsel

schen N-Verbindungen. Ein Mangel an Spurenelementen (Zn, Fe, Cu, Mo, B, Mn) im Nährboden führt zu verzögertem Wachstum und Abnormalitäten in der Ausgestaltung der Konidiophoren.

Literatur

Ayerst G (1969) The effects of moisture and temperature on growth and spore germination in some fungi. J Stored Prod Res 5:127-141
Panasenko VT (1967) The ecology of microfungi. Bot Rev 33:189-215
Scott WJ (1957) Water relations of food spoilage microorganisms. Adv Food Res 7:83-127
Stille B, Uzelac G (1978) Das Verhalten von Mikroorganismen in Abhängigkeit von der Wasseraktivität. Z Pflanzenkr Pflanzenschutz 85:186-190
Tabak HH, Cooke WMB (1968) The effects of gaseous environments on the growth and metabolism of fungi. Bot Rev 34:126-252
Wiesner P, Casolari A (1983) Attività dell'acqua e velocità radiale di accrescimento in Aspergillus. Ind Ital Conserve 58:82-85

F. Einsatz von Schimmelpilzen zur Gewinnung von organischen Produkten und Lebensmitteln

Der Einsatz verschiedener Mikroorganismen bei der Herstellung von Lebensmitteln ist sehr alt, wenn man etwa an Käse, Wein, Bier, Sauerkraut und Brot denkt. Eine große Rolle spielen hierbei Bakterien und Hefen, die schon früh vom Menschen gezielt eingesetzt worden sind. Schimmelpilze sind in den westlichen Ländern für die Herstellung eßbarer Produkte jedoch nur von untergeordneter Bedeutung, werden aber in gewissen asiatischen Ländern schon seit alters her bei der Produktion von Nahrungsmitteln verwendet. Auf der anderen Seite werden weltweit in zunehmendem Maße wichtige organische Rohstoffe und Medikamente in industriellem Maßstab mit Hilfe von Schimmelpilzen erzeugt.

I. Herstellung organischer Produkte

1) Primärstoffwechsel und Sekundärstoffwechsel

Tabelle 6 gibt eine Übersicht über wichtige organische Verbindungen, die durch Schimmelpilze in großtechnischen Prozessen hergestellt werden, wobei zwischen Primär- und Sekundärmetaboliten unterschieden wird. Die ersteren werden beim Grund- oder Primärstoffwechsel gebildet. Darunter faßt man die fundamentalen Stoffwechselvorgänge zusammen, die in allen Organismen auf gleiche Weise ablaufen. Hier erfüllen die *Primärmetaboliten* lebensnotwendige Aufgaben innerhalb der Einzelzelle. Zu den Primärmetaboliten zählt man die niedermolekularen Bestandteile der Zelle (Aminosäuren, Vitamine, Nucleotide) sowie die Zwischenprodukte des Intermediärstoffwechsels (Säuren des Citronensäurezyklus). Fein abgestimmte Regulationsmechanismen innerhalb der Zelle sorgen dafür, daß gerade so viele Primärmetaboliten gebildet werden, wie auch wieder verbraucht werden. Will man die Produktion derartiger Substanzen steigern, um eine industriell verwertbare hohe Ausbeute zu erhalten, dann müssen diese Regulationsmechanismen gestört oder umgangen werden. Dies kann auf verschiedenen Wegen durch mutagene Faktoren (UV-Licht, Strahlen, chemische Substanzen) erreicht werden. Die erwünschten Mutanten mit einem derart entgleisten Stoffwechsel werden sodann isoliert; sie können eine bis zu 10 000fach gesteigerte Primärmetabolit-Ausbeute liefern.

Die *Sekundärmetaboliten* (sekundäre Naturstoffe) andererseits sind nicht allgemein verbreitet (oft nur auf wenige Arten beschränkt), werden häufig nur innerhalb eng begrenzter Entwicklungsphasen der Organismen gebildet, entstehen aus Zwischenprodukten des Primärstoffwechsels und haben meist keinen erkennbaren Wert für die Zelle, die sie bildet. Sekundäre Naturstoffe sind jedoch

Tabelle 6. Wichtige organische Produkte, die durch Schimmelpilze gewonnen werden

Produkt	Beispiele für die Verwendung	Produzenten
1. *Primärmetabolite*		
Citronensäure	Getränke, Milchprodukte, Desserts u.a.	*Aspergillus niger* und andere *Aspergillus*- und *Penicillium*-Arten
Itaconsäure	Lacke, Kunststoffe	*A. terreus, A. itaconicus*
Bernsteinsäure	Aromastoffe	*Rhizopus*-Arten
Fumarsäure	Fruchtgetränke, Milch- und Fleischprodukte	*A. fumaricus, Rhizopus stolonifer, R. arrhizus, R. oryzae (R. delemar)*
Äpfelsäure	Getränke, Marmeladen, Sirups usw.	*A. flavus, A. parasiticus, Penicillium corylophilum, R. stolonifer*
Weinsäure	Getränke	*A. griseus, A. niger, P. chrysogenum*
Gluconsäure	Backpulver, Fleischprodukte, Flaschenreinigungsmittel	*Aspergillus niger* und andere *Aspergillus*- und *Penicillium*-Arten
Erythrobinsäure	Antioxidans, Stabilisierungsmittel in Lebensmitteln	*P. chrysogenum*
Pullulan	Verdickungs- und Geliermittel	*Aureobasidium pullulans*
2. *Sekundärmetabolite*		
Penicilline	Antibiotika	*Penicillium chrysogenum (P. notatum)*
Cephalosporine	Antibiotika	*Cephalosporium acremonium*
Griseofulvin	Antibiotikum	*Penicillium nigricans, P. patulum* und andere *Penicillium*-Arten
β-Carotin	Färben von Margarine, Käse, Getränke, Süß- und Teigwaren usw.	insbesondere *Blakeslea trispora, Choanephora conjuncta*

Produkt	Beispiele für die Verwendung	Produzenten
(Fortsetzung)		
Steroide	Gewinnung von Hormonen	vor allem *Curvularia lunata*, *Cunninghamella blakesleeana*
Hydrolasen	Herstellung von Lebensmitteln	verschiedene *Aspergillus*-, *Penicillium*- und *Rhizopus*-Arten

keinesfalls biologisch nutzlos; ihre Bedeutung macht sich nicht auf der Ebene der Einzelzelle, sondern erst auf der Ebene des Gesamtorganismus bemerkbar, indem sie sein Wachstum und seine Verbreitung fördern. Hierzu gehören etwa die von pflanzenparasitären Pilzen gebildeten Phytotoxine, die die Wirtspflanze schädigen und somit dem Pilz die Ausbreitung im Wirt erleichtern.

Nach den grundlegenden Untersuchungen von Bu'Lock (1970) kann der Sekundärstoffwechsel einen Organismus dazu befähigen, seinen Stoffwechsel sich wechselnden Umweltbedingungen anzupassen. Dies wäre gerade für Pilze, die im Boden oft sich rasch ändernden chemischen und physikalischen Faktoren ausgesetzt sind, von entscheidender Bedeutung. Es läßt sich nämlich nachweisen, daß sekundäre Metaboliten erst dann gebildet werden, wenn die rasche Wachstumsphase mit intensiver Verarbeitung von Glucose ("*Trophophase*") unter dem Einfluß des entstandenen Mangels an Nährstoffen abschließt und die stationäre Phase beginnt (Abb. 32). Jetzt können einzelne primäre Stoffwechselprodukte nicht mehr weiter verarbeitet werden, sie reichern sich in der Zelle an und aktivieren Enzyme oder induzieren die Produktion von Enzymen, durch die sie dann zu sekundären Metaboliten umgewandelt werden. Es setzt jetzt die "*Idiophase*" ein. Sekundäre Stoffwechselprodukte sind demzufolge Resultate eines gehemmten Wachstums. Der Zusammenhang zwischen Primär- und Sekundärstoffwechsel wird schematisch in Abb. 33 beschrieben. Die bei Pilzen durch Nährstoffmangel bewirkte "Umschaltung" des Stoffwechsels auf die Idiophase ist äußerlich begleitet von der Bildung der Dauerorgane (Konidien, Sporen).

Schimmelpilze, die viele sekundäre Stoffwechselprodukte bilden und daher auch für die Industrie interessant sind, haben folgende Gemeinsamkeiten (Präve et al. 1982):

- es handelt sich überwiegend um saprophytische Bodenbewohner. Hier ändern sich die Lebensbedingungen (Temperatur, Feuchtigkeit, Nährstoffe) oft rasch, so daß der Pilz in der Lage sein muß, sich über eine Vielzahl von Stoffwechselnebenwegen anzupassen;
- die betreffenden Mikroorganismen sind in der Lage, ungewöhnliche Substrate zu verwerten. Die dazu erforderliche große Anzahl an abbauenden Enzymen ist mit der Bildung sekundärer Metaboliten verknüpft.

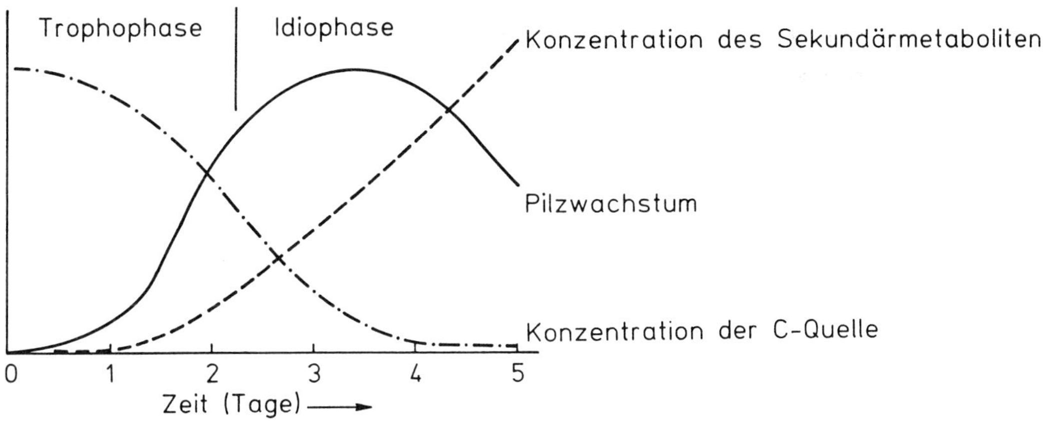

Abb. 32. Abhängigkeit der Synthese eines Sekundärmetaboliten von den Lebensphasen des Produzenten (nach Fritsche 1978, verändert)

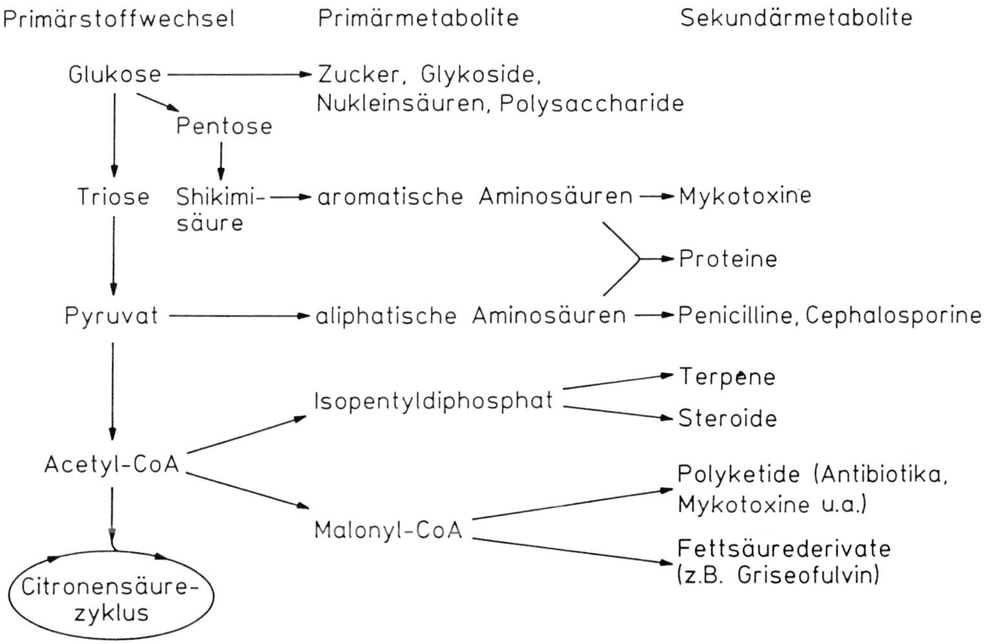

Abb. 33. Beispiele für das Zusammenwirken von primärem und sekundärem Stoffwechsel (nach Bu'lock 1970 und Fritsche 1978)

2) Organische Säuren

Eine Reihe von Schimmelpilzen ist in der Lage, organische Säuren in so großen Mengen in das Nährsubstrat abzugeben, daß eine großtechnische Isolierung möglich ist. Diese Säuren sind meist Zwischenprodukte des Citronensäurezyklus oder werden aus diesen durch einfache Umwandlungsprozesse hergestellt (Abb. 34).

a) Citronensäure

Etwa 90% der geschätzten Jahresproduktion von über 20 000 Tonnen Citronensäure werden fermentativ hergestellt, das heißt durch die lebende Mikroorganismenzelle. Die Säure kann zwar durch viele Schimmelpilze in nennenswertem Maße gebildet werden, doch ist heute *Aspergillus niger* der einzige technisch eingesetzte Produzent. Etwa 60% der Citronensäure wird in der Getränke- und Lebensmittelindustrie (Limonaden, Süßigkeiten, Backpulver, Konservierungsmittel), 15% in der chemischen Industrie (Kunstharze, Weichmacher), der Rest in der Textil-, Leder- und pharmazeutischen Industrie sowie als Metallbeize und zur Herstellung von Kosmetika und Spülmitteln verwendet.

Die Produktion größerer Mengen an Citronensäure ist für den Pilz ein andauernder krankhafter Zustand, wird doch diese Säure im Normalfall im Citronensäurezyklus weiter abgebaut, damit letztlich in der Atmungskette das lebenserhaltende ATP entstehen kann. Es ist daher verständlich, daß die Auswahl geeigneter *Aspergillus niger*-Isolate aus dem Boden mühsam ist. So hat man Verfahren entwickelt, mit deren Hilfe die Biosyntheserate von Citronensäure bei Normalstämmen gezielt gesteigert werden kann. Hierzu gehört die Behandlung mit Kaliumhexacyanoferrat(II), welche zu einem Eisenmangel führt, der seinerseits die Aktivität der Isocitronen-

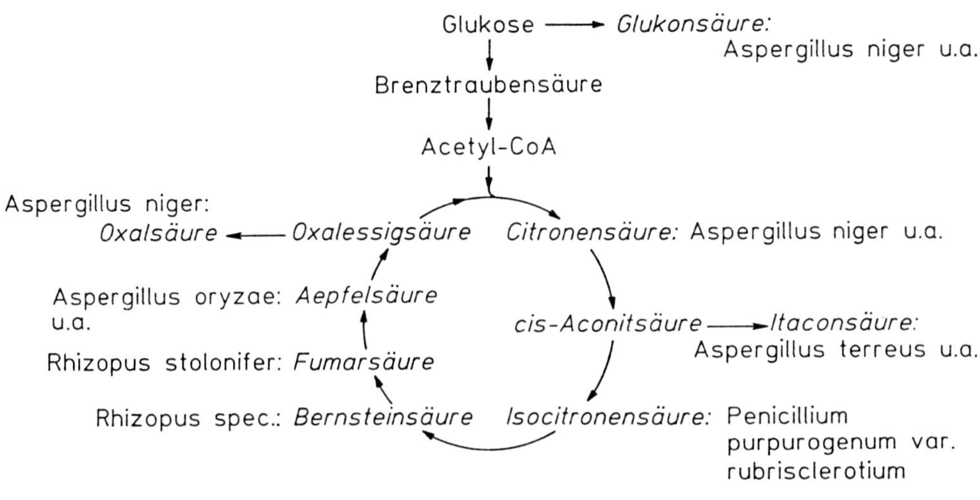

Abb. 34. Von Schimmelpilzen gebildete Säuren (nach Rehm 1971, verändert)

säuredehydrogenase hemmt. Folge ist eine Blockierung des Weiterabbaues der Citronensäure, die sich dadurch ansammelt.

Die am häufigsten eingesetzten Fermentationssubstrate sind Melassen, zuckerhaltige Rückstände aus der Zuckerindustrie (Zuckerrüben- und Rohrzuckermelasse). Diesen Substraten muß vorher, meist durch Einsatz von Ionenaustauschern, der hohe Gehalt an Spurenelementen entzogen werden, da diese die unerwünschte Veratmung des Zuckers zu Kohlendioxid und Wasser fördern würden. Während der Fermentation muß ein saurer pH-Wert (pH 2-3) eingehalten werden, da in einem nur schwach sauren Milieu (pH um 7) hauptsächlich Oxalsäure und Gluconsäure produziert werden.

Bei der biotechnischen Citronensäuregewinnung unterscheidet man zwischen dem heute immer häufiger eingesetzten Submersverfahren und dem früher verbreiteten Oberflächenverfahren.

- *Submersverfahren:* Das Mycel des Pilzes wird in großen Tanks (100 000 l Inhalt und mehr) in der Nährlösung in Form von kleinen Kügelchen (pellets) kultiviert. Nach mehrtägigem Wachstum bei 28°C bis 30°C lassen sich aus etwa 100 g Zucker 60 g bis 80 g Citronensäure gewinnen.
- *Oberflächenverfahren:* Der Pilz wächst auf der Oberfläche des flüssigen Substrates. Auch hier beträgt die Ausbeute bis zu 80% des eingesetzten Zuckers (15%-20% Ausgangskonzentration).

b) Itaconsäure

Die Itaconsäure entsteht vermutlich durch Decarboxylierung der cis-Aconitsäure, könnte also auch schon als Sekundärmetabolit aufgefaßt werden. Ihren technischen Einsatz findet sie in der Kunststoffindustrie als Weichmacher (Ester der Itaconsäure) sowie als Antioxidans. Auch hier werden die Produzenten *Aspergillus terreus* und *A. itaconicus* im Submers- oder im Oberflächenverfahren eingesetzt.

c) L(-)-Äpfelsäure

Die Äpfelsäure wird verwendet als Geschmacksverbesserer in der Lebensmittelindustrie, aber auch zur Komplexierung von Metallionen. *Aspergillus parasiticus* wird meist zu ihrer Gewinnung eingesetzt.

d) Gluconsäure

Durch Oxidation der Aldehydgruppe der Glucose entsteht Gluconsäure. Sie oder ihre Salze werden in der Medizin, zum Enthärten von Wasser (Milch- und Getränkeindustrie), als Backpulver, bei Metallreinigern und in der Gerberei verwendet. Im Submers- oder Oberflächenverfahren werden *Aspergillus niger* und andere *Aspergillus*- und *Penicillium*-Arten in einer Glucoselösung kultiviert, die durch Nährsalze angereichert worden ist. Die Ausbeute kann 97% betragen.

3) Enzyme

Mikroorganismen scheiden Enzyme in ihr Nährsubstrat aus, um somit die dort vorhandenen Nährstoffe zu nutzen. Dabei handelt es sich meist um verbreitete Makromoleküle, wie Stärke, Cellulose, Proteine und Pektine, die durch Hydrolyseprozesse in nutzbare Grundstoffe abgebaut werden. So spielen auch unter den sezernierten Enzymen Hydrolasen eine große Rolle, von denen einige in technischem Maßstab durch Schimmelpilze produziert werden (Tab. 7).

Tabelle 7. Durch Schimmelpilze in technischem Maßstab gewonnene Enzyme und ihre Einsatzbereiche

Enzym	Hauptwirkung	Produzenten	Einsatzbereiche
α-Amylase	Hydrolyse der α-1,4-Glucanbindungen im Inneren des Stärkemoleküls	*Aspergillus oryzae*; *Rhizopus delemar* und andere Arten	Verflüssigung und Verzuckerung von Stärke (Bäckerei, Brauerei, Papier- und Textilindustrie)
Glucoamylase	Hydrolyse der α-1,4-Glucanbindungen unter Abspaltung von Glucose vom nicht-reduzierenden Ende her	vor allem *A. oryzae*, *awamori*, *niger*; *Rhizopus delemar*, *niveus*, *formosaensis*, *javanicus*	Verzuckerung von Dextrinen (Brauerei)
Proteasen	Hydrolyse von Proteinen	*A. niger*, *oryzae*, *flavus*; *Mucor miehei*, *pusillus*	Hydrolyse von Eiweiß [Medizin, Sojasoße, Waschmittel- u. Lebensmittelindustrie (z.B. Käse)]
Pektinasen	Hydrolyse der Polygalakturonsäure und ihrer Ester	*A. niger*, *oryzae*, *wentii*	Hydrolyse von Pektinen zur Klärung von Fruchtsäften und Weinen und zur Erhöhung der Ausbeute beim Auspressen von Obst
Cellulasen	Hydrolytischer Abbau von Cellulose zu Glucose	*A. niger*, *Penicillium* sp., *Trichoderma viride*	Verdauungshilfe; Behandlung von Pflanzenteilen bei der Ölgewinnung; Herstellung von Fruchtsaftkonzentraten, Trockenpulvern, Schnellkochgerichten
Invertase	Spaltung von Saccharose in Glucose und Fructose	*A. niger*, *oryzae*	Herstellung von Kunsthonig, Marmelade u.a.
Lipasen	Spaltung von Fett in Glyzerin und Fettsäuren	*A. niger*, *P. roqueforti*, *Rhizopus stolonifer*	Verdauungshilfe, Käsereifung

Enzym	Hauptwirkung	Produzenten	Einsatzbereiche
(Fortsetzung)			
Glucose-oxidase	Oxidation von Glucose zu Gluconolacton	*A. niger, oryzae, P. chrysogenum (P. notatum)*	Diagnose von Diabetes, Konservierung von Lebensmitteln
Dextranase	Hydrolyse von 1,6-Glucanbindungen	*P. funicilosum* und andere Arten von *Penicillium*	In Zahncremes zur Vorbeugung von Karies; Gewinnung von Dextran
Lactase	Hydrolyse von ß-D-Galactosiden	*A. niger*	Milch- und Käseindustrie
Katalase	Zersetzung von Wasserstoffperoxid	*A. niger*	Entfernung von H_2O_2 aus Milch nach der Sterilisation
Mikrobielles Lab	Spaltung bestimmter Peptidbindungen im Casein	*Mucor miehei, M. pusillus*	Als Ersatz von natürlichem Kälberlab zur Käseherstellung
Naringinase	Spaltung von Naringin in Naringenin und Rutinose	*A. niger*	Entbitterung von Grapefruitsaft
ß-Glucanase	Hydrolyse von ß-1,3-Glucanen	*A. niger*	Filtration von Bier

Von vielen Pilzen ist bekannt, daß sie eine breite Palette von Enzymen bilden. Zur industriellen Gewinnung einzelner Enzyme werden in Europa jedoch nur wenige Schimmelpilze eingesetzt (Tab. 8), die schon seit vielen Jahren Verwendung finden und daher erwiesenermaßen "sicher" sind, das heißt keine Mykotoxine bilden.

Die Enzymausbeute kann durch gezielte Zusätze von Enzyminduktoren zum Nährsubstrat deutlich gesteigert werden (unter Umständen um das Tausendfache); in gleicher Richtung wirkt die Herabsetzung der Konzentration an reprimierend wirkenden Endprodukten.

Auch bei der technischen Gewinnung von Enzymen durch Schimmelpilze spielen Oberflächen- und Submersverfahren eine Rolle. Aus dem Nährsubstrat (Maisstärke, Getreidemehl) werden die gebildeten Enzyme extrahiert und gereinigt.

4) Antibiotika

Von den annähernd 5000 bekannten Antibiotika sind etwa 100 im klinischen Einsatz und davon überwiegen wertmäßig die von Schimmelpilzen hergestellten Penicilline und Cephalosporine. Mehr als ein Drittel des auf der Erde für Antibiotika ausgegebenen Betrages fällt auf diese beiden Produktgruppen.

Tabelle 8. Zur industriellen Enzymgewinnung eingesetzte Schimmelpilze (nach Noordervliet 1983)

Schimmelpilz	Enzyme
Aspergillus melleus	Protease
- *niger*	α-Amylase, Glucoamylase, Katalase, Cellulase, Endo-β-glucanase, Glucose-oxidase, Hemicellulase, Lipase, Maltase, Pektinase, Protease, Cellobiase, Tannase, Xylanase, Lactase, α-Galactosidase, Invertase
- *oryzae*	α-Amylase, Glucoamylase, Cellulase, Endo-β-glucanase, Hemicellulase, Pektinase, Protease, Tannase, Lactase
- *phoenicius*	Inulase
Mortierella vinacea	α-Galactosidase
Mucor javanicus	Lipase
- *miehei*	Lipase, Esterase, Protease
- *pusillus*	Protease, Lipase, Esterase
Penicillium emersonii	Endo-β-glucanase
- *funiculosum*	Dextranase
- *lilacinum*	Dextranase
- *simplicissimum*	Pektinase
Rhizopus arrhizus	Lipase, Glucoamylase
- *oryzae (Rh. delemar)*	α-Amylase, Glucoamylase, Cellulase, Endo-β-glucanase, Hemicellulase, Maltase, Pektinase
- *niveus*	Lipase, Glucoamylase
Trichoderma viride	Glucoamylase, Cellulase, Hemicellulase, Cellobiase, Pektinase

a) Penicilline und Cephalosporine

Beide Verbindungsgruppen gehören zu den β-Lactam-Antibiotika, deren gemeinsames Grundelement der viergliedrige β-Lactam-Ring ist. Dieser Ring ist für die Hauptwirkung ihrer Träger verantwortlich, der Blockierung der Synthese der Zellwand grampositiver und gramnegativer Bakterien.

α) Penicilline. Der englische Bakteriologe Alexander Fleming entdeckte 1928 die Giftwirkung von *Penicillin* gegenüber Bakterien. Der Produzent *"Penicillium notatum"* (heute: *P. chrysogenum*) erwies sich in der Folgezeit als nur schwacher Penicillin-Bildner. In der Folgezeit gelang es, aus einem etwas leistungsfähigeren Isolat von *P. chrysogenum* (60 mg Penicillin G/Liter) durch Behandlung mit

Mutagenen (UV-Licht, Röntgenstrahlen, Stickstofflost) in insgesamt 21 Schritten einen Stamm zu züchten und zu isolieren, der mehr als 6000 mg Penicillin G/Liter) produzieren kann und heute weltweit für die Penicillin-Herstellung eingesetzt wird.

Gemeinsame Struktur der Penicilline ist die 6-Aminopenicillansäure. Diese Säure kann über eine Amidbindung mit verschiedenen Acylresten verknüpft sein, woraus eine Vielzahl von Penicillinen entsteht. Beim therapeutisch besonders geeigneten Penicillin G ist die Phenylessigsäuregruppe der Bindungspartner (Abb. 35). Die Art des Acylrestes hat großen Einfluß auf die antibakterielle Wirkung sowie auf die Abbaubarkeit durch das von einigen Bakterien produzierte Enzym Penicillinase.

Die einzelnen Schritte, die zur Biosynthese der Penicilline führen, sind noch nicht restlos aufgeklärt. Als gesichert kann gelten, daß zum Aufbau die drei Aminosäuren α-Aminoadipinsäure, L-Cystein und L-Valin benötigt werden. Alle drei Aminosäuren werden normalerweise von der Zelle zum Aufbau von Eiweißkörpern verwendet. Dabei entstehen – gesteuert durch Regelmechanismen – diese Substanzen nur in solchen Mengen, wie sie die Zelle zur Proteinsynthese benötigt. Die heute verwendeten Hochleistungsstämme sind also "krankhafte" Mutanten mit gestörtem Regelsystem, was zur Anhäufung der Aminosäuren führt, die wiederum auf unübliche Weise zu Penicillin weiterverarbeitet werden.

Zur Gewinnung der Penicilline werden heute zunehmend Submersverfahren eingesetzt. Wichtigstes Substrat ist Maisquellwasser. Die Fermentation erfolgt in Tanks mit bis zu 150 000 Liter Fassungsvermögen bei 24°C bis 27°C und dauert etwa drei bis vier Tage.

β) Cephalosporine. Die *Cephalosporine* werden vor allem vom Pilz *Cephalosporium acremonium* produziert. Ihr Grundkörper ist die 7-Aminocephalosporansäure, die mit der 6-Aminopenicillansäure der Penicilline verwandt ist. Auch hier kann der Acylrest stark variieren, was zur Synthese einer großen Zahl halbsynthetischer Cephalosporine geführt hat. Der Hauptvertreter Cephalosporin C (Abb. 35) hat einen breiteren Wirkungsbereich als das Penicillin G (gegen die meisten grampositiven und einige gramnegative Keime) und wird durch Penicillinase nicht so leicht abgebaut. In den ersten Schritten entspricht die Biosynthese des Cephalosporin C der des Penicillin G.

b) Griseofulvin

Dieses Benzodifuranderivat wirkt selektiv gegen Dermatophyten. Es wird von verschiedenen *Penicillium*-Arten gebildet, von denen *P. nigricans* technisch im Submersverfahren genutzt wird. Griseofulvin ist ein Polyketid (Abb. 35).

c) Bildung von Antibiotika im Boden?

Die Beobachtung, daß eine Vielzahl von Mikroorganismen (Schimmelpilze, Aktinomyceten) in künstlichen Kulturen antibiotisch wirkende Substanzen bilden kann, führte zu der Frage, ob solche

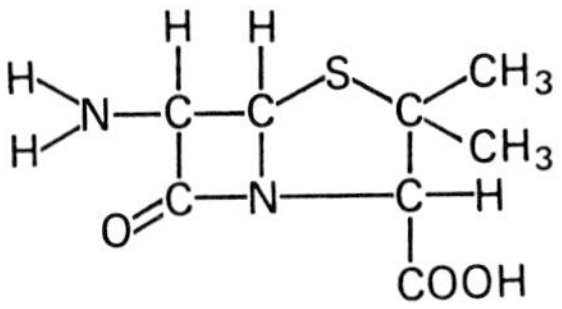

6–Aminopenicillansäure

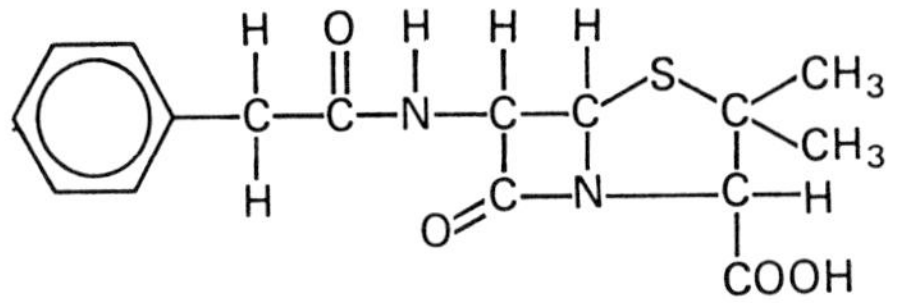

Penicillin G

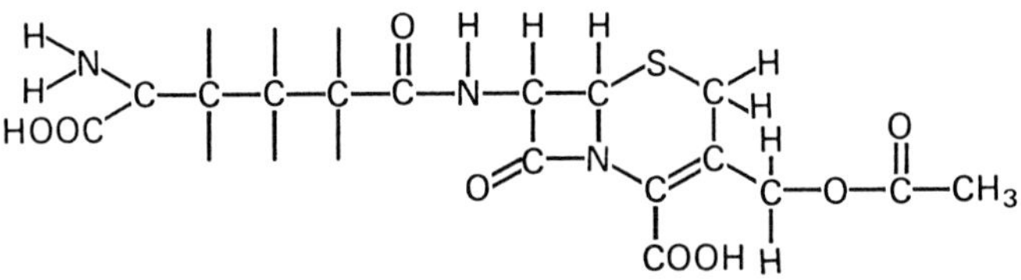

Cephalosporin C

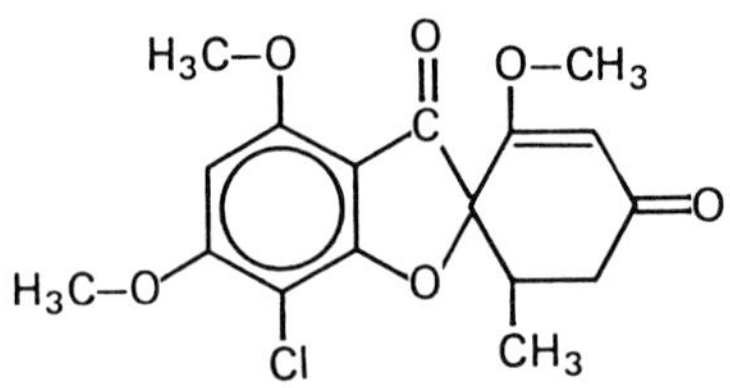

Griseofulvin

Abb. 35. Strukturformeln wichtiger Antibiotika von Schimmelpilzen

Verbindungen auch natürlicherweise produziert werden, das heißt im natürlichen Lebensraum Boden. Eng damit verbunden ist die Frage, ob der Produzent davon einen Vorteil hat, etwa bei der Durchsetzung gegenüber Konkurrenten. Während schon lange bekannt ist, daß Antibiotika auf vorbehandelten Böden (sterilisiert, mit Nährstoffen angereichert) gebildet werden, ist auch heute noch offen, ob dies auch in natürlichen Böden mit ihrer ungestörten Flora und Fauna geschieht. Ein überzeugender Nachweis fehlt bis heute. Dies könnten zurückzuführen sein auf einen raschen Abbau der Antibiotika im Boden, auf ihre Adsorption an Bodenkolloide oder auf Nährstoffmangel, der die Bildung von Antibiotika im Boden stark einschränkt (Williams 1983). Allenfalls könnte nur eine eng begrenzte Zone um den Pilzkörper, wenigstens kurzfristig, eine schwache Konzentration einer antibiotischen Substanz enthalten. Und auch dann bleibt noch ungeklärt, ob diese Stoffmenge für ihren Produzenten vorteilhaft ist und ihm höhere Überlebensraten sichert. Dies ist auch aus biochemischer Sicht fraglich, denn Sekundärmetaboliten werden ja nur in geringen Mengen gebildet und erst dann, wenn das Wachstum durch Mangel an Nährstoffen ohnehin stark eingeschränkt wird, der Pilz von einer Bekämpfung seiner Konkurrenten also nicht profitieren könnte.

5) Transformationen von Steroiden

Steroidhormone finden in der Medizin zur Behandlung rheumatischer Erkrankungen und als Ovulationshemmer weite Verbreitung. Die Synthese derartiger Verbindungen ist allerdings umständlich und kostspielig. So erfolgt die vollsynthetische Herstellung des bei der Behandlung von rheumatischer Arthritis weltweit eingesetzten *Cortisons* in über 37 Schritten, was zu einem erhöhten Verkaufspreis führt. Nachdem erkannt wurde, daß *Rhizopus arrhizus* und andere Schimmelpilze die 11-Hydroxylierung durchführen können (Abb. 36), konnte die Gesamtsynthese des Cortisons auf 11 Schritte verkürzt und der Verkaufspreis erheblich gesenkt werden.

Weitere Beispiele für Transformationen von Steroiden durch Schimmelpilze faßt Abb. 37 zusammen. Die Verwendung der ausgewählten Pilzstämme ist oft abhängig von der Art des Ausgangsproduktes, das transformiert werden soll.

II. Herstellung von Lebensmitteln

Mikroorganismen werden nicht nur zur Gewinnung organischer Substanzen herangezogen, die in Medizin und Industrie vielfältige Verwendung finden; sie spielen auch eine Rolle bei der Herstellung von Lebensmitteln. Dabei werden sie entweder zusammen mit ihrem Wachstumssubstrat (Käse, Fleischwaren, fermentierte Produkte) verzehrt oder ohne Substrat, wie etwa beim Einzellerprotein (SCP). Hier jedoch spielen die Schimmelpilze, im Gegensatz zu Hefen und Bakterien, eine geringe Rolle, was unter anderem auf die Bildung toxischer Stoffwechselprodukte (Mykotoxine) durch manche Stämme zurückzuführen ist.

1) Kleinpilze als Futter- und Lebensmittel

In Finnland wurde *Paecilomyces varioti* auf Sulfitablauge aus der holzverarbeitenden Industrie kultiviert und daraus ein eiweißhaltiges Produkt (Eiweißgehalt ca. 50%) hergestellt und unter der Bezeichnung Pekilo auf den Markt gebracht (Koivurinta 1978). Ein strenger Eigengeschmack bringt jedoch Probleme, wenn Pekilo als Zusatz von Lebensmitteln (Brot, Fleisch, Wurst) verwendet werden soll. Jedoch kann Pekilo mit Zusätzen schwefelhaltiger Verbindungen an Schweine, Kälber und Hühner verfüttert werden.

In ersten Versuchen konnte in den USA durch Kultivierung von *Aspergillus terreus* auf Cellulose ein "Einzellerprotein" hergestellt werden.

Am weitesten fortgeschritten ist die direkte Nutzung von Kleinpilzen in England. Hier gelang durch Kultivierung des Pilzes *Fusarium graminearum* auf stärkehaltigen Substraten (Weizen- und

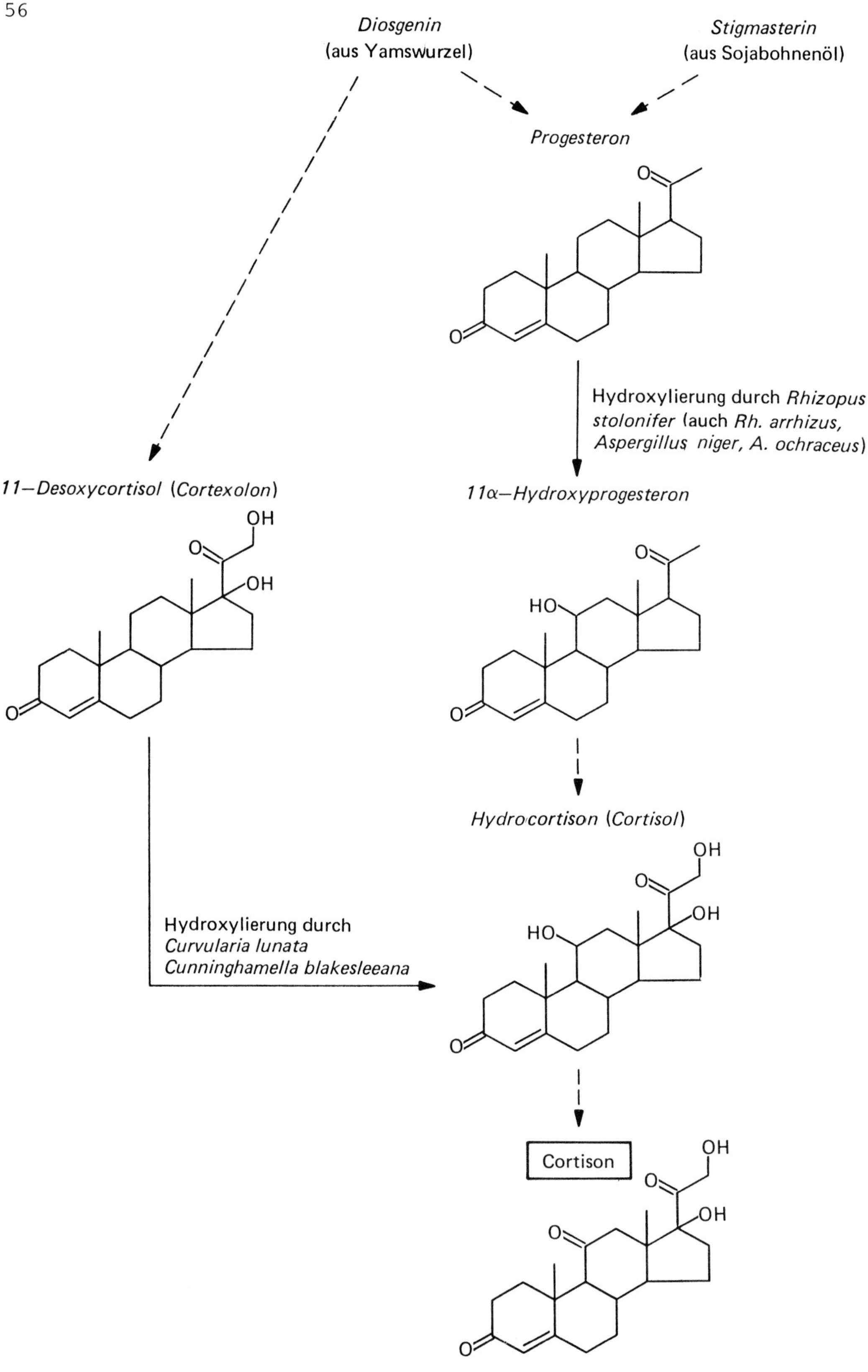
Diosgenin
(aus Yamswurzel)
Stigmasterin
(aus Sojabohnenöl)
Progesteron
Hydroxylierung durch Rhizopus stolonifer (auch Rh. arrhizus, Aspergillus niger, A. ochraceus)
11–Desoxycortisol (Cortexolon)
11α–Hydroxyprogesteron
Hydrocortison (Cortisol)
Hydroxylierung durch
Curvularia lunata
Cunninghamella blakesleeana
Cortison
OH
O
HO

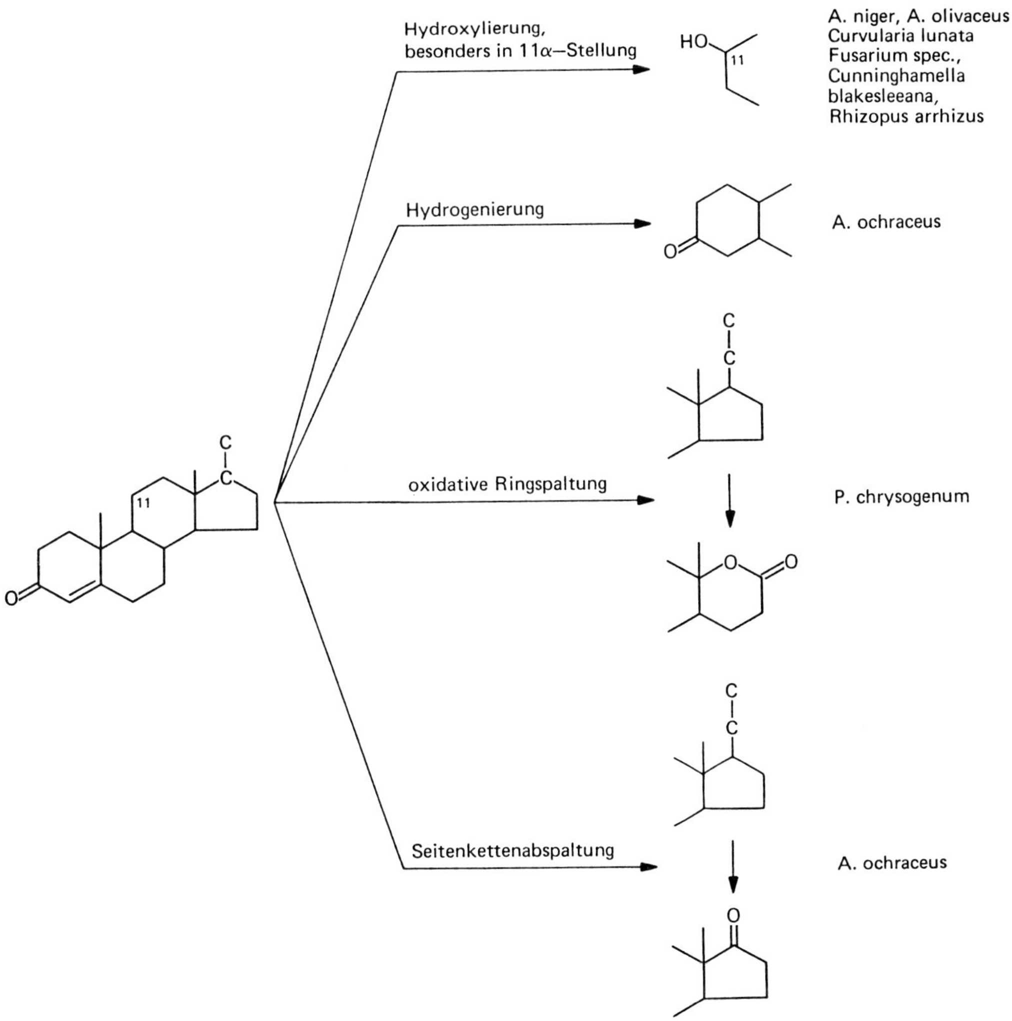

Abb. 37. Möglichkeiten der Transformationen am Steroidmolekül durch Schimmelpilze (nach Fritsche 1978)

Maisstärke) die Gewinnung eines eiweißhaltigen Produktes, das unter der Bezeichnung "Myco-Protein" auf dem Markt ist (Edelmann et al. 1983). Der Pilz wird in Fermentern angezüchtet. Mit Hilfe spezieller Verfahren wird der Gehalt der Biomasse an Nukleinsäuren auf weniger als 2 g/100 g Protein gesenkt, wodurch ein Ansteigen des Harnsäurespiegels im menschlichen Körper vermieden

Abb. 36. Einsatz von Schimmelpilzen bei der industriellen Herstellung von Cortison (------: mehrere Syntheseschritte) (nach Präve et al. 1982, Crueger und Crueger 1982, verändert)

Tabelle 9. Zusammensetzung von "Myco-Protein" und magerem Rindfleisch (nach Edelman et al. 1983)

Bestandteil	Anteil in der Trockenmasse von "Myco-Protein"	Rindfleisch
Protein	44,3%	68,2%
Fett	13,8%	30,2%
Kohlenhydrate	19,4%	0,0%
Asche	3,1%	1,6%
Fasergehalt	18,3%	0,0%
Ribonukleinsäuren	1,1%	Spur

wird. Anschließend wird das Eiweiß abfiltriert und sodann texturiert und mit Aromastoffen versehen.

Tabelle 9 zeigt den hohen biologischen Wert von "Myco-Protein" im Vergleich mit magerem Rindfleisch. "Myco-Protein" ist zudem frei von Cholesterin und besitzt einen hohen Anteil an ungesättigten Fettsäuren. Der Aminosäuregehalt ist ausgeglichen. Der hohe Faseranteil ergibt sich aus dem Zellwandmaterial des Pilzes.

Ausgedehnte toxikologische Untersuchungen bei Tieren und Menschen zeigten die Unbedenklichkeit des "Myco-Proteins" (Udall et al. 1984), so daß das Produkt von englischen Behörden für die menschliche Ernährung freigegeben wurde und ab 1985 die ersten Lebensmittel, die das Pilz-Eiweiß enthalten, auf den Markt kommen sollen. Auf Grund seiner Faserstruktur ist "Myco-Protein" gut geeignet zur Herstellung von fleischartigen Produkten. So werden Produkte mit dem Charakter von Hühner- und Rindfleisch sowie von Schinken hergestellt und beispielsweise in Hamburgern, in englischen Pies sowie in kalten Fleischscheiben eingesetzt.

2) Schimmelpilze zur Herstellung von Lebensmitteln

Vergleicht man die Häufigkeit des Einsatzes von Schimmelpilzen bei der Herstellung von Lebensmitteln, dann fällt eine ungleichmäßige geographische Verteilung auf. Während in den westlichen Ländern nur selten Schimmelpilze Verwendung in der Lebensmittelindustrie finden und sie auch in Afrika, im Mittleren Osten und in Amerika nicht gezielt eingesetzt werden, spielen durch Schimmelpilze fermentierte Produkte in Ost- und Südostasien eine große Rolle.

a) Käse

Hartkäsearten besitzen einen Wassergehalt von 40% oder darunter und sind nur von Bakterien besiedelt. Bei Weichkäsen hingegen mit Wassergehalten zwischen 50% und 80% werden verschiedene

Tabelle 10. Verwendung von Schimmelpilzen zur Herstellung von Käse

Käsesorte	Herkunftsland	Schimmelpilz
1. Käse mit Oberflächenschimmel		
Brie	Frankreich	*Penicillium camemberti*
Camembert	Frankreich	*P. camemberti*
2. Schimmeldurchsetzter Käse		
Blauschimmelkäse	Frankreich	*P. roqueforti*
Gorgonzola	Italien	*P. roqueforti*
Roquefort	Frankreich	*P. roqueforti*
Stilton	England	*P. roqueforti*
Danablu	Dänemark	*P. roqueforti*

Schimmelpilze auf das ausgefällte Casein (Paracasein) geimpft, wo sie sich ausbreiten, durch hydrolytische Enzyme einen Teil des Paracaseins abbauen und dadurch die Erweichung bedingen und zusätzlich wichtige Aromastoffe bilden. Dabei werden nur einige wenige Pilzarten aus der Gattung *Penicillium* eingesetzt (Tab. 10).

α) *Blauschimmelkäse.* Die Milch wird zum Gerinnen gebracht und der Bruch mit Sporen von *Penicillium roqueforti* beimpft. Nach einigen Tagen werden mit Nadeln Löcher in den Laib gestochen, die den für das Wachstum erforderlichen Sauerstoff an den Pilz bringen. Das sich entwickelnde Mycel (Abb. 38) bildet proteolytische Enzyme, die den Bruch erweichen und so die erwünschte Textur hervorrufen. Dazu kommt noch der hydrolytische Abbau von Milchfett in freie Fettsäuren durch wasserlösliche Lipasen. Gerade die kurzkettigen Fettsäuren (C_6-C_{10}) rufen etwa den typischen scharfen Geschmack des Roquefortkäses hervor.

β) *Camembert.* Im Gegensatz zum Blauschimmelkäse wächst hier der Pilz *(Penicillium camemberti)* nur auf der Oberfläche des Käses und bildet dort extrazelluläre Proteasen, die in das Innere des Käses wandern und dort seine Reife und seinen charakteristischen Geschmack hervorrufen.

b) Fleischwaren

Seit alters her werden in verschiedenen Ländern Ost- und Südeuropas Rohwürste mit Schimmelbelag hergestellt. Dieser wächst auf der Hülle, bildet dort das typische Aussehen, beeinflußt insbesondere Geruch und Geschmack der Würste und verlängert ihre Haltbarkeit. Die typische Pilzflora dieser Produkte besteht vornehmlich aus *Penicillium*-Arten *(P. expansum, janthinellum, chrysogenum, commune, camemberti, candidum, simplicissimum, miczynskii)* und *Scopulariopsis brevicaulis*. Die Zusammensetzung des Schimmelbelages schwankt stark.

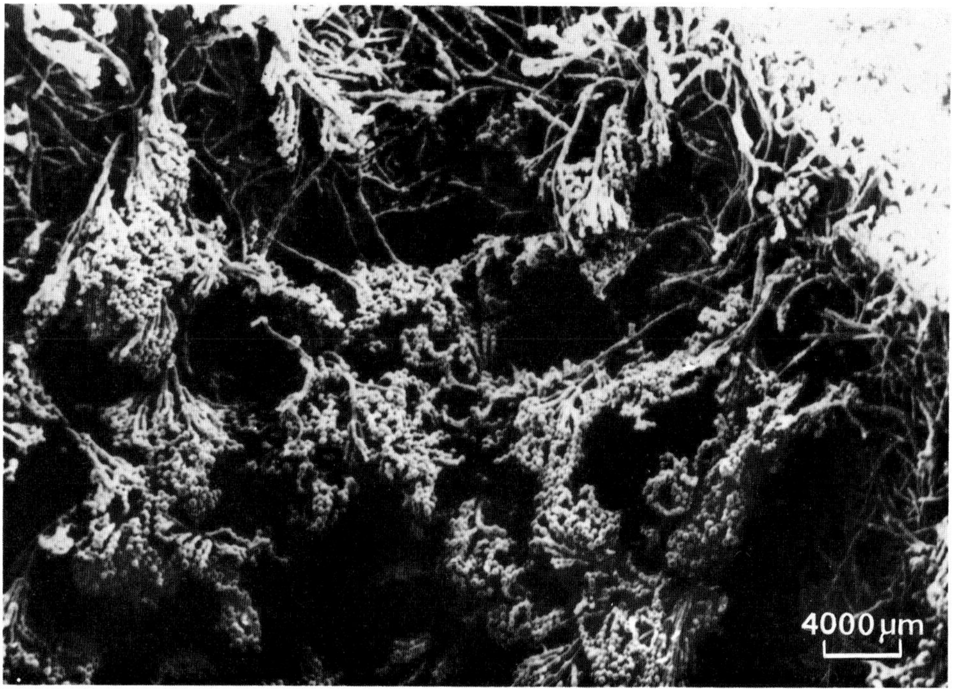

Abb. 38. Schnitt durch eine "Pilzader" im Roquefortkäse mit reichlich sporulierendem *Penicillium roqueforti* (Photo: T.J. Kerr, Athens, GA)

Nachdem sich eine Reihe dieser Pilze als toxisch erwiesen hat, sind für die gezielte Beimpfung von Rohwürsten nur überwachte Pilzkulturen, wie etwa *Penicillium nalgiovensis* "Stamm Kulmbach" (Abb. 39) geeignet. Heute werden die Würste mit Konidien besprüht, die auf der Hülle ein dichtes Mycel bilden und Stoffwechselprodukte in das Wurstinnere abgeben.

Neben den Rohwürsten nach italienischer oder ungarischer Art werden Schimmelpilzbeläge auch auf einigen Pökelfleischwaren geschätzt, so etwa auf Bündner Fleisch (Schweiz), Südtiroler Bauernspeck (Italien) und "Country Cured Ham" (USA) (Abb. 40). Auch für Bündner Fleisch erwies sich der toxinfreie *Penicillium nalgiovensis* "Stamm Kulmbach" als geeignet.

c) Fermentierte Lebensmittel

Als Pilze zur Herstellung fermentierter Lebensmittel in Asien kommen insbesondere Vertreter der Gattungen *Rhizopus* und *Mucor* (vorwiegend in tropischen Regionen) sowie Stämme von *Aspergillus* und *Neurospora* (China, Japan) zum Einsatz. In handwerklichen Herstellungsbetrieben ohne Einsatz hygienischer Maßnahmen kommen die Sporen beziehungsweise Konidien der betreffenden Pilze überall in der Luft und an den Kleidungsstücken und Händen der Arbeiter vor. Die dort hergestellten Lebensmittel werden somit spontan befallen, so daß eine künstliche Beimpfung nicht nötig ist.

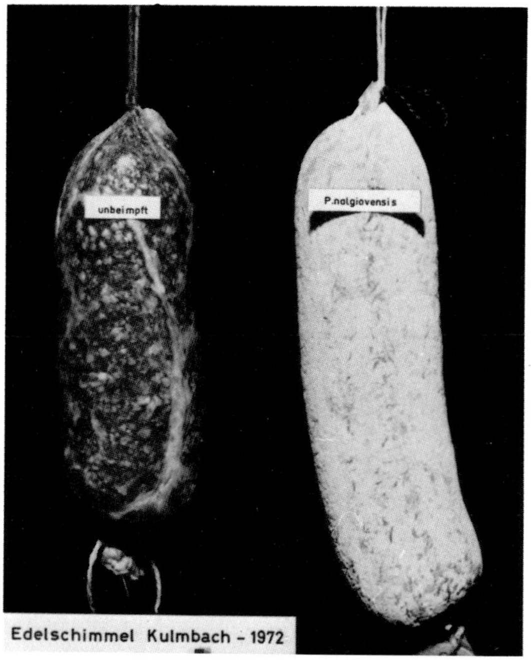

Abb. 39. *Penicillium nalgiovensis* als Starterkultur für schimmelpilzgereifte Rohwurst (Photo: L. Leistner, Kulmbach)

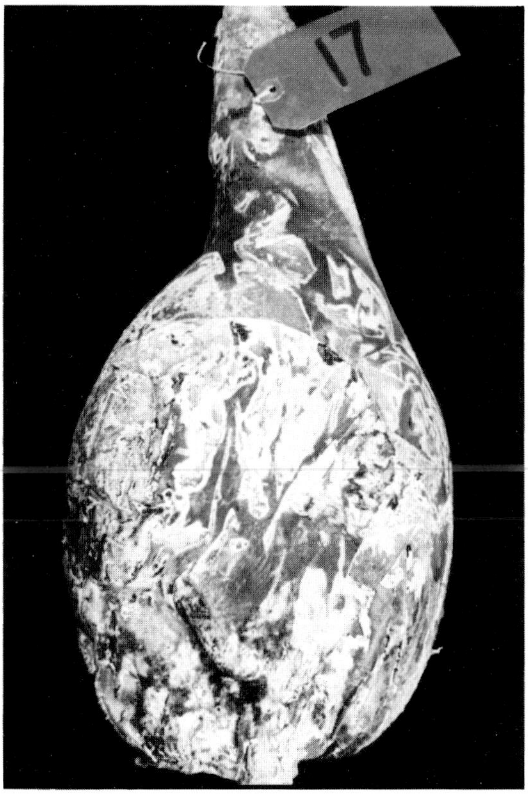

Abb. 40. Knochenschinken ("Country Cured Ham") aus den USA mit reichlichem Bewuchs von Penicillien und Aspergillen (Photo: L. Leistner, Kulmbach)

Gerade Vertreter der Mucorales werden in Süd- und Südostasien verbreitet zur Fermentation von Lebensmitteln eingesetzt. Dies liegt wohl daran, daß diese Pilze extrem schnell wachsen, eine Fülle von Enzymen (Amylasen, Proteasen, Lipasen) bilden und praktisch keine Mykotoxine produzieren.

Während der Fermentation durch Schimmelpilze werden die Produkte durch ausgeschiedene Hydrolasen aufgeschlossen, wodurch ihre physikalischen und geschmacklichen Eigenschaften verändert sowie ihr Nährwert und ihre Verdaubarkeit und Bekömmlichkeit gesteigert werden. Dies ist besonders gut erkennbar bei der Verwendung von Sojabohnen als Substrat. Diese bleiben selbst nach längerem Kochen hart und schlecht verdaulich. Erst unter dem Einfluß gewisser Stämme von *Rhizopus* werden die Bohnen aufgeschlossen und somit leicht verdaulich gemacht. Gerade in Regionen mit einer Unterversorgung mit Fleisch und Milchprodukten dienen fermentierte Lebensmittel zur Geschmacksverbesserung der wenig geschmackvollen pflanzlichen Kost. Zusätzlich vermindert jede Fermentation das Wachstum von verderbniserregenden Bakterien, Hefen und Schimmelpilzen.

Eine Übersicht über verbreitete Fermentationsprozesse, an denen Schimmelpilze beteiligt sind, gibt Tabelle 11. Dabei fällt auf, daß oft erst eine Mischinfektion von Schimmelpilzen, Hefen und Bakterien die Fermentation optimal ablaufen läßt.

α) Tempe(h). Tempeh ist ein halbfestes, nur begrenzt haltbares Produkt, das aus Sojabohnen ("Tempeh kedele") oder Erdnuß- bzw. Kokosnußpreßkuchen ("Tempeh bonkrek") besteht, die von Weißschimmelpilzen der Gattung Rhizopus (vor allem *Rh. oligosporus*[1]) durchwachsen und bedeckt sind (Abb. 41).

Zur Herstellung von Tempeh kedele (Abb. 42) werden die Sojabohnen kurz gekocht, geschält, gewaschen und 12-24 Stunden eingeweicht, wobei durch bakterielle Gärprozesse der pH-Wert auf 5,4 und darunter abgesenkt wird. Anschließend werden die geschälten Bohnen mit Pilzmaterial aus einer älteren Tempeh-Kultur beimpft und beim traditionellen Herstellungsverfahren sodann in große Blätter (z.B. Bananenblätter) gewickelt und 30-40 Stunden fermentiert. Es entsteht dann ein kompakter Kuchen, in dem die Bohnen durch ein dichtes, weißes Pilzmycel zusammengehalten werden.

Wegen seines hohen a_w-Wertes ist Tempeh leicht verderblich und muß sofort verzehrt werden. Dazu wird es in heißem Öl gebacken, fritiert oder in Scheiben als Zusatz zu Suppen verwendet. Die Haltbarkeit kann durch Trocknen oder Tiefgefrieren verlängert werden.

Durch die Stoffwechselaktivitäten der beteiligten Pilze werden Eiweiß und Fett der Sojabohnen in großem Maße hydrolysiert, was zu einer Verbesserung von Geschmack, Geruch und Ernährungswert

---

[1] *Rh. oligosporus* wird nach Schipper und Stalpers (1984) als *Rh. microsporus* var. *oligosporus* bezeichnet.

Tabelle 11. Wichtige, durch Schimmelpilze fermentierte Lebensmittel

Produkt	Substrate	Organismen	Beschaffenheit und Verwendung	Region
Ang-kak	Reis	*Monascus purpureus*	Färbemittel für Fisch, Sufu und andere Lebensmittel; Würzmittel	China, Philippinen
Chee-fan	Sojabohnen	*"Aspergillus glaucus"*, *Mucor* sp.	Fest, käseähnlich	China
Fermentierter Reis (Sierra Rice)	Ungeschälter Reis	*A. candidus*, *A. flavus*; *Bacillus subtilis*	Braun-gelbliches Produkt	Ecuador
Lao-chao	Glutinöser (wachsartiger) Reis	*Rhizopus chinensis*, *Rh. oryzae*; *Chlamydomucor oryzae*; *Amylomyces rouxii*; *Saccharomycopsis* sp.	Saftig-weich, süß, etwas alkoholisch; als solches oder mit Ei oder Fisch verzehrt	China, Indonesien
Miso	Sojabohnen mit oder ohne Zusatz von Reis oder Gerste	*A. oryzae*; *Saccharomyces rouxii*, *Torulopsis etchellsii*, *Pediococcus halophilus*, *Lactobacillus bacteria*	Weiße oder rötliche, fleischartig oder salzig schmeckende Paste; Würzmittel, Suppengrundlage	Japan
Ogi	Mais	*Cephalosporium* sp., *Fusarium* sp., *Aspergillus* sp. (mit *A. niger*), *Penicillium* sp., *Rhizopus* sp.; *Saccharomyces cerevisiae*, *Candida* sp., *Rhodotorula* sp. u. Bakterien	Kuchen, der gekocht verzehrt wird	Benin, Nigeria
Ontjom (Oncom)	Erdnußpreßkuchen	*Neurospora intermedia*, seltener *Rhizopus microsporus* var. *oligosporus*	Fest; geröstet oder frittiert in Öl; Fleischersatz	Indonesien

Produkt	Substrate	Organismen	Beschaffenheit und Verwendung	Region
(Fortsetzung)				
Pozol	Mais	*Cladosporium herbarum*, *Mucor rouxianus*, *M. racemosus*, *Neurospora sitophila*, *Penicillium*-Arten; Hefen u. Bakterien	Getränk	Mexiko
Sakê	Reis	*A. oryzae*; Hefen	Getränk	Japan
Shoyu (japanische Sojasoße)	Sojabohnen mit und ohne Weizen	*Aspergillus oryzae*; *Torulopsis versatilus*, *Pediococcus halophilus*, *Lactobacillus bacteria*, *L. delbrueckii*	Salzige, dunkelrote Flüssigkeit mit fleischartigem Geschmack; Würzmittel für Fisch, Fleisch und Gemüse	China, Japan
Sufu	Sojabohnenkäse (Tufu)	*Actinomucor elegans*, *Mucor dispersus*, *M. hiemalis*, *M. silvaticus*, *M. subtilissimus*, *Rhizopus* sp.	Salzige, sahnekäseähnliche Würfel; Würzmittel	China, Taiwan
Tapê	Cassava oder Reis	*Chlamydomucor oryzae*, *Mucor* sp., *Rhizopus oryzae*; *Saccharomyces cerevisiae*, *Hansenula anomala*	Halbfest; frisch als Hauptnahrung verzehrt	Indonesien
Tempe(h)	Tempe(h) kedele: ganze Sojabohnen	Vor allem *Rhizopus microsporus* var. *oligosporus* (*Rh. oligosporus*), auch *Rh. arrhizus*, *Rh. oryzae*, *Rh. stolonifer*	Fest; geröstet oder frittiert in Öl als Fleischersatz	Indonesien, Malaysia, Neuguinea

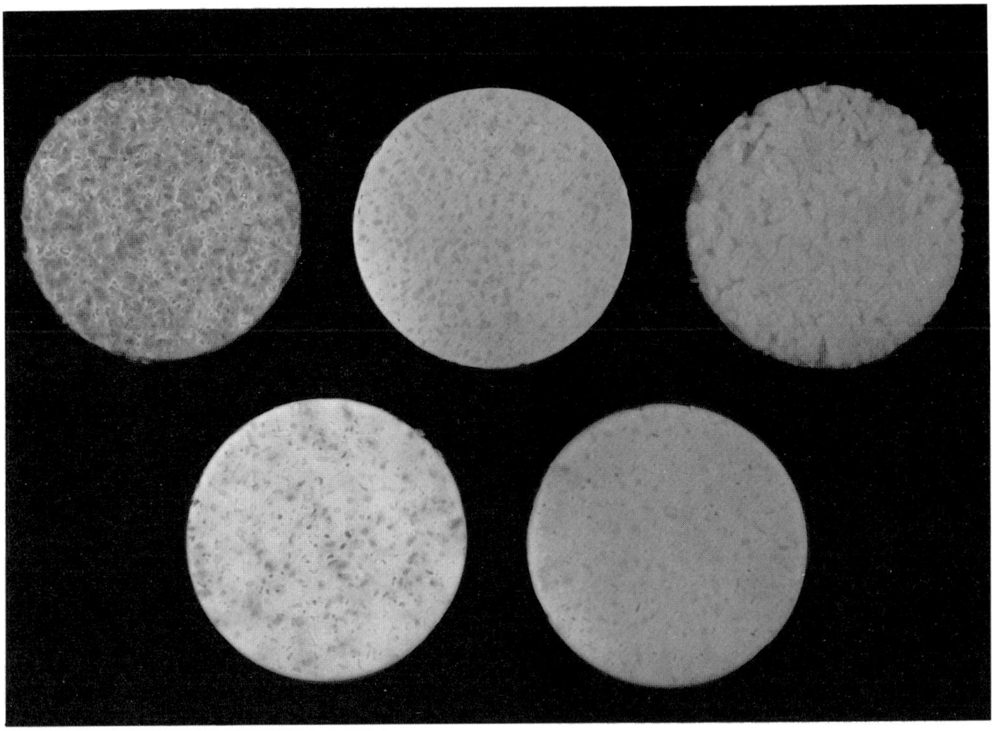

Abb. 41. Verschiedene Tempeh-Zubereitungen (Photo: C.W. Hesseltine, Peoria, IL)

Einweichen der Sojabohnen (12-14 Stunden)

↓

Kochen: ca. 30 Minuten

↓

Einlegen in Wasser/über Nacht zur bakteriellen sauren Fermentation

↓

Kochen: 60 Minuten

↓

Abkühlen

↓

Beimpfen mit Tempeh-Kuchen oder mit reiner Pilzkultur (*Rhizopus microsporus* var. *oligosporus*)

↓

Bebrüten: 30-40 Stunden in Bananenblättern

↓

Tempeh

Abb. 42. Herstellung von Tempeh kedele nach indonesischer Tradition (nach Steinkraus 1983)

der Sojabohnen führt. So steigt der Gehalt an Peptiden und freien Aminosäuren sowie an freien Fettsäuren und an B-Vitaminen (Niacin, Riboflavin, Vitamin B_{12}). Demgegenüber liegt der Gehalt an Pantothensäure und Thiamin in Tempeh niedriger als in Sojabohnen. Das Pilzmycel verleiht dem Tempeh die Textur von Fleisch, so daß dieses Lebensmittel als willkommene Ergänzung der vorwiegend pflanzlichen Nahrung in Südostasien dient. Heute hat Tempeh auch in anderen Ländern Liebhaber gefunden, so etwa in den USA, wo es über 20 Tempeh-Fabriken gibt, die das bei Vegetariern beliebte Produkt herstellen.

β) Koji. Unter Koji versteht man in Japan durchschimmeltes (vor allem durch *Aspergillus oryzae*) Getreide (insbesondere Reis) oder Hülsenfrüchte. Das fermentierte Produkt dient dann als Quelle hydrolytischer Enzyme und wird zur Beimpfung von Substraten verwendet, die ihrerseits fermentiert werden sollen. Proteasen, Lipasen und Amylasen der beteiligten Pilze verändern das Substrat in der gewünschten Weise. Koji ist also kein fertiges Lebensmittel, sondern erst ein Zwischenprodukt. Insofern kann es mit Malz verglichen werden, das in der westlichen Welt zur alkoholischen Vergärung von Getreide eingesetzt wird.

γ) Shoyu. Shoyu (japanische Sojasoße) ist eine dunkelbraune, salzige Flüssigkeit mit nuß- oder fleischartigem Geschmack und ist das mengenmäßig wichtigste Sojaprodukt in Japan. Bei dem traditionellen Herstellungsprozeß (Abb. 43) werden die Sojabohnen eingeweicht, gekocht und mit geröstetem und gebrochenem Weizen gemischt. In Mengen von 0,1% wird ein Koji-Starter (sterilisierter und mit *Aspergillus oryzae* beimpfter Reis) zugegeben und das Gemisch drei bis vier Tage bei 25-35°C inkubiert. Anschließend vermischt man dieses Substrat in Tanks mit Salzlake, so daß ein Salzgehalt von etwa 18% erreicht wird, und beimpft mit Milchsäurebakterien (*Lactobacillus delbrueckii*) und Hefen (*Saccharomyces rouxii*, *Hansenula* sp., *Zygosaccharomyces* sp.). Dieser Ansatz wird nun einen Monat lang bei 15°C und anschließend vier Monate bei 28-30°C bebrütet. Dann wird die Temperatur wieder auf 15°C abgesenkt. Das Fermentationsgemisch wird jetzt gesiebt, ausgepreßt und filtriert und liefert Shoyu erster Qualität. Eine mindere Qualität erhält man durch Wasserextraktion des Rückstandes. Der übrigbleibende Preßkuchen wird an Rinder verfüttert.

Shoyu hat einen hohen Salzgehalt und wird deshalb stets in verdünnter Form verwendet. Man benutzt ihn zum Würzen von Fisch, Fleisch, Suppen, Gemüsen und anderen wenig geschmacksintensiven Lebensmitteln.

δ) Miso. Miso ist eine fermentierte Sojapaste, die in Japan in verschiedenen Geschmacksrichtungen hergestellt wird und als Suppenbasis oder als Würzmittel für Fisch, Fleisch und Gemüse eingesetzt wird (Abb. 44).

Geschälte, gedämpfte und zerkleinerte Sojabohnen werden mit Wasser, Salz und Koji (Reis oder Gerste, mit *Aspergillus oryzae* beimpft) gemischt und mit einer Hefe-Bakterien-Mischung (*Saccharomyces rouxii*, *Torulopsis* sp., *Pediococcus halophilus*, *Streptococcus faecalis*) beimpft. Anschließend wird sieben Tage lang bei 28°C fermentiert, wonach sich ein Reifeprozeß von bis zu einem Jahr und länger an-

Sojabohnen (eingeweicht und gekocht) | Weizen (geröstet und gebrochen)

↓ ← Zugabe von 0,1% Koji-Starter

Bebrüten: 25-35°C/3-4 Tage

↓

Abfüllen in Tanks

↓ ← Zugabe von Kochsalzlösung

Maische (Moromi): Brei mit etwa 18% Kochsalzgehalt

↓

Beimpfen mit einem Gemisch aus Milchsäurebakterien und Hefen

↓

Bebrüten: 15°C/30 Tage, 30°C/120 Tage, anschließend Absenken der Temperatur auf 15°C

↓

Abpressen

↓

Shoyu erster Qualität

Abb. 43. Herstellung von Shoyu (nach Steinkraus 1983)

Abb. 44. Miso (Photo: C.W. Hesseltine, Peoria, IL)

Sojabohnen
(eingeweicht und gekocht)

↓ ← Zugabe von Koji-Starter

← Zugabe von Kochsalz

← Beimpfen mit Bakterien-Hefen-Inokulum

Bebrüten und Reifen

↓

Miso

Abb. 45. Herstellung von Miso (nach Steinkraus 1983)

schließt. Im Gegensatz zu Shoyu wird Miso nicht filtriert, sondern direkt als Paste verwendet (Abb. 45).

ε) *Sufu.* Als Sufu bezeichnet man in China ein weiches, käseartiges Produkt (Abb. 46), das aus Sojaquark (Tofu) hergestellt wird (Abb. 47). Zunächst wird Tofu aus Sojamilch durch Koagulation mit Hilfe von Calcium- oder Magnesiumsulfat bei etwa 80°C hergestellt. Das Produkt wird sodann in Würfel geschnitten und mit Pilzsporen (*Actinomucor elegans* und andere Mucorales) beimpft. Nach einer Bebrütung von drei bis sieben Tagen bei 20°C werden die Würfel 40-60 Tage lang in 12%ige Kochsalzlösung gelegt. Dadurch gelangen die hydrolytischen Pilzenzyme aus dem oberflächlichen Mycel tief in das Substrat.

Abb. 46. Sufu (Photo: C.W. Hesseltine, Peoria, IL)

Einweichen der Sojabohnen: 25°C/5-6 Stunden

↓

Zermahlen, Aufkochen, Filtrieren

↓

Ausfällen der wasserlöslichen Proteine aus dem Filtrat (Sojamilch) mit $CaSO_4$ bzw. $MgSO_4$ bei 80°C

↓

Auspressen des Koagulats

↓

Tofu: in Würfel zerschneiden

↓

Besprühen der Würfel mit 2% NaCl und 0,8% Citronensäure zur Unterdrückung von Bakterien

↓

Sterilisieren: 100°C/15 Min.

↓

Beimpfen mit Sporen von *Actinomucor elegans* (und anderen Mucorales)

↓

Bebrüten: 12-20°C/3-7 Tage

↓

Einlegen in 12%ige NaCl-Lösung/40-60 Tage

↓

Sufu

Abb. 47. Herstellung von Sufu (nach Steinkraus 1983)

ζ) Fermentierter Fisch. In der Geschichte der Menschheit waren Fische vermutlich die ersten Nahrungsmittel, die durch Fermentationen haltbar gemacht und geschmacklich verändert wurden. In Japan werden Bonitofische in Stücke zerteilt, gekocht und dann mit Hilfe von *Aspergillus*-Arten (vorwiegend der *A. glaucus*-Gruppe) einige Wochen lang fermentiert. Das fertige Produkt heißt "Katsuobushi", ist dunkel gefärbt und so hart wie Holz. Es wird in Scheiben geschnitten und als Geschmacksverbesserer verschiedenen Lebensmitteln zugesetzt.

η) Qualitätsverbesserung von Fleisch. Rindfleisch wird durch Beimpfen mit *Thamnidium*-Arten *(Th. elegans)* geschmacklich verbessert und erlangt dadurch eine größere Zartheit. Entsprechende Patente sind in den USA erteilt worden.

Literatur

Beuchat LR (1978) Food and beverage mycology. AVI, Westport, CT

Bu'Lock JD (1970) Biosynthese von Naturstoffen. BLV, München

Crueger W, Crueger A (1982) Lehrbuch der angewandten Mikrobiologie. Akad Verlagsges, Wiesbaden

Edelmann J, Fewell A, Solomons GL (1983) Myco-protein — a new food. Nutr Abstr Rev 53:471-480

Fritsche W (1978) Biochemische Grundlagen der industriellen Mikrobiologie. Fischer, Jena
Hesseltine CW (1965) A millenium of fungi, food, and fermentation. Mycologia 57:149-197
Koivurinta JA (1978) Functional properties of pekilo®, a microfungus biomass from Paecilomyces varioti as compared to soya, torula and casein products in food systems. Univ Helsinki
Noordervliet PF (1983) Food enzymes — uses and safety. Microbiology — Aliments — Nutrition 1:1-17
Präve P, Faust U, Sittig W, Sukatsch DA (Hrsg) (1982) Handbuch der Biotechnologie. Akad Verlagsges, Wiesbaden
Rehm H-J (1971) Einführung in die industrielle Mikrobiologie. Springer, Berlin Heidelberg New York
Samson RA, Eckardt Ch, Orth R (1977) The taxonomy of Penicillium species from fermented cheeses. A v Leeuwenhoek 43:341-350
Schipper MAA, Stalpers JA (1984) A revision of the genus Rhizopus. Stud Mycol 25:1-19
Smith JE, Berry DR (Hrsg) (1975) The filamentous fungi, Bd I. Industrial mycology. Arnold, London
Smith JE, Berry DR, Kristiansen B (Hrsg) (1983) The filamentous fungi, Bd IV. Fungal technology. Arnold, London
Sprecher E (1983) Arzneistoffproduktion durch Mikroorganismen. Grundlagen, Möglichkeiten und Grenzen. Dtsch Apotheker-Verlag, Stuttgart
Steinkraus KH (Hrsg) (1983) Handbook of indigenous fermented foods. Dekker, New York Basel
Turner WB (1971) Fungal metabolites. Academic Press, London New York
Udall JN, Lo CW, Young VR, Scrimshaw NS (1984) The tolerance and nutritional value of two microfungal foods in human subjects. Am J Clin Nutr 40:285-292
Williams ST (1983) Werden Antibiotika im Boden gebildet? Forum Mikrobiol 6:86-90

G. Schimmelpilze als Lebensmittelverderber

Der Verderb von Lebensmitteln durch Mikroorganismen (Bakterien, Hefen, Schimmelpilze) ist ein sehr komplexer Prozeß. Die Arten und die Anzahl der Keime, die auf oder in den einzelnen Lebensmitteln zu finden sind, werden in starkem Maße von drei Faktoren bestimmt:

- Ausmaß und Art der Kontamination: Der natürlicherweise vorhandene Keimgehalt der Produkte kann durch Kontakt mit befallenen Objekten steigen. Hierzu gehören etwa Kontakte mit der Luft, mit verunreinigten Geräten sowie mit Körperteilen und Kleidungsstücken von Arbeitskräften. Der Befall mit Sporen oder Konidien oder mit Mycelfragmenten von Schimmelpilzen kann schon bei den Rohstoffen erfolgen oder erst später im Verlaufe des Herstellungsprozesses.
- Wachstum der Mikroorganismen: Hierdurch wird der Befallsgrad deutlich ansteigen. Die Bildung und Verbreitung von Fortpflanzungszellen führt dazu, daß dieser Verderbsfaktor der wichtigste ist.
- Vorbehandlungsmaßnahmen des Lebensmittels: Solche Maßnahmen (z.B. Waschen, Erwärmen oder Kühlen, Behandeln mit keimtötenden Mitteln) können gewisse Arten aus der Verderbsflora entfernen oder andererseits neue Arten einschleppen.

I. Das Wachstum von Mikroorganismen in Lebensmitteln

Lebensmittel können auf vielfältige Weise mit den drei Formenkreisen von Erregern des mikrobiellen Verderbs – den Bakterien, Hefen und Schimmelpilzen – infiziert werden. So kann ein Verschimmeln eingeleitet werden durch Kontakt mit verkeimtem Verpackungsmaterial, mit dem Boden, mit der Luft oder mit den Händen des verarbeitenden Personals. Die Zusammensetzung des Lebensmittels und die gegebenen Umweltbedingungen legen dann fest, welche der verschiedenen Arten von Schimmelpilzen, Hefen und Bakterien sich innerhalb einer Mischinfektion letztlich durchsetzen.

Sind die Lebensbedingungen für alle drei Mikroorganismengruppen günstig, dann wachsen Bakterien im allgemeinen schneller als Hefen und diese wiederum schneller als Schimmelpilze. Diese Organismen können sich also nur dann durchsetzen, wenn die Lebensbedingungen für sie besser sind als für Bakterien und Hefen. Dies trifft für die meisten in Betracht kommenden Pilze zu bei einer niedrigen Wasseraktivität des Produktes (a_W unter 0,80) und bei einem pH-Wert von weniger als 5,5. In diesem Fall wird dann aus einer pilzlichen Mischinfektion in der Regel die Art das Übergewicht erhalten, für die die Umweltfaktoren etwas günstiger sind als für die übrigen Konkurrenten. Dazu kommt, daß manche Pilzarten sich durchsetzen können, weil sie auf Grund ihrer ausgeprägten Variabilität und Anpassungsfähigkeit in bestimmten "ökologischen Nischen" existieren und von dort aus sehr rasch und effektvoll ein Lebensmittel besiedeln können. So läßt sich etwa die weite Verbreitung von *Penicillium expansum* auf Äpfeln darauf zurückführen, daß der Pilz im Erdboden von Obstplantagen auf verrottenden Pflanzenteilen existiert und von dort aus die Früchte befällt. Kältetolerante Arte, wie Penicillien und *Cladosporium herbarum*, infizieren oft Produkte, die längere Zeit gekühlt werden. *Mucor*-Arten bevorzugen Lebensmittel, die bei höherer Temperatur und verhältnismäßig hoher Feuchtigkeit gelagert werden, während Aspergillen noch auf Produkten mit ziemlich geringer Wasseraktivität gedeihen können.

Die Besiedlung eines Lebensmittels mit Mikroorganismen sowie die Auswahl geeigneter Abwehrmaßnahmen lassen sich mit dem *"Hürdenkonzept"* (Leistner 1978) darstellen (Abb. 48). Dabei geht man von der Vorstellung aus, daß in einem Produkt "Hürden" vorhanden sind, die von Mikroorganismen erst "übersprungen" werden müssen, wenn ein Lebensmittelverderb einsetzen soll. Diese Hürden können Innenfaktoren (z.B. a_W-Wert, pH-Wert), Außenfaktoren (z.B. Lagertemperatur [t], Redox-Potential [Eh]) oder Faktoren der Verarbeitung (Konservierung) sein. Die Haltbarkeit eines Lebensmittels ist nun davon abhängig, welche und wie viele Hürden vorliegen und wie diese beschaffen sind:

a) Ein mikrobiologisch stabiles Produkt liegt vor, wenn z.B. sechs "gleich hohe" Hürden vorhanden sind, die insgesamt von den Mikroorganismen nicht übersprungen werden können. Mehrere Hürden mit gleich starker Intensität sind jedoch nur theoretisch möglich.
b) Ein Lebensmittel kann auch dann mikrobiologisch stabil sein, wenn die Hürden zwar unterschiedlich hoch sind, jedoch im Einzelfall ein "Überspringen" nicht erlauben.
c) Wird durch gute Produktionshygiene die Anfangskeimzahl niedrig gehalten, dann führen selbst wenige Hürden oder solche von geringer Höhe zu einer mikrobiologischen Stabilität.
d) Umgekehrt kann ein hoher Mikrobenbesatz, bedingt durch mangelhafte Hygiene, alle vorhandenen Hürden überspringen und trotz üblicher Konservierungsverfahren zum Verderb führen (die Höhe der Hürden entspricht denen von Beispiel [c]).
e) Ein Produkt mit hohem Gehalt an Nährstoffen und Vitaminen fördert das Mikrobenwachstum derart, daß es trotz gleicher Ausgangskeimzahl und gleich hohen Hürden wie in den Beispielen (b)-(d) verdirbt.
f) Schließlich gibt es Hinweise darauf, daß sich einzelne Hürden gegenseitig verstärken, das heißt nicht die Anzahl, sondern eher ihr Produkt bestimmt die mikrobiologische Stabilität eines Lebensmittels.

Das Wachstum aller Mikroorganismen auf den verschiedenen Lebensmitteln ist bestimmt von drei Bedingungen:

- *Innenfaktoren:* Hier sind diejenigen Einflüsse zusammengefaßt, die vom Substrat selbst ausgehen.

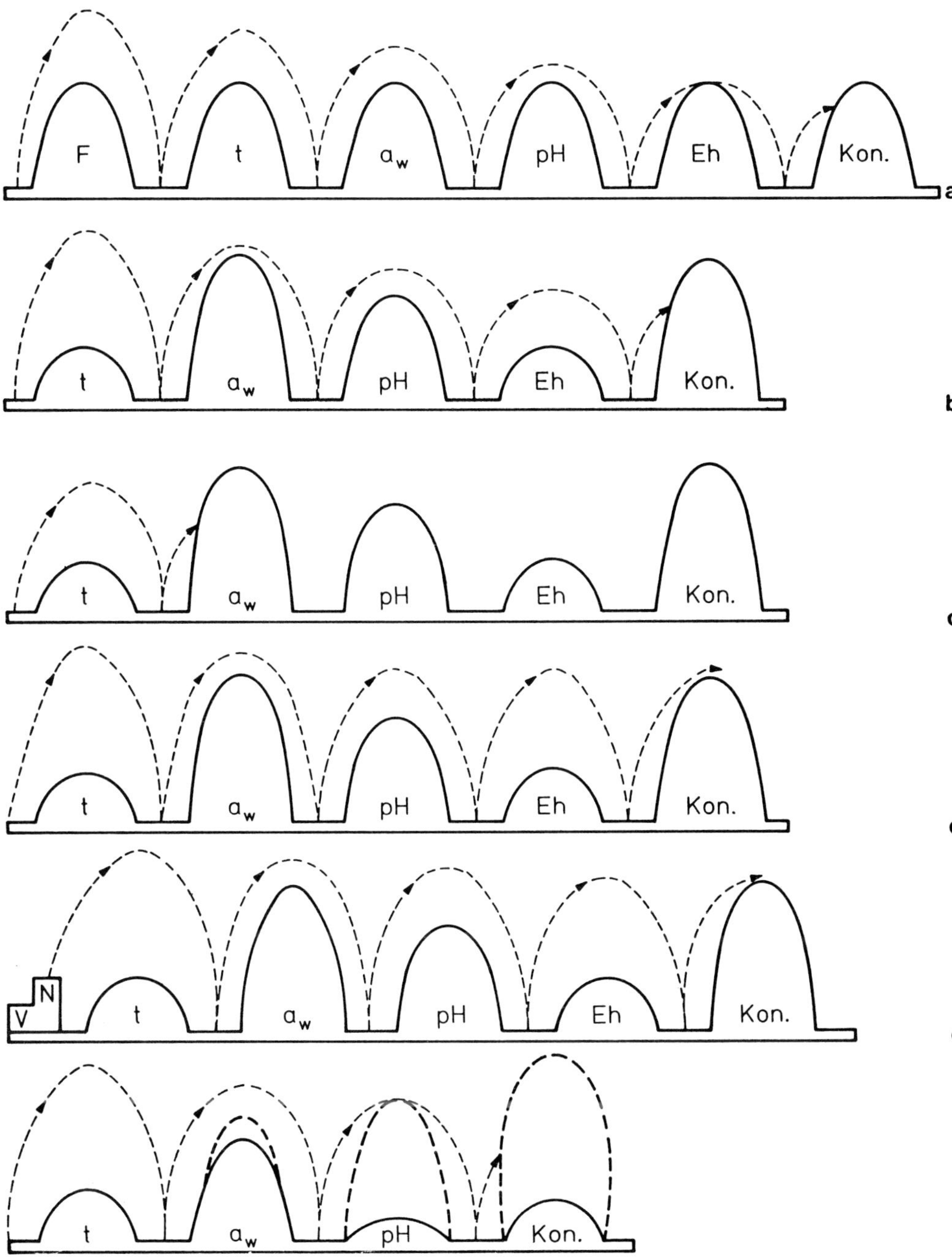

Abb. 48. Der Hürdeneffekt und die mikrobiologische Stabilität von Lebensmitteln. *F* hohe Temperatur; *t* niedrige Temperatur; a_w Wasseraktivität; *pH* Azidität; *Eh* Redoxpotential; *Kon* Konservierungsmittel; *V* Vitamine; *N* Nährstoffe (nach Leistner 1978)

- *Außenfaktoren:* Dazu gehören vor allem die Lagertemperatur und die Zusammensetzung der umgebenden Atmosphäre.
- *Faktoren der Verarbeitung:* Sie umfassen eine große Zahl physikalischer (Erhitzen, Bestrahlen u.a.) und chemischer (Konservierungsmittel) Maßnahmen.

1) Innenfaktoren

a) Wasseraktivität

Alle Mikroorganismen benötigen für ihr Wachstum einen gewissen Wassergehalt im Substrat. Hierbei ist der Anteil an freiem, nicht von Elektrolyten oder niedermolekularen Inhaltsstoffen gebundenem Wasser (Wasseraktivität, a_W-Wert) wichtig, weil nur dieser den Lebewesen tatsächlich zur Verfügung steht. Ein Lebensmittel behält dann seine Wasseraktivität, wenn die relative Luftfeuchtigkeit der Umgebung dem a_W-Wert des Produktes entspricht. Sinkt die Feuchtigkeit der Luft, dann trocknet das Lebensmittel an seiner Oberfläche aus. Als Folge diffundiert Wasser aus dem Inneren zur Oberfläche, was einen gleichmäßigen, jedoch insgesamt niedrigeren Wassergehalt zur Folge hat. Ist das Lebensmittel kompakt, dann beginnt der Befall mit Schimmelpilzen auf seiner Oberfläche und bleibt auch darauf beschränkt. Eine wasserarme Außenschicht kann so in gewisser Weise schon konservierend wirken (z.B. die Kruste eines Brotes).

Die Anforderungen verschiedener Schimmelpilze an die Wasseraktivität sind in Tabelle 4 zusammengefaßt und werden durch Abb. 49 ergänzt. Bei einem a_W-Wert von weniger als 0,85 werden Lebensmittel häufiger durch Schimmelpilze als durch Bakterien besiedelt. Dies beruht weniger auf einem schnelleren Wachstum der Pilze als vielmehr auf der bei diesen reduzierten Wasseraktivitäten abnehmenden Konkurrenzfähigkeit der Bakterien.

Besonders xerotolerante lebensmittelverderbende Schimmelpilze sind Vertreter der *Aspergillus glaucus*-Gruppe. Die Konidien dieser Pilze keimen noch bei einem a_W-Wert des Substrates von 0,70, allerdings nur bei der optimalen Wachstumstemperatur von 30-32°C. Unter diesen Bedingungen bleiben die Keimhyphen nur kurz und bilden kein Mycel. Erst bei a_W-Werten von 0,73-0,75 setzt eine Konidienproduktion an einem immer noch xeromorphen Mycel ein, das erst bei a_W >0,75 auch makroskopisch erkennbar ist.

Unter Berücksichtigung dieser Befunde ist mit der Ausbildung eines sichtbaren Mycels mit Sicherheit erst bei einem a_W-Wert des Lebensmittels von über 0,70 zu rechnen. Unter diesem Grenzwert ist das Produkt praktisch vor pilzlichem Verderb geschützt. Tabelle 12 gibt den Wassergehalt verschiedener Lebensmittel bei diesem a_W-Grenzwert an.

Im allgemeinen liegen die Minimum-a_W-Werte für die Bildung von Ascosporen höher als die entsprechenden Werte für die Produktion von ungeschlechtlichen Sporen.

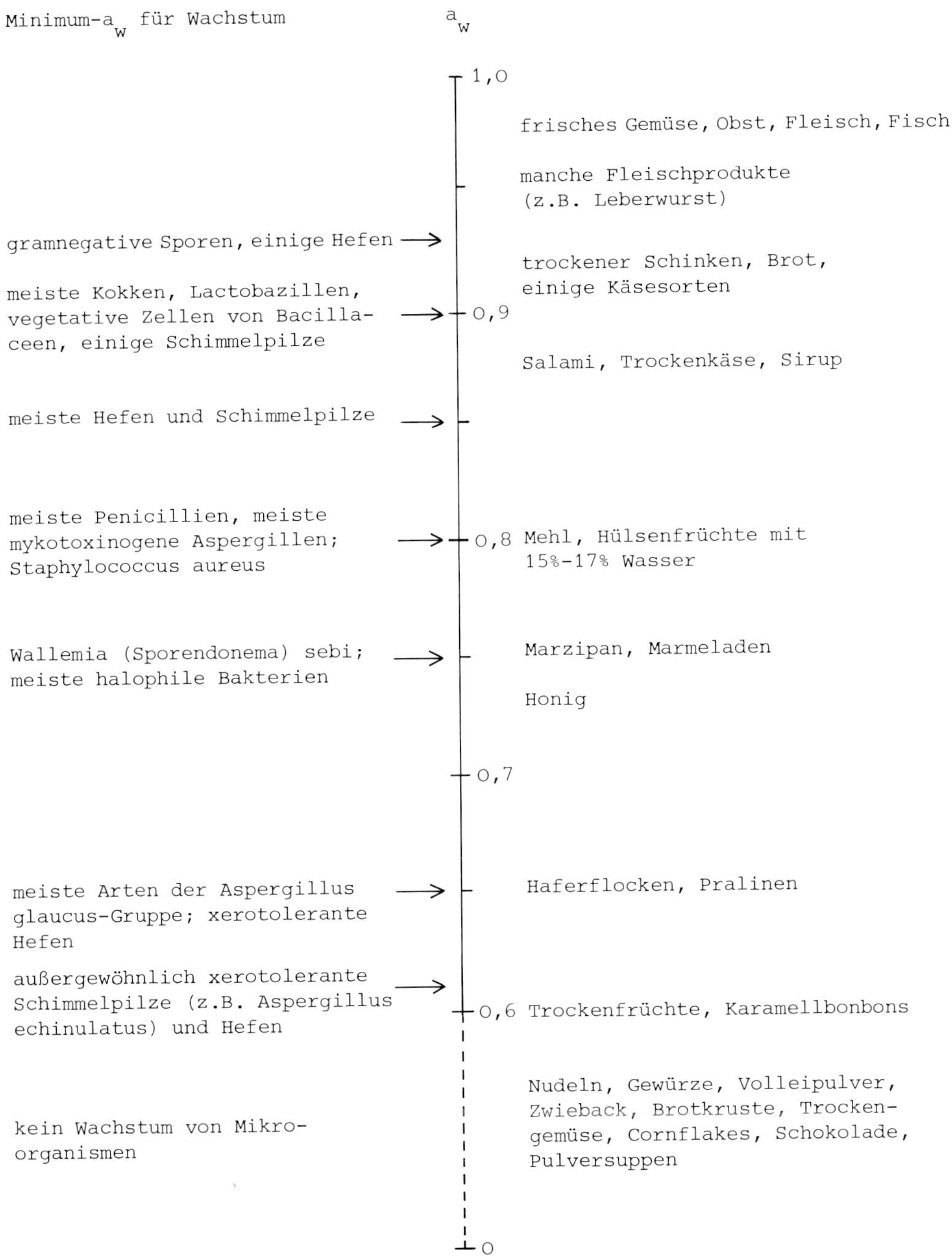

Abb. 49. Wasseraktivität und mikrobieller Verderb von Lebensmitteln (nach Mossel 1971, verändert)

Tabelle 12. Wassergehalt von Lebensmitteln bei einem a_w-Wert von 0,70 (nach Beuchat 1978)

Lebensmittel	Wassergehalt (Gewichts-%)
Nüsse	4-9
Vollmilchpulver	7
Kakao	7-10
Magermilchpulver	10
Haferflocken	11
Reis, Hülsenfrüchte	12-15
Trockengemüse	12-22
Weizenmehl, Nudeln	13-15
Trockenfrüchte	18-25

b) pH-Wert

Ein erhöhter Säuregehalt unterdrückt das Bakterienwachstum und ermöglicht es den Schimmelpilzen, sich auszubreiten. *Penicillium italicum* und *P. digitatum* können sogar auf Zitrusfrüchten mit einem pH-Wert von 3,0-3,5 gedeihen.

c) Temperatur

Lebensmittelbesiedelnde Vertreter der Penicillien können noch bei 0°C wachsen; bei den meisten Aspergillen liegt das Temperaturminimum um 8°C. Eine ganze Reihe von Schimmelpilzen kann sich auf Lebensmitteln bei Kühlschranktemperatur ausbreiten.

d) Chemische Zusammensetzung

Die chemische Zusammensetzung ist in hohem Maße dafür verantwortlich, ob ein Lebensmittel von Mikroorganismen befallen wird und welche Arten sich durchsetzen können. Wichtig sind hierbei der Gehalt an Nährstoffen und die Anwesenheit hemmender Substanzen. In dieser Hinsicht gibt es nur wenige Produkte mit einseitiger Zusammensetzung, auf denen alle Schimmelpilze schlecht wachsen können. Hierzu gehören etwa Stärkepulver, Gelatine oder Butterschmalz.

Eine Reihe von Schimmelpilzen kann essentielle Vitamine synthetisieren. Diese Organismen sind so in der Lage, auf Lebensmitteln ohne diese Verbindungen zu existieren und sich dabei gegenüber Bakterien durchzusetzen.

Natürlicherweise in Lebensmitteln vorkommende Hemmstoffe sind selten. Hierzu gehören etwa bestimmte Inhaltsstoffe von Gewürzen und Wasserstoffperoxid im Honig.

2) Außenfaktoren

Schimmelpilze können auf Lebensmitteln in einem *Temperaturbereich* von -15°C bis über +45°C wachsen, und somit sind die meisten von ihnen mesophil (Optimum: 20°C bis 37°C) oder psychrotroph (wachsen noch unter 5°C). Die meisten lebensmittelverderbenden Schimmelpilze bevorzugen höhere Temperaturen als Bakterien, wobei *Aspergillus*-Arten am besten bei 25°C bis 35°C, *Penicillium*-Arten bei 20°C bis 25°C gedeihen. In eingefrorenem Obst und Gemüse in Dosen kann eine Reihe von Vertretern der Gattungen *Rhizopus*, *Mucor*, *Aspergillus*, *Penicillium* und *Cladosporium* über ein Jahr bei -10°C überleben. Nach dem Auftauen setzt dann der Verderb sehr rasch ein. *Mucor mucedo*, *"Penicillium glaucum"* und *Cladosporium herbarum* konnten auf Gefrierfleisch bei Temperaturen von bis zu -6°C nachgewiesen werden.

Selbst bei sehr geringem *Sauerstoffgehalt* in und um das Lebensmittel können Schimmelpilze noch wachsen. So verschimmeln Früchte, Fruchtsäfte und andere Produkte in Dosen noch bei einem pO_2 von 50 mm bis 10 mm.

3) Faktoren der Verarbeitung

Die meisten Schimmelpilzsporen werden durch ein Erhitzen auf 65°C für fünf Minuten oder auf 80°C für eine Minute abgetötet. Es gibt jedoch einige Arten von *Aspergillus* und *Penicillium*, die auch diese Behandlung überstehen. Ascosporen und Sklerotien sind widerstandsfähiger als das vegetative Mycel und können eine Kurzzeiterhitzung auf 100°C überleben. So sind etwa die Ascosporen von *Byssochlamys fulva* (Nebenfruchtform: *Paecilomyces varioti*), einem in Obstsäften vorkommenden Pilz, so hitzeresistent, daß sie die bei der Herstellung von Konserven und Säften angewandten Temperaturen überstehen.

Durch ein Erhitzen wird allerdings das Lebensmittel selbst auf vielfältige Weise verändert. Zu nennen wären hier eine Änderung der Aufnahmefähigkeit für Feuchtigkeit und Sauerstoff, die Zerstörung oder Neubildung kolloidaler Systeme und das Weichwerden von Geweben. Stärke und Eiweiß können abgebaut oder in ihrer Kolloidnatur so verändert werden, daß sie von Mikroorganismen leicht zersetzt werden können. Gekochte Lebensmittel verderben daher leichter als die ursprünglichen frischen Produkte.

II. Chemische Veränderungen in Lebensmitteln durch Schimmelpilze

Die Veränderungen eines Lebensmittels während des Verderbs sind das Ergebnis einer Vielzahl von chemischen Umwandlungsreaktionen. Die Anhäufung der unterschiedlichen Stoffwechselprodukte der gesamten Mikroflora macht das Produkt schließlich ungenießbar.

1) Abbau von Kohlenhydraten

Eine große Zahl von Schimmelpilzen und anderen Mikroorganismen verfügt über Amylasen (zum Teil auch Cellulasen) und andere Glucanohydrolasen, mit deren Hilfe Polysaccharide zu einem Gemisch aus kürzerkettigen Oligosacchariden, Disacchariden und Monosacchariden abgebaut werden. Hefen und Bakterien sind in der Lage, das Zwischenprodukt Brenztraubensäure auf unterschiedlichen Wegen weiter umzuwandeln. Organische Säuren, Kohlendioxid und Alkohole sind die Endprodukte der Abbauprozesse von Kohlenhydraten.

Durch die Wirkung von Pektinesterasen und Polygalacturonidasen sind viele Schimmelpilze dazu befähigt, das Pektin in pflanzlichen Zellwänden abzubauen. Die sich daraus ergebende Zerstörung dieser Stützsubstanz führt zu einer Erweichung von Pflanzengewebe und so zur Weichfäule.

2) Abbau von Proteinen

Der Verderb von eiweißhaltigen Lebensmitteln (vor allem Fisch- und Fleischwaren) ist sehr komplex. Hierbei sind insbesondere Bakterien beteiligt, die zunächst die verfügbaren niedermolekularen Verbindungen im Fleisch- und Fischsaft (Aminosäuren, Dipeptide, Milchsäure und Zucker) in Gemische charakteristischer Verbindungen mit fauligem Geruch umwandeln (Schwefelwasserstoff, Ammoniak, Cadaverin, Putrescin). Anschließend werden proteolytische Enzyme gebildet, mit deren Hilfe höhermolekulare Eiweißstoffe hydrolysiert werden. Die dabei entstehenden Dipeptide wie auch die Aminosäuren selbst rufen dann den typischen Geruch des verderbenden Lebensmittels hervor. Die Aminosäuren ihrerseits können zu organischen Säuren und Ammoniak desaminiert oder durch Aminosäureoxidasen (etwa bei *Neurospora crassa*) zu Ketosäuren umgewandelt werden.

Proteasen sind bei einer Reihe von Schimmelpilzen nachgewiesen worden, so etwa bei Mucoraceen, *Aspergillus niger*, *A. oryzae* und *Penicillium cyaneofulvum*.

3) Abbau von Fetten

Der mikrobielle Abbau von Triglyceriden in Ölen und Fetten durch Schimmelpilze und Bakterien führt zu Ranzidität, Azidität, Seifigkeit und einem Fremdaroma. So ist die lipolytische Aktivität von Pilzen (*"Penicillium glaucum"*, *Cladosporium* sp.) am Ranzigwerden von Butter und Margarine beteiligt. Während die Lipasen von *Penicillium roqueforti*, *Rhizopus microsporus* var. *oligosporus* und *Thamnidium elegans* bevorzugt die Fettsäuren in 1- und 3-Stellung eines Triglycerids abspalten, hydrolysiert *Aspergillus flavus* in erster Linie in 2-Stellung. Beim weiteren Abbau entstehen Methylketone und niedere, flüchtige Fettsäuren, die vorwiegend für den unangenehmen Geruch verdorbener Fettprodukte verantwortlich sind.

III. Schimmelpilze in Lebensmitteln

Im folgenden werden nur solche Schimmelpilze aufgeführt, die aus spontan befallenen Produkten isoliert werden konnten. Nach künstlicher Beimpfung können sehr viel mehr Pilze auf den einzelnen Lebensmitteln wachsen, doch ist meist noch ungeklärt, ob dies auch spontan geschieht.

1) Getreide und Getreideprodukte

a) Getreide

Die Pilzflora der Getreidekörner wird in zwei Gruppen eingeteilt, in die *Feldpilze* und die *Lagerpilze*. Während die ersteren die Körner während ihrer Entwicklung auf dem Halm oder nach ihrer Reifung, jedoch auf jeden Fall noch vor der Ernte befallen, treten die Lagerpilze erst nach der Ernte bei sinkendem Wassergehalt der Körner auf. Allerdings können die Feldpilze jahrelang im Getreide bei geringer Feuchtigkeit überleben. Die meisten Lagerpilze haben ein Temperaturminimum für das Wachstum von 0°C bis 5°C, ein Optimum von 25°C bis 30°C und ein Maximum von 40°C bis 45°C. Wichtige Unterschiede zwischen beiden Pilzgruppen und repräsentative Vertreter gibt Tabelle 13 an.

Konidien von *Aspergillus flavus* keimen besonders gut auf den Narben der weiblichen Maisblüten, wenn diese eine gelbbraune Farbe haben und schon mit Pollen belegt sind. Dieser liefert offenbar die erforderlichen Nährstoffe und ermöglicht dem Pilz eine reiche Konidienbildung. Anschließend wachsen die Hyphen durch den Narbenkanal zu den Samenanlagen (Abb. 50a,b). Es wird vermutet, daß auf diesem Wege die "innere Schimmelpilzflora" des Getreidekorns entsteht, die durch die Anwesenheit von Pilzelementen zwischen Epidermis und Querzellen gekennzeichnet ist (Abb. 51).

Ist der Feuchtigkeitsgehalt der Getreidekörner so gering, daß er gerade noch einen Schimmelbefall zuläßt, dann sind Pilzelemente fast ausschließlich im Embryo und in den benachbarten Aleuron- und Endospermschichten zu finden (Abb. 51, 52), während äußerlich kein Befall zu erkennen ist. Als Folge einer von Verfärbungen begleiteten Schwächung und Zerstörung des Embryos sinken die Keimkraft und der Anteil der insgesamt keimenden Körner. In diesem Sinne sind die Lagerpilze als aktive Parasiten zu bezeichnen. Erst wenn das Getreidekorn zerbrochen ist, kann das Mycel auch in innere Teile des Endosperms vordringen (Abb. 52).

Der Befall von Getreidekörnern durch Schimmelpilze vor der Ernte wird weitgehend von Insekten gefördert. Diese transportieren Pilzsporen und tragen zu einer Ausbreitung der Infektion bei, wenn sie in den Körnern ihre Fraßgänge anlegen. Aus 15% der insgesamt 195 Insekten, die von Maisähren gesammelt wurden, konnte *A. flavus* isoliert werden. Eine wichtige Rolle spielt hier der europäische Maisbohrer *(Ostrinia nubilalis)*. Die Larven seiner zweiten Generation befallen Maiskolben und übertragen dabei Konidien von *A. flavus*. Dadurch kann dieser Pilz, der eigentlich zu den

Tabelle 13. Unterschiede zwischen Feld- und Lagerpilzen von Getreide und wichtige Vertreter beider Pilzgruppen

	Feldpilze	Lagerpilze
1. Feuchtigkeitsansprüche	Benötigen zur Entwicklung eine Getreidefeuchtigkeit von über 18%	Benötigen zur Entwicklung eine Getreidefeuchtigkeit von 14% bis 15% (Minimum-a_w: 0,68-0,90)
2. Schäden in den Körnern	Verfärbungen, Abtötung der Embryonen, Bildung toxischer Substanzen	Abnahme der Keimfähigkeit, Verfärbung der Embryonen, Bildung toxischer Substanzen
3. Biochemische Prozesse in den Körnern	Keine derartigen Prozesse bekannt	Erhöhung des Gehalts an Fettsäuren und reduzierenden Zuckern, Abnahme des Gehalts an Eiweiß und nichtreduzierenden Zuckern
4. Temperaturänderung	Keine	Getreide kann sich begrenzt selbst erhitzen, zumal bei Anwesenheit thermophiler Pilze (z.B. *Penicillium cyclopium*, *P. funiculosum*)
5. Repräsentative Arten	*Alternaria alternata*, *Aspergillus flavus*, *Cladosporium cladosporioides*, *Epicoccum purpurascens*, *Fusarium graminearum*, *Penicillium oxalicum*, *Rhizopus stolonifer*	*Aspergillus amstelodami*, *A. candidus*, *A. chevalieri*, *A. flavus*, *A. ochraceus*. *A. repens*, *A. restrictus*, *A. ruber*, *Penicillium chrysogenum*, *P. viridicatum*

Lagerpilzen gehört, bereits Maiskörner vor der Ernte befallen und dort Aflatoxin bilden. Auch Arten von *Fusarium*, *Rhizopus* und *Syncephalastrum* waren in Maiskörnern mit Insektenfraß häufiger zu finden als in unbeschädigten Proben.

Naturgemäß kann die Zusammensetzung der Mikroflora in und auf Getreide nach der geographischen Herkunft der Proben schwanken. Tabelle 14 faßt hierzu einige Daten zusammen.

b) Mahlprodukte

Der Keimgehalt der Getreidekörner beeinflußt unmittelbar die Pilzflora der Mahlprodukte. So findet man in der Pilzflora von Mehlen wichtige Vertreter der Lagerpilze. Da Schimmelpilze im Korn bevorzugt in tieferen Schichten anzutreffen sind, sind sie auch in Mehlen häufiger als in Schroten. Die hygienischen Bedingungen während der Vermahlung beeinflussen ebenfalls den Pilzbefall der Mahlprodukte. In einigen hundert Mehlen, vornehmlich in den USA, überwogen folgende Pilze: *Aspergillus candidus* und die

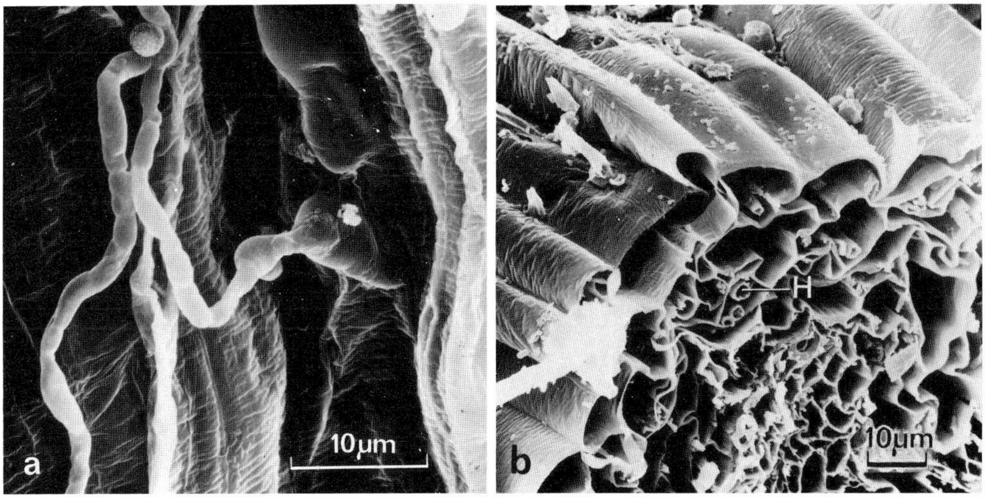

Abb. 50. Befall von Maisnarben mit *Aspergillus flavus*: *a* Hyphe dringt in eine Narbenzelle ein, *b* Querschnitt durch befallene Narben: Hyphen (*H*) in Parenchymzellen (Photo: S.F. Marsh, Raleigh, NC)

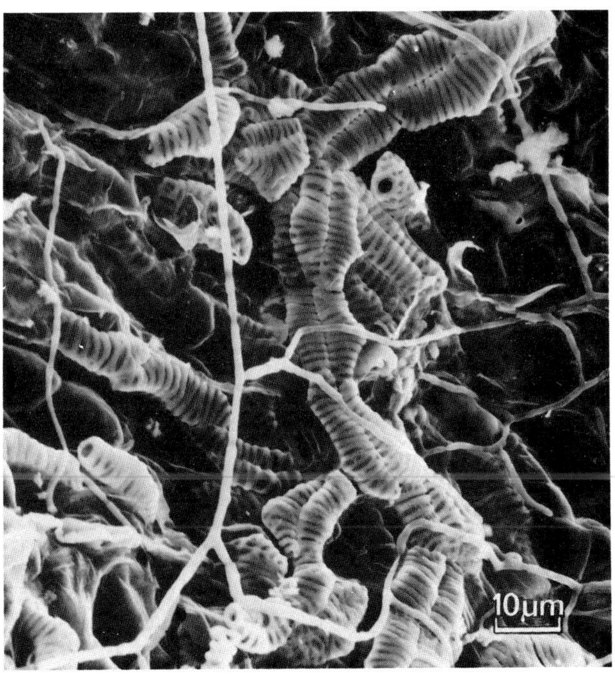

Abb. 51. Hyphen von *Aspergillus flavus* zwischen Parenchymzellen und in Interzellularräumen eines Maiskorns (Photo: S.F. Marsh, Raleigh, NC)

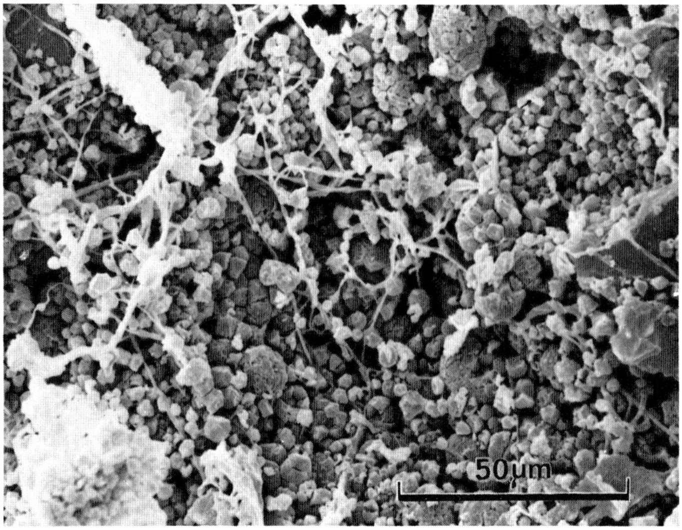

Abb. 52. Mycel von *Aspergillus versicolor* zwischen Stärkekörnern des Endosperms im Reis (Photo: M. Manabe, Ibaraki, Japan)

A. glaucus-Gruppe, *A. flavus*, *A. versicolor* und andere Aspergillen, *Penicillium cyclopium*, *P. citrinum*, *P. urticae*, *Alternaria alternata* und Zygomyceten.

c) Teigwaren

In Deutschland wurde die Schimmelpilzflora von 104 Proben von Grieß und Dunst sowie von 87 Teigwaren (Frischei-Teigwaren, Eier-Teigwaren und eifreie Teigwaren) untersucht. Im Durchschnitt wurde ein Keimgehalt von 100 bis 200/g festgestellt, wobei Vertreter der Gattungen *Aspergillus* (auch *A. flavus*) dominierten; nachweisbar waren auch *Penicillium* sp., *Mucor* sp., *Cladosporium* sp. und *Rhizopus* sp. Zu ähnlichen Ergebnissen kam eine Studie über die Schimmelpilze in Makkaroni, Spaghetti und Nudeln in den USA. Auch hier waren Vertreter der Gruppe *Aspergillus flavus-oryzae* und *Penicillium*-Arten häufig zu finden. Außerdem wurden Vertreter der *A. candidus*-Gruppe und *A. glaucus*-Gruppe, ferner *Absidia* sp., *Mucor* sp., *Rhizopus* sp. und *Syncephalastrum* sp. nachgewiesen.

d) Backwaren

Der hohe Gehalt an Kohlenhydraten, Eiweiß, Mineralstoffen und Vitaminen macht Brot zu einem besonders geeigneten Substrat für Schimmelpilze (Abb. 53). Während des Backens werden die Pilzelemente, die über befallene Rohstoffe in den Teig gelangt sind, abgetötet. Danach kann jedoch das Verschimmeln einsetzen. Sein Ausmaß ist im wesentlichen durch folgende Faktoren bedingt:

- Zusammensetzung: Roggenschrot- und Vollkornbrote verschimmeln nicht so leicht wie Weizen- und Weizenmischbrote;
- Backverfahren: freigeschobene Brote mit intakter, trockener Kruste verschimmeln seltener als angeschobene Brote;

Tabelle 14. Zusammensetzung der Schimmelpilzflora von Getreide verschiedener Regionen

Getreide	Land	Schimmelpilze
Mais	Bundesrepublik Deutschland	Überwiegend *Penicillium*-Arten: *P. frequentans*, *P. islandicum*, *P. roqueforti*. Daneben Vertreter der Gruppen *Aspergillus candidus*, *A. glaucus*, *A. flavus*
	Frankreich	*Aspergillus candidus*, *A. flavus*, *A. fumigatus*, *A. glaucus*, *A. nidulans*, *A. niger*, *A. restrictus*, *A. versicolor* u.a.
	Jugoslawien	Häufig *Penicillium*- und *Rhizopus*-Arten, aber auch *Absidia* sp., *Alternaria* sp., *Aspergillus* sp. (vor allem *A. flavus*, *A. niger*), *Cladosporium* sp., *Fusarium* sp., *Mucor* sp., *Scopulariopsis* sp., *Trichoderma* sp.
	USA (Missouri)	Häufig *Absidia* sp., *Aspergillus flavus*, *A. terreus*, *Cephalosporium* sp., *Fusarium* sp., *Mucor* sp., *Penicillium* sp., *Rhizopus* sp.; seltener *Aspergillus glaucus*-Gruppe, *A. fumigatus*, *A. niger*, *A. ochraceus*
	Süd-Nepal	*Aspergillus flavus*, *A. niger*, *A. versicolor*, *Penicillium islandicum*, *Rhizopus arrhizus*
Maismehl	Australien	*Aspergillus flavus*, *A. niger*, *Fusarium* sp., *Mucor* sp., *Penicillium simplicissimum*, *Rhizopus* sp.
Weizen	Jugoslawien	Häufig *Penicillium* sp., *Alternaria* sp., *Aspergillus* sp. (vor allem *A. flavus*, *A. niger*, *A. ochraceus* und Vertreter der *A. glaucus*-Gruppe), aber auch Arten von *Absidia*, *Fusarium*, *Rhizopus*, *Scopulariopsis*, *Trichoderma*
	USA (Virginia und Missouri)	*Absidia corymbifera*, *Alternaria* sp., *Aspergillus flavus*, *A. glaucus*-Gruppe, *A. niger*, *Cladosporium* sp., *Epicoccum* sp., *Gibberella zeae*, *Nigrospora* sp., *Penicillium* sp., *Rhizopus* sp.
	Süd-Nepal	*Alternaria* sp., *Aspergillus candidus*, *Penicillium chrysogenum*
	Australien	*Alternaria* sp., *Cladosporium* sp., *Penicillium brevicompactum*, *P. chrysogenum*, *P. raistrickii*
Gerste	England	Häufig *Absidia corymbifera*, *Aspergillus candidus*, *A. flavus*, *A. fumigatus*, *Mucor pusillus*, *Paecilomyces varioti*, *Penicillium dupontii*, *P. roqueforti*; seltener *Aspergillus nidulans*, *A. terreus*, *Cladosporium cladosporioides*, *Scopulariopsis brevicaulis*

Getreide	Land	Schimmelpilze
(Fortsetzung)		
	Nord-Irland	Häufig *Aspergillus fumigatus*, *Fusarium avenaceum*, *F. culmorum*, *Mucor pusillus*, *Penicillium cyclopium*, *P. rugulosum*; seltener *Aspergillus candidus*, *A. flavus*, *A. glaucus*-Gruppe, *A. terreus*, *A. wentii*, *Penicillium chrysogenum*, *P. corymbiferum*, *P. expansum*, *P. purpurogenum*, *P. roqueforti*, *P. viridicatum*, *P. wortmannii*
	Dänemark	*Aspergillus flavus*, *Penicillium chrysogenum*, *P. cyclopium*, *P. purpurescens*, *P. roqueforti*, *P. stoloniferum*
	Australien	*Alternaria* sp., *Aspergillus ficuum*, *A. flavus*, *Cladosporium* sp., *Penicillium chrysogenum*, *P. citrinum*, *P. fellutanum*, *P. griseofulvum*, *P. viridicatum*, *Syncephalastrum* sp.
Reis	Süd-Nepal	*Absidia corymbifera*, *Aspergillus candidus*, *A. flavus*, *A. fumigatus*, *A. sydowi*, *A. versicolor*, *Penicillium islandicum*
	Australien	*Cladosporium* sp., *Fusarium* sp., *Mucor* sp., *Rhizopus* sp., *Trichoderma* sp.

- Teigführung: Sauerteigführung bewirkt einen erhöhten Säuregrad des Brotes, der das Pilzwachstum unterdrücken kann;
- Nachbehandlung des Brotes: hier kann insbesondere das Schneiden zu einer Infektion führen;
- Verpackung: eine möglichst wasserdampfdichte Verpackung verringert zwar die Gefahr des Austrocknens des Brotes, erhöht jedoch den Feuchtigkeitsgehalt der das Brot umgebenden Atmosphäre und kann somit das Verschimmeln beschleunigen;
- Keimgehalt der Luft: ein Keimgehalt von 85 bis 5000 Pilzsporen je m^3 Luft in Brotlagerräumen kann innerhalb einer Stunde zu einer Kontamination des Brotes mit 10 bis 400 Sporen/100 cm^2 führen;
- Hygiene: eine sorgsame Reinigung aller Gegenstände, die mit unverpacktem Brot in Berührung kommen, kann das Risiko eines Verschimmelns vermindern. Gleiches gilt für die persönliche Hygiene des beschäftigten Personals.

Zu den Pilzen, die Brote und andere Backwaren befallen können, gehören weit verbreitete Bodenpilze. Die wichtigsten Vertreter sind in Tabelle 15 zusammengefaßt. Ein hoher Anteil der Schimmelpilze, die aus der Luft von verschiedenen Bäckereiräumen isoliert wurden, gehört zu den Arten, die noch bei einer Wasseraktivität von unter 0,75 keimen und wachsen können (Tab. 4).

Schnittbrote können durch das Schneiden mit Schimmelpilzen infiziert werden. Eine Heißluftbehandlung (Kerntemperatur von 75°C für etwa 15 Minuten) führt zu einer handelsüblichen Haltbarkeit von über 20 Tagen, wobei auf Zusätze von Konservierungsmitteln

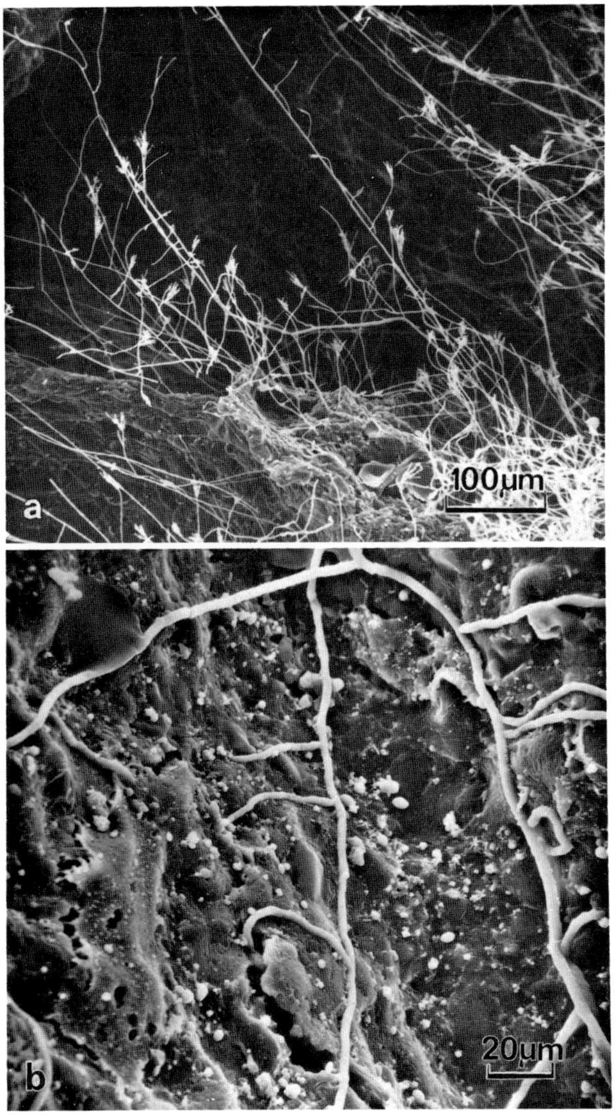

Abb. 53. *Penicillium expansum* auf Brot: *a* reiche Sporulation an der Mündung einer Pore, *b* Hyphen dringen in feine Poren ein

verzichtet werden kann. Werden solcherart behandelte Päckchen geöffnet, setzt etwa nach sieben Tagen das sichtbare Verschimmeln ein. In der Praxis werden jedoch geöffnete Packungen sehr viel rascher verzehrt.

In Europa entwickeln sich auf verpackten Schnittbroten überwiegend *Penicillium*-Arten. Von 287 Pilzisolaten aus verschiedenen Schnittbrotpackungen deutscher Herkunft nahm allein *Penicillium roqueforti* einen Anteil von 91% ein, daneben wurden *P. verrucosum* var. *cyclopium*, *P. brevicompactum*, *P. citrinum* und *P. expansum* gefunden. Auch in holländischen Roggenbrotpackungen wurde in erster Linie *P. roqueforti* isoliert.

Tabelle 15. Schimmelpilze, die in Backräumen und auf Backwaren gefunden wurden

Pilz	Vorkommen
Alternaria alternata	Weizen- und Roggenbrot Luft von Backräumen
Aspergillus amstelodami	Brot
- *chevalieri*	Weizenbrot
- *clavatus*	Brot
- *flavus*	Weizen- und Roggenbrot
- *fumigatus*	Weizen- und Roggenbrot
- *glaucus*-Gruppe	Kommißbrot, Pumpernickel Weizen- und Roggenbrot
- *nidulans*	Weizen- und Roggenbrot
- *niger*	Weizen- und Roggenbrot Luft von Backräumen
- *ochraceus*	Brot
- *repens*	Weizen- und Roggenbrot
- *ruber*	Roggenbrot
Cladosporium herbarum	Weizenbrot Vollkornbrot Luft von Backräumen
- *cladosporioides*	Weizenbrot
Mucor circinelloides	Roggenbrot
- *mucedo*	Brot
- *plumbeus (M. spinosus)*	Brot
- *pusillus*	Brot Weizenbrot
- *racemosus*	Weizenbrot
Neurospora sitophila	Brot Luft von Backräumen
Paecilomyces varioti	Brot Luft von Backräumen
Penicillium brevicompactum	Weizen- und Roggenbrot
- *chrysogenum*	Weizenbrot
- *citrinum*	Brot
- *crustosum*	Hefegebäck
- *digitatum*	Weizenbrot
- *expansum*	Brot Luft von Backräumen

Pilz	Vorkommen
(Fortsetzung)	
- *roqueforti*	Weizen- und Roggenbrot (sehr häufig auf Schnittbroten)
- *spinulosum*	Weizenbrot
- *verrucosum* var. *cyclopium*	Weizen- und Roggenbrot
Rhizopus oryzae	Weizenbrot
- *stolonifer*	Brot Hefegebäck Luft von Backräumen
Thamnidium elegans	Brot Luft von Backräumen

Zusätze von vorgequollenen Rosinen in Weißbroten können das spontane Schimmelwachstum unterdrücken. Besonders pilzhemmend ist die Zugabe von 12% zerbrochenen und 38% unzerstörten Rosinen. Die aus den zerbrochenen Rosinen austretende Weinsäure wird für die schimmelverhütende Wirkung verantwortlich gemacht.

2) Fleisch und Fleischwaren

Neben einigen erwünschten Schimmelpilzen, die auf manche Fleischprodukte aufgeimpft werden und dann neben dem charakteristischen Aussehen auch eine Qualitätsverbesserung bewirken, gibt es auch unerwünschte Pilze auf diesen Lebensmitteln. Während Frischfleisch wegen seines hohen a_W-Wertes bevorzugt durch Bakterien verdorben wird, kann bei lange reifenden Produkten (Würste, Schinken) ein Schimmelbefall auftreten. Dieser setzt sich zum großen Teil aus Vertretern der Gattungen *Aspergillus*, *Cladosporium*, *Penicillium* sowie *Scopulariopsis* zusammen (Tab. 16), wobei die Penicillien überwiegen. Dies beruht wohl darauf, daß diese Pilze selbst bei niedrigen Kühltemperaturen vermehrungsfähig bleiben und noch bei geringen Wasseraktivitäten und pH-Werten gedeihen. Insgesamt 45 *Penicillium*-Arten konnten an Fleischprodukten nachgewiesen werden, wobei jedoch nur wenige Arten sehr häufig vorkamen: *P. chrysogenum*, *P. frequentans*, *P. nalgiovensis*, *P. variabile*, *P. verrucosum* var. *cyclopium* und *P. verrucosum* var. *verrucosum*. Auf Produkten mit sehr geringer Wasseraktivität (etwa Country Cured Ham, Knochenschinken) können sich bei höheren Temperaturen Aspergillen durchsetzen, wobei Vertreter der Gruppen *A. restrictus*, *A. glaucus* und *A. versicolor* überwiegen, wohl auf Grund ihrer ausgeprägten Xerotoleranz. Aflatoxinbildende Vertreter der Gruppe *A. flavus* sind auf Fleisch und Fleischerzeugnissen nur selten zu finden.

Auch Vertreter der Mucorales sind auf Fleischerzeugnissen nur selten zu finden. Dabei dominieren Mitglieder der Gattung *Mucor* (*M. racemosus*, *M. circinelloides*, *M. plumbeus*) und *Absidia corymbifera*; *Thamnidium* sp., *Rhizopus* sp., *Phycomyces* sp., *Chaetostylum* sp. und *Syncephalastrum* sp. sind selten zu finden.

Tabelle 16. Aus Fleisch und Fleischwaren isolierte Schimmelpilze

Produkt	Schimmelpilze
Country Cured Ham (Knochenschinken)	*Alternaria* sp., *Aspergillus amstelodami, A. aurantiobrunneus, A. candidus, A. conicus, A. flavus, A. glaucus, A. gracilis, A. niger, A. penicilloides, A. pseudoglaucus, A. repens, A. restrictus, A. ruber, A. sydowi, A. versicolor, A. viridenutans*
Geflügelfleisch	*Aspergillus* sp., *Penicillium* sp.
Hammelfleisch	*Cladosporium herbarum, Mucor mucedo, "Penicillium glaucum", Rhizopus* sp.
Rindfleisch	*Cladosporium herbarum, Penicillium expansum, P. frequentans, P. oxalicum, P. spinulosum, Rhizopus stolonifer, Thamnidium elegans*
Rohwurst, schnittfest	*Penicillium chrysogenum, P. cyclopium, P. palitans*
Salami	*Aspergillus amstelodami, A. chevalieri, A. flavus, A. ochraceus, A. repens, A. tamarii, A. wentii, Penicillium melzynski, P. puberulum, P. variabile, Scopulariopsis* sp.
Schinken	*Alternaria* sp., *Aspergillus amstelodami, A. chevalieri, A. niger, A. ochraceus, A. repens, A. tamarii, A. wentii, Fusarium* sp., *Penicillium frequentans, P. melzynski, P. puberulum, P. variabile*
Speck	*Penicillium chrysogenum, P. palitans*

3) Obst

Die meisten Früchte besitzen auf Grund ihres Gehaltes an Fruchtsäuren einen pH-Wert von 3-4, der das Bakterienwachstum unterdrückt und für Schimmelpilze (und Hefen) gute Entwicklungsbedingungen schafft.

Die Infektion von Früchten durch Schimmelpilze beginnt meist mit der Übertragung von Sporen oder Konidien durch den Wind, durch Insekten oder durch Kontakt mit schon befallenen Exemplaren. Eine intakte Schale schützt das Innere vor dem Verderb, jedoch genügen feinste Risse und Verletzungen (z.B. durch beißende Insekten), um die entstehenden Keimhyphen in das Innere vordringen zu lassen (Abb. 54). Die von den eindringenden Pilzhyphen sezernierten Pektinasen bauen die pflanzlichen Zellwände ab und erleichtern damit das weitere Einwachsen des Mycels.

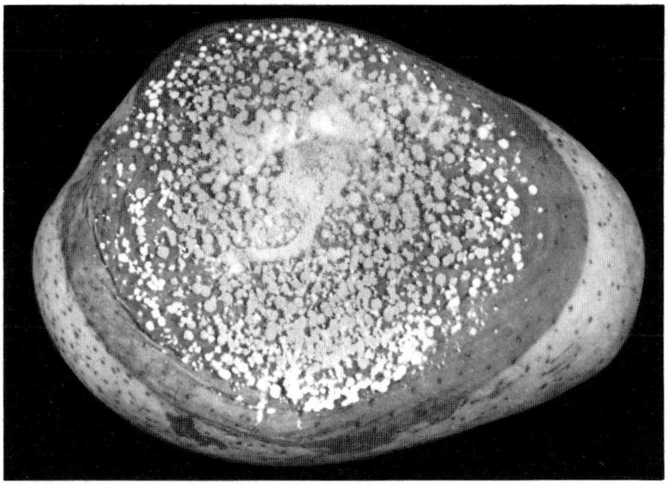

Abb. 54. Birne mit Befall durch *Penicillium expansum*. In der Mitte eine halbmondförmige Verletzung durch einen Fingernagel (Photo: H.K. Frank, Karlsruhe)

Eine Reihe von Schimmelpilzen konnte aus spontan verschimmelten Obstarten isoliert werden (Tab. 17). *Trockenobst* kann auf Grund seines niedrigen Wassergehaltes von Schimmelpilzen nicht besiedelt werden. Die Schimmelpilzflora von *Weintrauben* enthält überwiegend Vertreter der Gattung *Penicillium*; der aflatoxinogene *Aspergillus flavus* konnte nicht gefunden werden.

Zitrusfrüchte werden nach der Ernte oft von *Penicillium digitatum* ("grüner Schimmel") und von *P. italicum* ("blauer Schimmel") befallen. Die verschimmelte Schale sondert Galakturonsäure ab, die eine Infektion gesunder Früchte durch beide Pilze erst ermöglicht.

Bei *Äpfeln* ist die der Sonne zugekehrte Seite widerstandsfähiger gegenüber Pilzbefall als die Rückseite, sind erntereife und kühl gelagerte Früchte resistenter als längere Zeit gelagerte bzw. bei kontrollierter Atmosphäre (CA-Lagerung) aufbewahrte Exemplare.

Schimmelpilze können nur dann ins Fruchtfleisch eindringen, wenn die Schale kleine Verletzungen aufweist. Zu den häufig isolierten Verderbserregern gehören vor allem *Penicillium expansum* und *Rhizopus stolonifer*.

Kennzeichen der Kernhausfäule bei Äpfeln und Birnen ist ein braun verfärbtes und zerstörtes Fruchtfleisch um das Kerngehäuse bei äußerlich unverdorbenem Aussehen. Verantwortlich sind vorwiegend *Fusarium*-Arten, aber auch Vertreter der Gattungen *Alternaria*, *Cladosporium*, *Penicillium* und *Trichothecium*. *Sclerotinia (Monilia) fructigena* ruft Braunfäule bei Kernobst, *S. laxa* bei Steinobst hervor.

Bei *Pfirsichen* und *Aprikosen* findet man häufig völlig verschimmelte Samen in gesundem Fruchtfleisch. Hier ist *Penicillium expansum* offenbar in der Lage, bereits während der Blüte über Narbe und Griffel in die sich entwickelnde Frucht einzudringen.

Bei der Gewinnung von *Fruchtsäften* gelangt ein großer Teil der den Früchten anhaftenden Schimmelpilze in den Saft. Somit können

Tabelle 17. Schimmelpilze, die auf Obst, Obstprodukten und Gemüse vorkommen können

Produkt	Schimmelpilze
Obst und Obstprodukte	
Äpfel	*Alternaria* sp., *Cladosporium* sp., *Monilia* sp., *Mucor* sp., *Penicillium expansum*, *Rhizopus stolonifer*
Aprikosen	*Penicillium expansum*, *P. urticae*
Bananen	*Fusarium roseum*, *Nigrospora musae*, *Rhizopus stolonifer*
Datteln (Kalifornien)	*Penicillium janthinellum*, *Rhizopus* sp.
Erdbeeren	*Rhizopus stolonifer* ("Naßfäule")
Feigen	*Cladosporium* sp.
Heidelbeeren	*Alternaria* sp., *Gloeosporium fructigenum*, *G. album*, *Penicillium expansum*, *P. urticae*
Himbeeren	*Cladosporium* sp., *Rhizopus stolonifer*
Kirschen	*Penicillium expansum*, *P. urticae*
Korinthen	*Aspergillus fumigatus*, *A. niger*, *Cladosporium* sp., *Penicillium dendriticum*, *P. puberulum*, *Rhizopus* sp., *Trichoderma* sp.
Orangen	*Alternaria citri*, *Penicillium digitatum*, *P. italicum*
Pfirsiche	*Penicillium expansum*, *P. urticae*
Quitten	*Penicillium expansum*
Sultaninen	*Alternaria* sp., *Aspergillus aculeatus*, *A. carbonarius*, *A. ficuum*, *A. niger*, *A. repens*, *Cladosporium* sp., *Fusarium* sp., *Paecilomyces* sp., *Penicillium citrinum*, *P. fellutanum*, *P. lividum*, *Rhizopus* sp.
Weintrauben	*Alternaria* sp., *Aspergillus fumigatus*, *Cladosporium* sp., *Penicillium* sp., *Rhizopus stolonifer*, *Trichothecium roseum*
Zitronen	*Alternaria citri*, *Penicillium digitatum*, *P. italicum*, *Trichoderma viride*
Fruchtsäfte	*Alternaria alternata*, *Byssochlamys fulva* (einschließlich *Paecilomyces varioti*), *Cladosporium* sp., *Penicillium digitatum*, *P. expansum*, *P. chrysogenum* (*P. notatum*), *P. roqueforti*, *P. velutinum*
Gemüse	
Gurken	*Alternaria* sp., *Cladosporium* sp.
Kartoffeln	*Alternaria alternata*, *Fusarium avenaceum*, *F. coeruleum*, *F. culmorum*, *F. oxysporum*, *F. solani*, *F. sulphureum* (*F. sambucinum*)
Meerrettich	*Penicillium hirsutum*
Melonen	*Alternaria* sp.

Produkt	Schimmelpilze
(Fortsetzung)	
Möhren	*Alternaria radicina, Rhizopus stolonifer*
Tomaten	*Alternaria alternata, Byssochlamys fulva, Cladosporium* sp., *Mucor* sp., *Penicillium expansum, Rhizopus* sp.
Zwiebeln	*Aspergillus alliaceus, A. flavus, A. glaucus*-Gruppe, *A. niger, Fusarium moniliforme, F. proliferatum, Penicillium* sp.

Fruchtsäfte einen beachtlichen Gehalt an Schimmelpilzelementen besitzen, wobei insbesondere Mehrfruchtsäfte belastet sein können. Unter den in einer Studie aus verschiedenen Fruchtsäften isolierten 215 Schimmelpilzen dominierten *Penicillium velutinum* (Apfel-, Trauben-, Mehrfruchtsäfte), *P. digitatum* (Apfel-, Ananas-, Mehrfruchtsäfte), *"P. notatum"* (Apfel-, Ananassäfte), *Paecilomyces varioti* (Apfel, Trauben-, Mehrfruchtsäfte) und *Cladosporium*-Arten (Apfel-, Trauben-, Zitrussäfte); weniger verbreitet war *Penicillium roqueforti* (Traubensaft). Die wenigen isolierten *Aspergillus*-Arten (vor allem *A. fumigatus, nidulans, niger*) wurden zu den nicht verderbenden Schimmelpilzen gezählt.

Einige Vertreter der Gattung *Penicillium* (z.B. *P. crustosum* und *P. expansum*) können die organoleptischen Eigenschaften der Säfte sehr schnell verschlechtern, was auf eine Ausscheidung von Diacetyl und/oder Acetoin zurückzuführen ist. Auch die von einigen Pilzen gebildeten Metaboliten Mannit, Äpfelsäure und Citronensäure können die Qualität von Obstsäften verschlechtern. Eine Lagerung der Säfte bei niedriger Temperatur und hohem CO_2-Druck kann den Verderb durch *Aspergillus-*, *Mucor-* und *Penicillium*-Arten wirksam unterbinden.

Paecilomyces varioti (mit seiner Hauptfruchtform *Byssochlamys fulva*) wird zu den gefährlichsten Verderbern von Fruchtprodukten gezählt. Seine Ascosporen sind ausgesprochen hitzeresistent (Letaltemperatur: etwa 96°C), und das Mycel benötigt wenig Sauerstoff zum Wachstum, so daß der Pilz sich in abgefüllten Fruchtsäften und in Tanks entwickeln und Dosenobst und -gemüse verderben kann.

Beerenobst wird wegen seiner geringen Festigkeit leicht durch Schimmelpilze verdorben. Häufig tritt beispielsweise auf Erdbeeren die *Rhizopus*-Naßfäule auf. *Paecilomyces varioti* kann aus dem Erdboden über die Blätter auf Erdbeeren gelangen. Eine Verletzung der Cuticula ermöglicht dann dem Pilz das Einwandern in das Fruchtfleisch.

4) Gemüse

Über die natürliche Pilzflora von Gemüsearten existieren nur wenige Informationen (Tab. 17). In den USA wurden aus Tomaten 41 Arten isoliert, die zu den Schimmelpilzgattungen *Alternaria* (vor allem *Alt. alternata*) *Cladosporium*, *Fusarium* (vor allem *F. sulphureum*) und *Penicillium* (z.B. *P. expansum*) gehörten. Sehr viele Schimmelpilze sind unspezifische Verderbserreger und befallen unterschiedliche Gemüsearten, wenn sie feucht sind und Verletzungen aufweisen.

5) Nüsse

In den verschiedensten Nüssen und den von ihnen hergestellten Produkten konnte eine Reihe von Schimmelpilzen nachgewiesen werden (Tab. 18). Auch hier sind Beschädigungen der Schalen Voraussetzung für das Einwachsen der Pilze ins Innere. So fördert bei amerikanischen Walnüssen die Fraßtätigkeit des Walnuß-Rüsselkäfers (*Curculio sayi*) den Befall mit mykotoxinogenen Pilzen.

Tabelle 18. Schimmelpilze auf Nüssen

Produkt	Schimmelpilze
Edelkastanien	*Aspergillus flavus*, *A. wentii*, *Penicillium citrinum*, *P. funiculosum*, *P. roqueforti*, *P. steckii*, *P. terrestre*
Erdnüsse	*Acremonium* sp., *Aspergillus ficuum*, *A. flavus*, *A. niger*, *A. ochraceus*, *A. oryzae*, *A. parasiticus*, *A. repens*. *A. ruber*, *A. wentii*, *Cladosporium* sp., *Fusarium* sp., *Paecilomyces* sp., *Penicillium chrysogenum*, *P. corylophilum*, *P. crustosum*, *P. decumbens*, *P. expansum*, *P. funiculosum*, *P. glabrum*, *P. paxilli*, *P. pinophilum*, *Rhizopus* sp.
Haselnüsse	*Aspergillus flavus*, *A. niger*, *Fusarium oxysporum*, *Paecilomyces* sp., *Penicillium chrysogenum*, *P. crustosum*, *P. cyclopium*, *P. decumbens*, *Rhizopus* sp.
Kashewnüsse	*Aspergillus manginii*, *A. ruber*, *Penicillium chrysogenum*, *P. implicatum*, *Rhizopus* sp.
Mandeln	*Alternaria* sp., *Aspergillus aculeatus*, *A. ficuum*, *A. mangini*, *A. repens*, *A. ruber*, *Cladosporium* sp., *Penicillium chrysogenum*, *P. glabrum*, *P. janthinellum*, *P. roqueforti*, *P. viridicatum*, *P. waksmanni*, *Rhizopus* sp.
Paranüsse	*Aspergillus flavus*, *A. niger*, *Cladosporium* sp., *Mucor* sp., *Penicillium* sp., *Rhizopus* sp.
Pekannüsse	*Alternaria* sp., *Aspergillus flavus*, *A. ochraceus*, *A. parasiticus*, *A. repens*, *A. sydowi*, *A. versicolor*, *Fusarium* sp., *Penicillium expansum*, *P. frequentans*, *P. lanoso-coeruleum*
Pistazien	*Alternaria* sp., *Aspergillus amstelodami*, *A. flavus*, *A. ochraceus*, *Cladosporium* sp.
Walnüsse	*Aspergillus flavus*, *Cladosporium* sp., *Fusarium* sp., *Mucor* sp., *Penicillium* sp., *Rhizopus* sp.

Tabelle 19. Von trockenen Samen isolierte Schimmelpilze

Produkt	Schimmelpilze
Baumwollsamenmehl	*Absidia corymbifera, Alternaria alternata, Aspergillus flavus, A. fumigatus, A. glaucus*-Gruppe, *A. niger, A. terreus, A. wentii, Cladosporium cladosporioides, Paecilomyces varioti, Penicillium* sp., *Rhizopus stolonifer*
Bohnenkerne	*Alternaria* sp., *Aspergillus flavus, A. glaucus*-Gruppe, *A. ochraceus, A. versicolor, Cladosporium herbarum, Fusarium* sp., *Penicillium citrinum, P. cyclopium, P. urticae, P. viridicatum, Rhizopus* sp.
Erbsen	*Alternaria* sp., *Aspergillus chevalieri, A. cristatus, A. clavato-flavus, A. conicus, A. ficuum, A. flavus, A. parasiticus, A. repens, A. terreus, Chrysosporium* sp., *Curvularia* sp., *Penicillium aurantiogriseum, P. chrysogenum, P. citrinum, P. crustosum, P. decumbens, P. expansum, P. funiculosum, P. novae-zeelandiae, P. roqueforti, P. variabile*
Kaffeebohnen, grün	*Alternaria alternata, A. citri, Aspergillus candidus, A. chevalieri, A. echinulatus, A. flavus, A. glaucus*-Gruppe, *A. niger, A. ochraceus, A. restrictus, A. terricola, A. versicolor, Cladosporium flavum, C. herbarum, Mucor racemosus, Penicillium brevicompactum, P. canescens, P. chrysogenum, P. expansum, P. italicum, P. purpurogenum, Rhizopus stolonifer*
Kakaopulver	*Alternaria* sp., *Aspergillus* sp., *Chrysosporium* sp., *Cladosporium* sp., *Mucor* sp., *Penicillium* sp., *Rhizopus* sp., *Scopulariopsis* sp.
Linsen	*Alternaria* sp., *Aspergillus cristatus, A. flavus, Curvularia* sp., *Penicillium chrysogenum, P. citrinum, P. expansum*
Sojabohnen	*Alternaria* sp., *Aspergillus candidus, A. flavus, A. glaucus*-Gruppe, *A. melleus, A. nidulans, A. ochraceus, A. versicolor, Cladosporium* sp., *Penicillium chrysogenum, P. cyclopium, P. expansum, P. urticae, P. viridicatum*
Sonnenblumensamen	*Aspergillus flavus, A. niger, Rhizopus* spec.

6) Samen

Getrocknete Samen besitzen immer einen mehr oder minder starken Schimmelbefall auf ihren Schalen (Tab. 19), doch können die Sporen wegen des geringen Wassergehaltes nicht auskeimen.

7) Milch und Milchprodukte

Rohmilch kann durch Kontakt mit Kot, Einstreu und Futter mit Schimmelpilzen kontaminiert werden. Die Gattungen *Aspergillus*

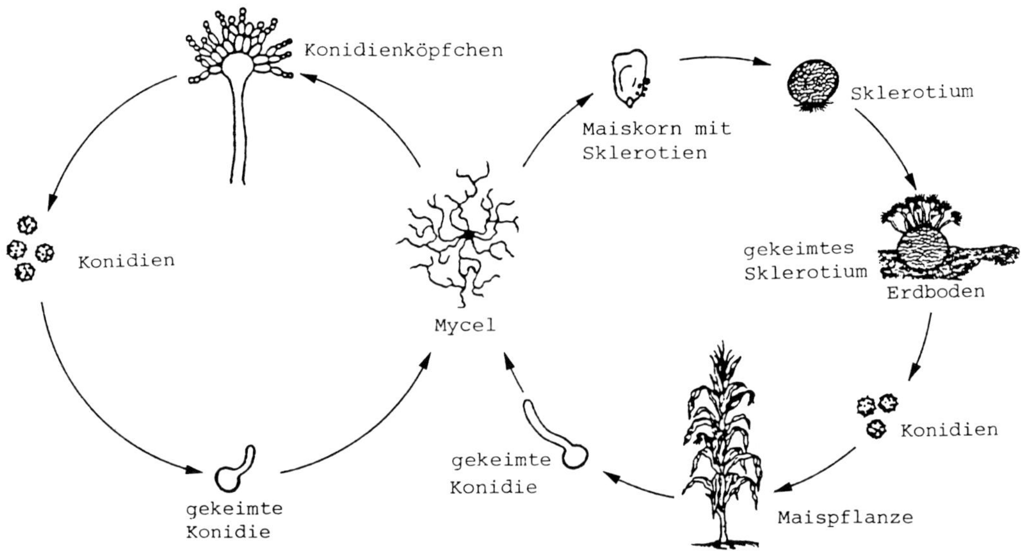

Abb. 55. Lebensstadien von *Aspergillus flavus* (nach Wicklow 1983, vereinfacht)

II. Faktoren, die die Mykotoxinbildung beeinflussen

Mykotoxine können nur dort gefunden werden, wo Schimmelpilze wachsen oder gewachsen waren. Es lassen sich drei Wege unterscheiden, über die solche Pilzgifte in ein Produkt gelangen können:

- *Primärkontamination:* die Rohstoffe waren von Toxinbildnern befallen und wurden dadurch toxinhaltig. Während der verschiedenen Prozesse der Lebensmittelzubereitung wurde das Pilzmycel so zerkleinert und fein verteilt, daß es im Endprodukt nicht mehr nachweisbar ist. Der Konsument kann daher eine mögliche Kontamination mit Mykotoxinen *nicht* wahrnehmen.
- *Sekundärkontamination:* das fertige Lebensmittel verschimmelt und wird somit mit Mykotoxinen kontaminiert. Da die Umschaltung des Primärstoffwechsels auf den Sekundärstoffwechsel sehr oft mit dem Einsetzen der Sporulation verbunden ist (siehe S. 44), ist vor der durch Konidienbildung einsetzenden charakteristischen Verfärbung der Pilzkolonie mit der Anhäufung nachweisbarer Toxinmengen nicht zu rechnen. Hier kann der Konsument an der wachsenden Pilzkolonie ein mögliches Mykotoxinrisiko erkennen und das betreffende Produkt ablehnen.
- *Carry-over:* Nutztiere, die toxinhaltige Futtermittel aufgenommen haben, können einzelne Mykotoxine in unveränderter oder in metabolisierter Form in ihren Organen ablagern oder ausscheiden (Milch, Eier, Urin u.a.). Auf diese Weise können in Lebensmittel tierischer Herkunft (Fleisch, Milch und Milchprodukte) Pilztoxine gelangen, ohne daß das Produkt selbst

oder die ursprünglichen Rohstoffe verschimmelt gewesen waren. Eine solche Kontamination ist äußerlich nicht erkennbar.

Da die Mykotoxine von lebenden Pilzen produziert werden, werden alle Faktoren, die das Wachstum von Schimmelpilzen beeinflussen, auch auf die Biosyntheserate der Mykotoxine einwirken. Diese werden folglich nicht gebildet werden jenseits der Minimal- und Maximalwerte für Temperatur, a_W-Wert, pH-Wert und bei ungünstiger chemischer Zusammensetzung des Substrates. Substanzen, die das Pilzwachstum unterdrücken, werden auch die Anreicherung von Mykotoxinen unterbinden und umgekehrt können Faktoren und Stoffe, die die Ausbreitung der Schimmelpilze fördern, auch die Biosynthese von Mykotoxinen verstärken.

Es besteht jedoch kein direkter Zusammenhang zwischen Mycelwachstum und Toxinproduktion, d.h. eine extensive Ausbreitung des Schimmelpilzes hat nicht unbedingt eine hohe Mykotoxinausschüttung zur Folge. So weist Christensen (1980) darauf hin, daß eine der Voraussetzungen für eine Toxinbildung das Vorhandensein einer praktisch reinen Kultur des toxinbildenden Schimmelpilzes ist. Dies trifft etwa bei gelagertem Getreide nur selten zu. So ist bisher kein einziger Fall bekannt, bei dem erwiesenermaßen toxinfreies Getreide während der Lagerung durch Lagerpilze mit Mykotoxinen kontaminiert worden ist.

Tabelle 22 faßt die wichtigsten Faktoren zusammen, die die Bildung von Mykotoxinen beeinflussen. Einige der erwähnten Punkte sollen im folgenden genauer behandelt werden.

Tabelle 22. Faktoren, die die Biosynthese von Mykotoxinen durch Schimmelpilze beeinflussen

Physikalische Faktoren	Chemische Faktoren	Biologische Faktoren
Feuchtigkeit	Kohlendioxid	Größe des Inokulums
- Substratfeuchtigkeit	Sauerstoff	Belastung der Pflanzen
- Schnelligkeit des Trocknens	Zusammensetzung des Substrates	Wirbellose Tiere als Überträger
- Wiederanfeuchten	Chemische Behandlung des Substrates	Genetische Unterschiede der Pflanzen
- relative Luftfeuchtigkeit		Pilzinfektion
Temperatur	Düngung	Genetische Unterschiede der Pilzstämme
Mechanische Beschädigung		Wechselbeziehungen der Mikroorganismen
Zeit		

1) Temperatur

Eine Reihe von Mykotoxinen (z.B. Aflatoxine, Sterigmatocystin) werden innerhalb von Temperaturbereichen produziert, die auch das Mycelwachstum begünstigen. Bei manchen Isolaten von *Aspergillus flavus* ist jedoch die Optimaltemperatur für die Bildung von Aflatoxinen etwas höher als die für das Wachstum. Das Temperaturoptimum für die Synthese der Aflatoxine liegt bei 24-28°C, doch kann im Bereich von 12-42°C mit dem Auftreten dieser Toxine gerechnet werden. Es gibt auch Mykotoxine, die bevorzugt bei sehr tiefen Temperaturen und damit während der Kühllagerung (z.B. von Obst und Gemüse) synthetisiert werden; hierzu gehören das Patulin und die Trichothecene. Im allgemeinen liegen die Minimaltemperaturen für Wachstum und Toxinbildung bei den Aspergillen höher als bei den Penicillien.

Auch Temperaturschwankungen können die Biosyntheserate einzelner Mykotoxine beeinflussen. So werden bei sich ändernden Temperaturen (15°C/12 h und 25°C/12 h) mehr Aflatoxine gebildet als bei konstanter Temperatur (25°C oder 15°C). Andererseits ist die Patulinbildung bei schwankenden Temperaturen schwächer als bei konstanter Temperatur.

2) Wasseraktivität

Der Gehalt des Substrates an verfügbarem Wasser beeinflußt in erster Linie das Wachstum der Schimmelpilze, kann jedoch auch einen direkten Einfluß auf die Mykotoxinproduktion ausüben. Bei allen untersuchten Schimmelpilzen ist für die Bildung der Toxine eine höhere Wasseraktivität erforderlich als für das Wachstum (Abb. 56). Dies gilt insbesondere für Patulin, Penicillinsäure und Ochratoxin A, während Aflatoxin B_1 bereits bei a_w-Werten und Temperaturen gebildet wird, die nahe an den Minimalwerten des Mycelwachstums liegen. Auf Weizen und Hafer werden Ochratoxin A und Citrinin bevorzugt bei a_w 0,90-0,93 gebildet. Die für die Produktion von Zearalenon erforderliche Mindestfeuchtigkeit ist im allgemeinen umso höher, je tiefer die Temperatur ist.

3) pH-Wert

Schimmelpilze können in einem weiten, etwas in das saure Milieu verschobenen pH-Bereich wachsen (Tab. 5). Innerhalb dieses Bereiches werden auch die Mykotoxine gebildet, wobei die Optimalwerte für Wachstum und Toxinsynthese meist nicht zusammenfallen.

4) Chemische Zusammensetzung des Substrates

Eine Reihe von Kohlenhydraten (z.B. Glukose, Saccharose, Maltose) und Aminosäuren (Glycin, Asparagin, Alanin u.a.) steigern die Biosyntheserate einiger Mykotoxine. Lebensmittel mit hohem Gehalt an Protein und niedrigem Gehalt an Kohlenhydraten (z.B. Käse) können das Pilzwachstum fördern, erlauben jedoch nur eine sehr geringe Mykotoxinbildung. Der Einfluß verschiedener Metallionen auf die Produktion von Mykotoxinen ist beim Aflatoxin ein-

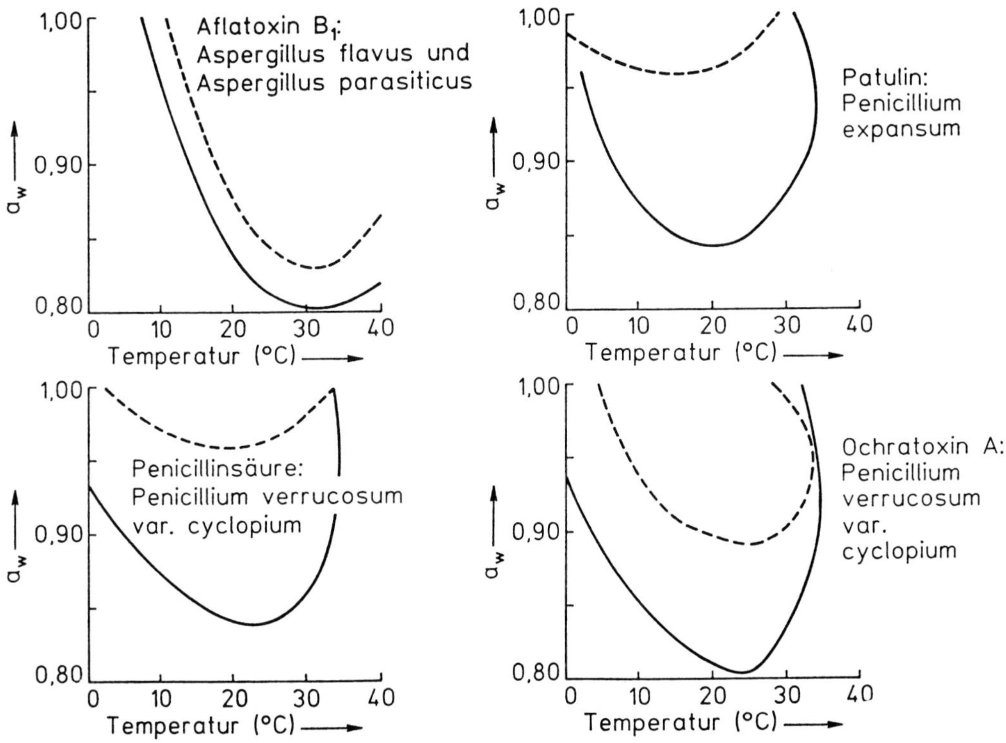

Abb. 56. Einfluß der Wasseraktivität und der Temperatur auf die Bildung von Mykotoxinen. ——— Wachstum, ------ Mykotoxinbildung (nach Northolt und van Egmond 1982, verändert)

gehend studiert worden. Dabei zeigte sich, daß Zn^{2+}-Ionen für das Wachstum von *Aspergillus parasiticus* und die Aflatoxinbildung unerläßlich sind. Dies erklärt die nur geringen Mengen von Aflatoxinen auf Sojabohnen, wo die in hohen Konzentrationen vorkommende Phytinsäure als Chelatbildner die essentiellen Zinkionen bindet.

Vitamine der B-Gruppe fördern die Synthese der Aflatoxine, während die Anhäufung dieser Toxine durch Honig völlig unterdrückt wird. Möglicherweise beruht dies auf dem im Honig in Spuren vorhandenen Wasserstoffperoxid, das das Toxinmolekül angreift.

5) Zusammensetzung der Atmosphäre

Eine Erniedrigung des Sauerstoffgehaltes und eine Erhöhung des Anteils an Kohlendioxid reduzieren die Biosyntheserate der Mykotoxine. Meist ist unter diesen Bedingungen noch ein schwaches Pilzwachstum zu beobachten. Stickstoff in der kontrollierten Atmosphäre verhindert eine Bildung von Aflatoxinen auf Weizen fast völlig.

III. Abwehr einer Mykotoxin-Kontamination

Es sind zwei vom Ansatz her verschiedene Verfahren in der Diskussion, mit deren Hilfe das Risiko eines Mykotoxingehaltes in Futter- und Lebensmitteln vermindert oder völlig beseitigt werden kann:

- Verhinderung des Wachstums von Schimmelpilzen auf den einzelnen Produkten und damit zwangsläufig Vermeidung der Ablagerung von Mykotoxinen;
- nachträgliche Zerstörung der Pilztoxine, die in Produkten durch Schimmelbefall gebildet worden sind.

Während die technisch einsetzbaren Möglichkeiten der Bekämpfung von Schadpilzen auf S. 177 behandelt werden, soll auf die Möglichkeiten einer Entgiftung toxinhaltiger Produkte kurz eingegangen werden.

Verfahren zur nachträglichen Entfernung von Mykotoxinen aus Futter- und Lebensmitteln müssen

- einen großen Teil des vorhandenen Toxins tatsächlich abbauen;
- wirtschaftlich vertretbar sein, d.h. die Kosten des Produktes nicht wesentlich erhöhen;
- die ernährungsphysiologischen und sensorischen Eigenschaften des Produktes unverändert lassen;
- ausschließen, daß neue, toxikologisch bedenkliche Substanzen entstehen.

1) Physikalische Methoden

a) Mechanische Sortierung: Ein Aussortieren auffälliger Erdnüsse Walnüsse oder Mandeln erniedrigt den Gesamt-Aflatoxingehalt der Probe;
b) Ausschneiden: Die Entfernung verschimmelter Apfelteile vermindert den Gehalt an Patulin;
c) Auspressen: Etwa 80%-95% der Aflatoxine verbleiben nach dem Auspressen von Ölsaaten im Preßkuchen;
d) Adsorption: Aflatoxin B_1 wird an Tone (vor allem Bentonit) fast vollständig adsorbiert;
e) Filtration: Asbest und Aktivkohle sind wirksame Filtermaterialien (z.B. Entfernung von Patulin aus Apfelsaft);
f) Extraktion: Bereits durch Waschen mit Wasser kann Aflatoxin aus verschiedenen Lebensmitteln (Erdnüsse, Mais, Käse) entfernt werden. Geeignet als Extraktionsmittel sind auch Salzlösungen und – mit Einschränkungen – organische Lösemittel;
g) Erhitzen: Die verschiedenen Aflatoxine sind stark hitzestabil und zersetzen sich nicht vor Erreichen ihrer Schmelzpunkte, die zwischen 240°C und 310°C liegen. Durch Rösten wird der Aflatoxingehalt in Nüssen erniedrigt, vor allem bei Anwesenheit von Wasser. Während des Backens von Brot oder von Maisgebäck werden die Aflatoxine nur in geringem Maße zerstört, während sie durch Kochen (30 Minuten) deutlich abgebaut werden können. Eine ausgeprägte Stabilität gegenüber kurzfristigem Erhitzen auf 100°C gilt auch für andere Mykotoxine.

Ochratoxin A und Zearalenon werden durch Kochen oder Backen nur geringfügig zerstört, Deoxynivalenol überhaupt nicht. Beim traditionellen Kochen und Backen werden in Japan nur etwa 50% der zugesetzten Trichothecene abgebaut;

h) Bestrahlung: Die zur Entgiftung von Aflatoxinen erforderlichen Dosen von UV- und ionisierenden Strahlen sind so hoch, daß mit unerwünschten Veränderungen im Lebensmittel selbst zu rechnen ist, durch die der ernährungsphysiologische Wert sowie die sensorischen Eigenschaften beeinträchtigt werden können.

2) Chemische Methoden

a) Oxidationsmittel: Die erwiesenermaßen wirksamen Oxidationsmittel Natriumhypochlorit, Wasserstoffperoxid, Ozon, Kaliumpermanganat und gasförmiges Chlor lassen sich allenfalls bei der Entgiftung von Futtermitteln, jedoch nie bei Lebensmitteln einsetzen;

b) Säuren: Aflatoxine werden durch wäßrige Lösungen starker Säuren abgebaut. Dabei wird Wasser katalytisch an die Aflatoxine B_1 und G_1 angelagert. Eine natürliche mikrobielle Säuerung von Lebensmitteln kann Mykotoxine allerdings nicht zerstören;

c) Alkalien: Praktisch eingesetzt wird die Entfernung von Aflatoxinen aus Ölen durch alkalische Raffination oder aus Futtermitteln durch gasförmiges Ammoniak.
Eine Behandlung von aflatoxinhaltigem Mais mit $Ca(OH)_2$, wie sie bei der Herstellung von Tortillas üblich ist, reduziert den Toxingehalt, doch wird ein großer Anteil des Mykotoxins durch anschließendes Ansäuern (wie es etwa im Magen geschieht) wieder zurückgebildet;

d) Schwefeldioxid: Durch Bisulfit und Schwefeldioxidgas können Aflatoxine und Patulin in Obstsäften zerstört werden;

e) Vitamin C: Vitamin C (Ascorbinsäure) baut Patulin in Apfelsaft ab;

f) Kochsalz: Ein in Brasilien verbreitetes Kochen von Erdnüssen in Kochsalzlösung (5%) zerstört Aflatoxine in erheblichem Maße.

3) Umsetzung mit Lebensmittel-Inhaltsstoffen

Eine Reihe von Mykotoxinen wird bereits durch bestimmte Substanzen in den Lebensmitteln unwirksam gemacht. Dies ist in folgenden Fällen eingehender studiert worden:

- Aflatoxine: Sulfhydryl-Verbindungen (Thiole) wirken stark nukleophil und reagieren daher mit elektrophilen Stellen im Aflatoxin B_1-Molekül, wodurch dessen mutagene Aktivität aufgehoben wird. Es ist denkbar, daß Thiole zu Inaktivierung von Aflatoxinen in befallenen Lebensmitteln und sogar als Gegenmittel bei der Behandlung einer Aflatoxin-Vergiftung eingesetzt werden können.
- Patulin und Penicillinsäure: Beide Mykotoxine reagieren mit SH-haltigen Verbindungen, wie Cystein und Glutathion, zu Additionsverbindungen, die allerdings auch toxisch sein können. Durch eine derartige Inaktivierung wird das Fehlen oder all-

mähliche Verschwinden beider Toxine in Fleisch, Käse, Brot und Säften erklärt.
- PR-Toxin: Dieses Toxin reagiert mit freien Aminosäuren, Aminen, Ammoniak, Casein und seinen Abbauprodukten, so daß es trotz Anwesenheit seiner Produzenten in Edelpilzkäse nicht gefunden wird.

Für die Praxis der Lebensmittelhygiene sind nur Methoden brauchbar, die das Produkt nicht verändern. Hierzu gehören das Aussortieren, Ausschneiden, Auspressen, Filtrieren und milde Extrahieren (mit Salzlösungen). Der Einsatz von organischen Lösungsmitteln ist schon sehr problematisch, und eine Behandlung mit Ammoniak und anderen Alkalien macht ein Lebensmittel vollends ungenießbar. Der beste Schutz vor jeglicher Mykotoxin-Kontamination besteht darin, durch geeignete Maßnahmen die Besiedlung eines Produktes durch Schimmelpilze gar nicht erst zuzulassen.

IV. Wichtige Mykotoxine in Lebensmitteln

In der folgenden Übersicht sind nur solche Mykotoxine erwähnt, deren *natürliches* Vorkommen in Futter- und Lebensmitteln nachgewiesen ist und von denen daher grundsätzliche Risiken für Tiere und möglicherweise auch für den Menschen ausgehen können. Nach *künstlicher* Beimpfung können viele Schimmelpilze auf den verschiedenen Produkten wachsen und dort auch Toxine bilden; es ist jedoch noch offen, ob dies auch spontan geschehen kann. Eine ausführliche Darstellung des Vorkommens und der Bildungsbedingungen von Mykotoxinen in Lebensmitteln ist bei Reiß (1981) zu finden.

Viele landwirtschaftliche Produkte können von einer großen Zahl von Schimmelpilzen befallen und somit durch verschiedene Mykotoxine kontaminiert werden. Hierzu gehören insbesondere die Getreidearten, die auf Grund ihrer komplexen Zusammensetzung den Pilzen gute Wachstumsbedingungen bieten. Tabelle 23 faßt die Mykotoxine zusammen, die weltweit auf den einzelnen Getreidearten zu finden sind.

1) Aflatoxine (Abb. 57)

Von den 16 bekannten Aflatoxinen werden vier (B_1, B_2, G_1, G_2) unmittelbar und ausschließlich von den beiden Schimmelpilzen *Aspergillus flavus* und *A. parasiticus* gebildet (Tab. 24), während andere Vertreter durch Metabolisierung dieser vier in Zellen von Mikroorganismen und Tieren (z.B. M_1, M_2, P_1, Q_1, Aflatoxicol) oder durch umweltbedingte Reaktionen (z.B. B_{2a}, G_{2a}, D_1) entstehen. Die Aflatoxine B_1, B_2, G_1 und G_2 sind gegenüber Warmblütern akut toxisch, mutagen, carcinogen und teratogen, wobei B_1 der am häufigsten gebildete Vertreter ist und auch die höchste Toxizität besitzt. Die Leber ist das am stärksten betroffene Organ, wenn auch die Empfindlichkeit gegenüber den Aflatoxinen in Abhängigkeit von der Art, dem Alter und dem Geschlecht der Tiere sowie der Nahrung variiert. Die Bildung von primärem Leberkrebs durch aflatoxinhaltige Nahrung läßt sich bei verschiedenen

Tabelle 23. Natürliches Vorkommen von Mykotoxinen in Getreide

Mykotoxine	Getreideart							
	Gerste	Mais	Hafer	Reis	Roggen	Hirse	Triticale	Weizen
Fusarium-Mykotoxine								
Deoxynivalenol	x	o						o
Diacetoxyscirpenol		x						
Moniliformin		x						
Nivalenol	x	x						x
T-2-Toxin	x	x						x
Zearalenon	x	o			x	x	x	
Andere Mykotoxine								
Alternariol						x		
Aflatoxine	x	o	x			x		x
Citrinin	x	x	x	x				x
Cyclopiazonsäure		x						
Fumigaclavine		x						
Kojisäure		x						
Ochratoxine	x	x	x	x	x			x
Penicillinsäure		x						
Sterigmatocystin	X	X		x				
Tenuazonsäure				x				
Viomellein	x							

x = Vorkommen berichtet; o = häufiges Vorkommen berichtet

Tierarten nachweisen. Daten zur Toxizität der in pflanzlichen und tierischen Produkten nachgewiesenen Aflatoxine gibt Tabelle 25.

In Tabelle 26 sind Angaben über das Vorkommen der Aflatoxine in Lebens- und Futtermitteln sowie über die gemessenen Höchstmengen zu finden. Diese Daten sind naturgemäß bei der großen Zahl an Befunden unvollständig, zeigen jedoch beim Vergleich mit Tabelle 25, daß in einigen Regionen der Erde für den Menschen die Gefahr einer akuten Aflatoxin-Vergiftung bestehen kann (siehe S. 144).

Für den Lebensmittelverarbeiter wie auch für den Konsumenten ist die Frage wichtig, welche Lebensmittel in Mitteleuropa Aflatoxine enthalten können und mit welcher Kontaminationshäufigkeit zu rechnen ist. In der Bundesrepublik Deutschland sind durch die

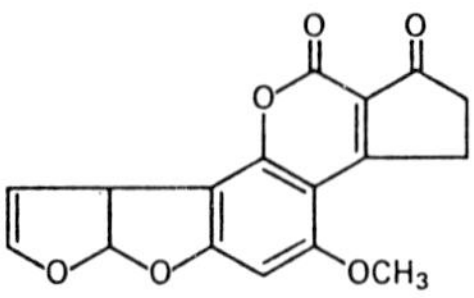

Aflatoxin B_1

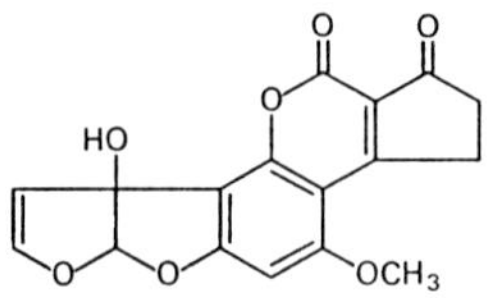

Aflatoxin M_1

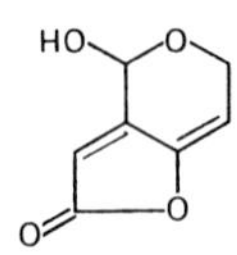

Patulin

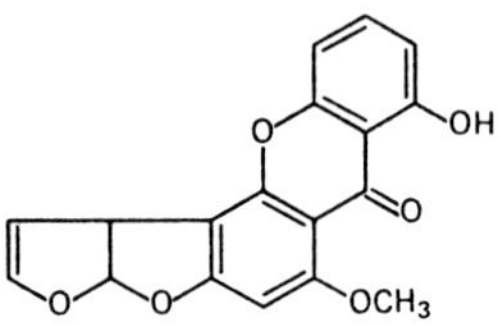

Sterigmatocystin

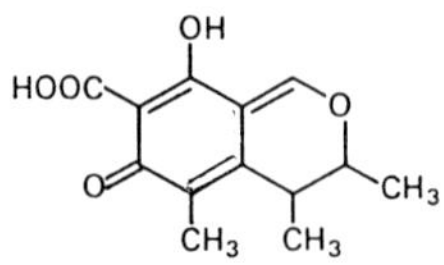

Citrinin

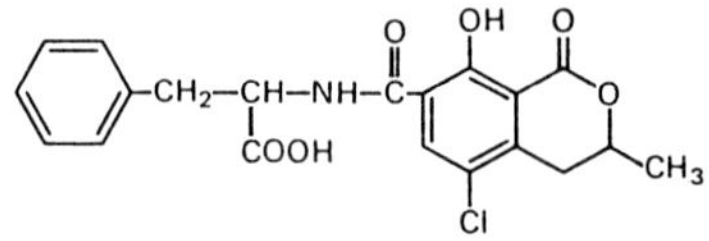

Ochratoxin A

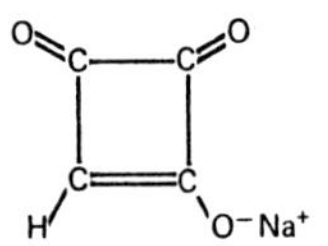

Moniliformin

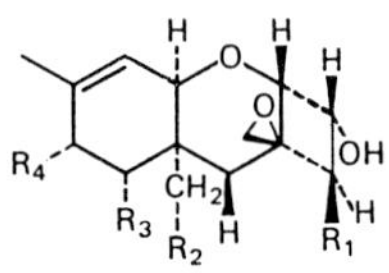

Natürlich vorkommende Trichothecene

	R_1	R_2	R_3	R_4
Deoxynivalenol	–H	–OH	–OH	=O
Nivalenol	–OH	–OH	–OH	=O
T–2–Toxin	$-OOC-CH_3$	$-OOC-CH_3$	–H	$-OOC-CH_2-CH-(CH_3)_2$
Diacetoxyscirpenol	$-OOC-CH_3$	$-OOC-CH_3$	–H	–H

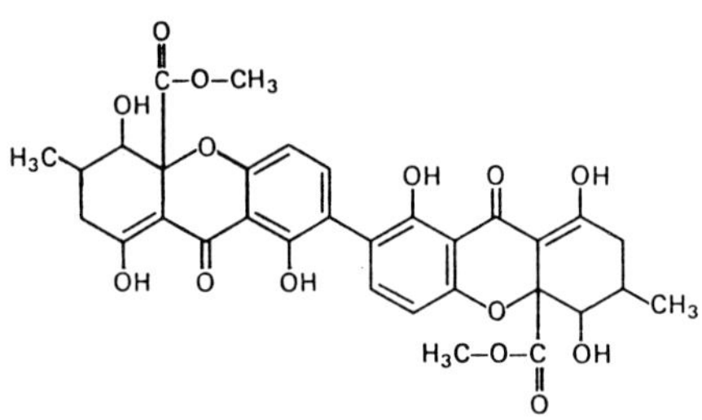

Secalonsäure D

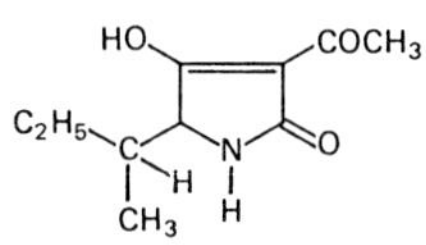

Tenuazonsäure

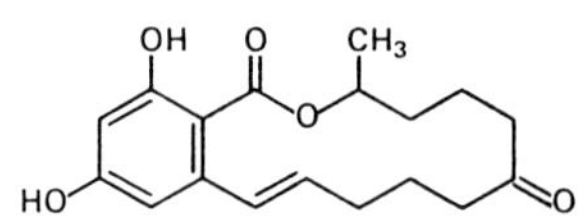

Zearalenon

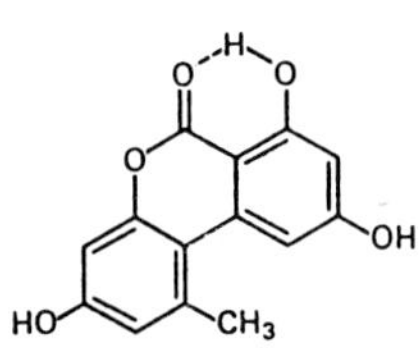

Alternariol

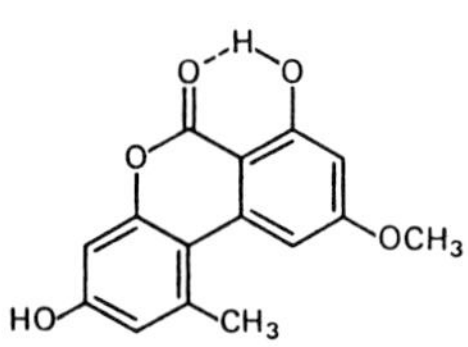

Alternariolmonomethylether

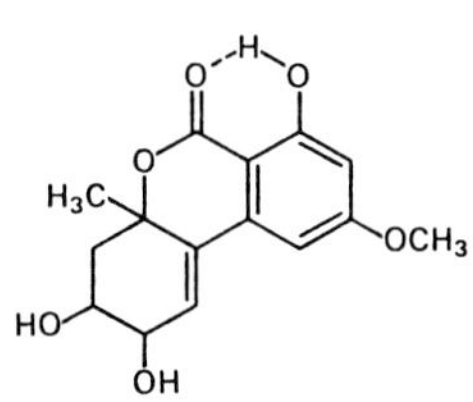

Altenuen

Abb. 57. Strukturformeln wichtiger Mykotoxine, deren natürliches Vorkommen in Lebens- und Futtermitteln nachgewiesen ist

Tabelle 24. Die wichtigsten Mykotoxine und ihre Produzenten

Mykotoxin	Produzenten
Aflatoxine B_1, B_2, G_1, G_2	*Aspergillus flavus, A. parasiticus*
Patulin	*Aspergillus clavatus, A. giganteus, A. terreus, Byssochlamys nivea (Paecilomyces varioti), Penicillium claviforme, P. cyaneofulvum, P. equinum (terrestre), P. expansum, P. granulatum, P. lanosum, P. lapidosum, P. melinii, P. novae-zeelandiae, P. patulum (urticae, griseofulvum), P. roqueforti*
Ochratoxin A	*Aspergillus alliaceus, A. melleus, A. ochraceus, A. ostianus, A. petrakii, A. sclerotiorum, A. sulphureus, Penicillium verrucosum* var. *cyclopium, P. viridicatum*
Citrinin	*Aspergillus candidus, A. niveus, A. terreus, Penicillium citreoviride, P. citrinum, P. claviforme, P. expansum, P. fellutanum, P. implicatum, P. jenseni, P. lividum, P. notatum, P. palitans, P. steckii, P. viridicatum*
Sterigmatocystin	*Aspergillus aurantiobrunneus, A. nidulans, A. quadrilineatus, A. ustus, A. variecolor, A. versicolor, Bipolaris sorokiniana*
Zearalenon	*Fusarium avenaceum, F. culmorum, F. equiseti, F. gibbosum, F. lateritium, F. moniliforme, F. nivale, F. oxysporum, F. roseum (F. graminearum, Gibberella zeae), F. sambucinum, F. tricinctum*
Moniliformin	*Fusarium avenaceum, F. fusarioides, F. graminearum, F. moniliforme (Gibberella fujikuroi), F. sacchari* var. *subglutinans (F. moniliforme* var. *subglutinans), F. oxysporum*
Deoxynivalenol (Vomitoxin)	*Fusarium graminearum, F. roseum, F. sambucinum, F. solani* var. *coeruleum*
Nivalenol	*Fusarium nivale*
T-2-Toxin	*Fusarium culmorum (roseum), F. incarnatum, F. poae, F. solani, F. sporotrichioides, F. tricinctum, Trichoderma lignorum*
Diacetoxyscirpenol	*Fusarium diversisporum, F. equiseti (Gibberella intricans), F. graminearum, F. lateritium, F. sambucinum, F. scirpi, F. semitectum, F. sulphureum, F. tricinctum*
Secalonsäure D	*Aspergillus aculeatus, Penicillium oxalicum*
Tenuazonsäure	*Alternaria alternata (tenuis, tenuissima), Alt. kikuchiana, Alt. longipes, Alt. mali, Aspergillus* sp., *Phoma sorghina*
Alternariol	*Alternaria alternata (tenuis), Alt. cucumerina, Alt. dauci*

Mykotoxin	Produzenten
(Fortsetzung)	
Alternariolmonomethylether	*Alternaria alternata (tenuis), Alt. cucumerina, Alt. dauci*
Altenuen	*Alternaria alternata (tenuis)*

Aflatoxin-Verordnung von 30.11.1976 folgende Höchstwerte festgelegt worden, die in Lebensmitteln noch tolerierbar sind: Aflatoxin B_1 5 µg/kg und Gesamt-Aflatoxin 10 µg/kg. Kiermeier (1985) hat die Ergebnisse von Aflatoxin-Analysen verschiedener Lebensmittel aus 67 Untersuchungsberichten deutscher Forschungsanstalten aus dem Zeitraum 1980-1983 zusammengefaßt und im Hinblick auf die Aflatoxin-Verordnung ausgewertet (Tab. 27). Dabei zeigte sich, daß nur neun Produkte potentiell Aflatoxine enthalten können (Tab. 28). Eine natürliche Kontamination von Getreide und Getreideprodukten (einschließlich Brot und Backwaren), Sojaerzeugnissen, Gemüse und Obst sowie von Getränken mit und ohne Alkohol mit Aflatoxinen ist unwahrscheinlich. Insbesondere Wein aus edelfaulem Lesegut erwies sich als toxinfrei.

Die Ursache für das verhältnismäßig seltene Auftreten von Aflatoxinen in Lebensmitteln, die in Mitteleuropa hergestellt werden, liegt wohl darin, daß die Produzenten *Aspergillus flavus* und *A. parasiticus* in unseren kühleren Breiten nur selten Aflatoxine bilden (z.B. in der ČSSR 0,8% von 694 Stämmen). Importierte Lebens- und Futtermittel sowie eingeführte Rohstoffe müssen jedoch genauer überwacht werden.

Verwendet man aflatoxinhaltigen Mais zur Gewinnung von Ethanol, dann ist der Alkohol stets toxinfrei, wohingegen der Toxingehalt im Gärungsrückstand sehr hoch ist.

Ausgedehnte Studien haben gezeigt, daß Gewürze nicht nur das Wachstum von Schimmelpilzen hemmen (siehe S. 94), sondern auch gezielt die Biosynthese der Aflatoxine unterdrücken. Hierzu gehören insbesondere Zimt, Nelken, Thymian, Oreganum sowie weißer und schwarzer Pfeffer. Auch die Inhaltsstoffe von Ginseng und Kakao hemmen die Biosynthese der Aflatoxine.

Aflatoxin M_1 wird von Kühen als Umwandlungsprodukt von Aflatoxin B_1 in der Milch ausgeschieden. Allerdings schwankt der Gehalt an Aflatoxin M_1 in Milchproben sehr stark in Abhängigkeit von der Qualität der Futtermittel. So ist in der Milch der Monate November bis Mai der Anteil an toxinhaltigen Proben mit etwas höherer Durchschnittskonzentration höher als im Sommer (Juni bis Oktober). Wird überwiegend einheimisches Futter eingesetzt, sind die Milchproben praktisch toxinfrei.

Etwa 1%-2,2% des über das Futter aufgenommenen Aflatoxins B_1 wird von Kühen täglich als M_1 in der Milch ausgeschieden. Ein Übergang von Aflatoxin B_1 aus dem Futter in die Eier von Hühnern und

Tabelle 25. Toxizität wichtiger Mykotoxine

Mykotoxin	Akute Toxizität $(LD_{50})^a$ (mg/kg)	Carcinogenität (betroffenes Organ)
Aflatoxin B_1	Eintägige Ratte (po): 0,56	Ja (Leber)
	Forelle (po): 0,5	
	Eintägige Ente (po): 0,37	
	Maus (po): 9	
Aflatoxin B_2	Eintägige Ente (po): 1,70	
Aflatoxin G_1	Eintägige Ente (po): 0,78	
Aflatoxin G_2	Eintägige Ente (po): 3,45	
Aflatoxin M_1	Eintägige Ente (po): 0,332	
Citrinin	Maus (ip): 35	Ja (Niere)
	Ratte (ip, sc): 67	
Cyclopiazonsäure	Ratte (po): 36-63	
	Ratte (ip): 2,3	
Deoxynivalenol (Vomitoxin)	Maus (ip): 70-76,7	
Diacetoxyscirpenol	Maus (ip): 23,0	
	Ratte (ip): 0,75	
Moniliformin	Eintägiges Hähnchen (po): 4,0	
	Maus (po): 20,9-29,1	
Nivalenol	Maus (ip): 5	Unklar
Ochratoxin A	Ratte (po): 22	Unklar
	Forelle (ip): 3,0	
	Ente (po): 0,5	
Patulin	Maus (po): 35	Ja (Sarkome der Haut)
	Maus (iv): 30	
	Maus (sc): 10	
	Ratte (sc): 15	
Secalonsäure D	Maus (ip): 42	
Sterigmatocystin	Maus (po): 800	Ja (Leber, Haut)
	Ratte (po): 120-166	
	Ratte (ip): 60-65	

Mykotoxin	Akute Toxizität (LD_{50})[a] (mg/kg)	Carcinogenität (betroffenes Organ)
(Fortsetzung)		
T-2-Toxin	Maus (ip): 3,04 Ratte (ip): 4 Schwein (ip): 4 Hühnchen (po): 1,84	Ja (Gastrointestinaltrakt, Pankreas, Gehirn)
Zearalenon	Maus (po): >20 000 Maus (ip): >500 Ratte (po): >10 000 Ratte (ip): 5490	Unklar

[a]Applikationsformen: po = peroral; ip = intraperitoneal; sc = subkutan; iv = intravenös

in die Leber und die Muskulatur von Masthähnchen ist beschrieben worden. Ein Carry-over von Aflatoxin B_1 in tierische Produkte kann nur dadurch vermieden werden, daß Futtermittel mit möglichst geringem Toxingehalt verfüttert werden. In der EG ist der maximale Gehalt an Aflatoxinen in Kraftfuttermitteln auf 20 µg/kg begrenzt.

Bei einer Untersuchung in der Schweiz erwiesen sich sieben Proben von Muttermilch als frei von Aflatoxinen M_1 und B_1.

2) Patulin (Abb. 57)

Diese Substanz wurde im Jahre 1943 erstmals isoliert und wegen ihrer antibakteriellen Eigenschaften zunächst als vielversprechendes Antibiotikum eingestuft. Bald stellte sich jedoch heraus, daß es eine ausgeprägte Toxizität für Warmblüter besitzt. Das Patulin wird von einer großen Zahl von Schimmelpilzen gebildet (Tab. 24). Als Vergiftungssymptome sind Ödeme, Bindehautentzündungen und Erhöhungen des Blutzuckergehaltes und des Blutdrucks beobachtet worden; darüber hinaus wirkt Patulin auf Versuchstiere letal und carcinogen (Tab. 25). Angaben über das natürliche Auftreten von Patulin in Lebensmitteln sind in Tabelle 29 zu finden. Dabei fällt auf, daß die weitaus meisten Befunde bei Obst und Gemüse gemacht wurden (in anderen Produkten vermindern sulfhydrylhaltige Verbindungen eine Anreicherung des Toxins), wobei die braunfaulen Äpfel das meiste Interesse fanden. In 40% der braunfaulen Regionen ist Patulin nachweisbar. Eine Diffusion des Toxins aus befallenen Stellen in umgebendes gesundes Gewebe ist bei Tomaten, Birnen, Pfirsichen und Äpfeln nachgewiesen worden. In Faulstellen von Äpfeln sind bis zu 50 000 µg/kg Patulin gefunden worden, so daß rein rechnerisch ein Kilogramm

Tabelle 26. Natürliches Vorkommen von Aflatoxinen in pflanzlichen und tierischen Produkten

Aflatoxin	Produkt	Land	Aufgefundene Höchstmenge (µg/kg)
	Nüsse und Nußprodukte		
B_1	Erdnüsse	Bundesrepublik Deutschland	3000
	-	DDR	1600
	-	Dänemark	2520
	-	Finnland	1100
	-	Nigeria	2100
	-	Uganda	50
	-	Indien	700
	-	Guatemala	72
	Erdnußkerne, ölgeröstet	Bundesrepublik Deutschland	610
	Erdnußmehl	Norwegen	>1000
	Erdnußöl, unraffiniert	Indien	260
	Erdnußbutter	Thailand	168
	Haselnüsse	Finnland	325
	Mandeln, ganz	Bundesrepublik Deutschland	12
	-	Finnland	93
	-	USA	42
	Marzipan	Finnland	39
	Paranüsse	Bundesrepublik Deutschland	40-8000
	-	Norwegen	4200
	Pekannüsse	USA	Ø 65
	Piniennüsse	Tunesien	7500
	Pistazien	Bundesrepublik Deutschland	11-35 (Ø 17)
	-	Japan	800
	Walnüsse	Bundesrepublik Deutschland	7
	Getreide		
	Gerste	Großbritannien	125
	Hafer	Schweden	2600

Aflatoxin	Produkt	Land	Aufgefundene Höchstmenge (µg/kg)
(Fortsetzung)			
B_1	Haferflocken	Bundesrepublik Deutschland	1,5
	Hirse	Guatemala	25
	-	Nigeria	1800
	-	USA	90
	Hirsebier	Nigeria	137,7 µg/l
	Mais	USA (South Carolina)	>10 000
	-	USA (South Carolina)	867
	-	USA (North Carolina)	3622
	-	USA (Iowa)	17
	-	USA (Kansas)	42
	-	USA (Missouri)	151
	-	Guatemala	240
	-	Nigeria	1700
	-	Indien	700
	-	Australien	150
	-	Frankreich	42
	Maismehl	Japan	50
	-	Uganda	210
	Reis	Guatemala	83
	-	Indien	50
	Reis, fermentiert	Thailand	73,6
	Weizen	USA	115
	Weizenmehl	Australien	700
	Andere pflanzliche Produkte		
	Baumwollsaatkuchen	Ägypten	6,1
	Bohnen, schwarz	Guatemala	20
	Ingwer	Kanada	25
	Kaffee	Guatemala	37
	Koriander	Kanada	45,5
	Kurkuma	Kanada	3,8

Aflatoxin	Produkt	Land	Aufgefundene Höchstmenge (µg/kg)
(Fortsetzung)			
B_1	Maniokmehl	Nigeria	2100
	Muskat	Kanada	37,5
	-	Niederlande	23,2
	Olivenöl	Spanien	20,8
	Sesamsaat	Guatemala	5
	Sonnenblumenkerne	USA	8
	-	DDR	10,5
	Milchersatzprodukt für Diätpatienten (aus Sojaproteinen, Soja- und Kokosnußölen, Maisstärke und -sirup)	USA	1,2 µg/l
	Tierische Produkte		
	Rinderleber	Bundesrepublik Deutschland	6,6
M_1	*Pflanzliche Produkte*		
	Mais	USA	50
	-	Japan	25
	Tierische Produkte		
	Camembert	Bundesrepublik Deutschland	0,73
	Cheddarkäse	USA	0,4
	Comtekäse	Japan	1,1
	Eiscreme	USA	0,1
	Emmentaler Käse	Japan	1,1
	Goudakäse	Japan	1,1
	Hartkäse	Bundesrepublik Deutschland	1,3
	Hüttenkäse	USA	0,5
	Joghurt	Bundesrepublik Deutschland	0,47
	Maribokäse	Japan	0,5
	Milch	Bundesrepublik Deutschland	0,7
	-	Schweiz	0,6
	-	ČSSR	0,38 µg/l

Aflatoxin	Produkt	Land	Aufgefundene Höchstmenge (µg/kg)
(Fortsetzung)			
M_1	Magermilchpulver	Bundesrepublik Deutschland	0,8
	Milchpulver	Bundesrepublik Deutschland	2,0
	Trockenmilch	Bundesrepublik Deutschland	2,0
	Trockenmilch, fettarm	USA	1,0
	Mozzarellakäse	Japan	0,9
Aflatoxicol	Mais	Japan	25,4
	Pistazien	Japan	26,3

verschimmelter Äpfel 1000 Liter Saft auf einen Patulingehalt von 50 µg/l bringen könnte (Kiermeier 1985).

Bei der alkoholischen Gärung und bei der Herstellung von Apfelbrei aus braunfaulen Äpfeln wird Patulin weitgehend abgebaut. Andererseits geht aus finnischen Untersuchungen hervor, daß Patulin in selbstgemachten Apfelprodukten (Marmelade, Saft) in höheren Konzentrationen zu finden ist als in Produkten des Handels. Wegen der Fähigkeit des Toxins zur Diffusion reicht die Beseitigung einer Pilzdecke auf Apfelmarmeladen nicht aus, um das Toxin zu entfernen.

3) Ochratoxin A (Abb. 57)

Die Gruppe der Ochratoxine wurde von südafrikanischen Forschern in Getreide entdeckt. Der auf Lebensmitteln bisher nachgewiesene Hauptvertreter ist das Ochratoxin A, das von einigen weit verbreiteten Schimmelpilzen gebildet werden kann (Tab. 24), zu denen vorzugsweise Lagerpilze des Getreides gehören. Bei Tieren entstehen durch Ochratoxin A Schädigungen der Nieren, bei höheren Dosen zusätzlich krankhafte Veränderungen in Darmtrakt, Leber und Lymphgewebe (Tab. 25). Auf der zellulären Ebene greift das Toxin in die Aminoacylierung von tRNA ein. Eine cancerogene Wirkung ist noch ungeklärt.

Wie Tabelle 30 zeigt, tritt Ochratoxin A vorzugsweise in Getreide auf, wobei *Penicillium viridicatum* der wichtigste Produzent ist. In Dänemark wird das Toxin für die Entstehung schwerer Nephropathien bei Schweinen verantwortlich gemacht.

Wird Ochratoxin A-haltige Gerste zur Herstellung von Bier verwendet, dann wird der Toxingehalt nur teilweise während des Maischens und Brauens zerstört; etwa 28%-39% des zugefügten Ochra-

Tabelle 27. Häufigkeit Aflatoxin-positiver Proben in Lebensmitteln in der Bundesrepublik Deutschland im Zeitraum 1980-1983 (Kiermeier 1985)

Lebensmittel	Gesamtzahl der untersuchten Proben	Anzahl der Proben, in denen Aflatoxine		
		nicht nachweisbar waren	unter dem gesetzlichen Grenzwert[a] lagen	über dem gesetzlichen Grenzwert[a] lagen
Brot	11	11	0	0
Butter	12	9	3	0
Eier	42	42	0	0
Erdnuß/-erzeugnisse	8081	7576	279	226
Feinbackwaren	1	1	0	0
Getreide	35	35	0	0
Getreideerzeugnisse	45	44	1	0
Gewürze (Koriander, Muskat, Pfeffer)	9	9	0	0
Haselnuß/-erzeugnisse	410	365	38	7
Käse	558	323	143	92
Kaffee	1	1	0	0
Kakao	2	2	0	0
Edelkastanie	6	6	0	0
Kokosraspeln	69	69	0	0
Kürbiskerne	130	99	18	13
Leber	18	18	0	0
Mais	364	60	273[b]	31[c]
Mandeln	327	280	40	7
Marmelade, verschimmelt	2	2	0	0
Margarine	1	1	0	0
Marzipan	8	8	0	0
Mohn	74	74	0	0
Ölsaaten	674	646	20	8
Paprika	1	1	0	0
Paranuß	234	172	35	27
Pekannuß	1	1	0	0
Persipan	35	17	12	6
Pistazien	993	932	14	47
Sesam	37	37	0	0

Lebensmittel	Gesamtzahl der untersuchten Proben	Anzahl der Proben, in denen Aflatoxine nicht nach nachweisbar waren	unter dem gesetzlichen Grenzwert[a] lagen	über dem gesetzlichen Grenzwert[a] lagen
(Fortsetzung)				
Sonnenblumenkerne	1	1	0	0
Schokolade	37	36	0	1[d]
Walnuß	33	33	0	0

[a]Gesetzlicher Grenzwert: 5 µg/kg Aflatoxin B_1, 10 µg/kg Gesamt-Aflatoxin

[b]1 µg/kg Aflatoxin und weniger

[c]Über 1 µg/kg Aflatoxin

[d]Mit Paranüssen

toxin A wurden im fertigen Bier gefunden. Eine ausgeprägte Hemmung der Biosynthese von Ochratoxin A durch Zimt wurde beobachtet.

Ein Carry-over von Ochratoxin A aus kontaminiertem Futter in die Nieren von Kühen und Schweinen wurde beschrieben. Rückstände des Toxins treten auch in der Leber und der Muskulatur von Schweinen und Geflügel auf. Es wird vermutet, daß schwere Nierenerkrankungen bei der Landbevölkerung verschiedener Balkanländer ("Balkan endemic nephropathy") auf dem Verzehr von Ochratoxin A-haltigem Getreide und von durch Carry-over kontaminiertem Schweinefleisch beruhen (siehe S. 148). Somit dürfte Ochratoxin A in Zukunft eine ähnliche Bedeutung innerhalb der Lebensmittelüberwachung erlangen wie die Aflatoxine.

4) Citrinin (Abb. 57)

Ähnlich wie Patulin wurde auch Citrinin zunächst wegen seiner bakteriostatischen Eigenschaften als Antibiotikum betrachtet, bis seine Toxizität gegenüber Wirbeltieren bekannt wurde (Tab. 25). Die Produzenten des Toxins (Tab. 24) sind überwiegend *Penicillium*-Arten, die tiefere Temperaturen bevorzugen. Daher stammen Berichte über ein natürliches Vorkommen von Citrinin vorwiegend aus Ländern mit gemäßigtem Klima (Tab. 31).

5) Sterigmatocystin (Abb. 57)

Sterigmatocystin ist ein wichtiges Zwischenprodukt der Aflatoxin-Biosynthese. Es wird nur von wenigen Schimmelpilzen gebildet (Tab. 24), unter denen jedoch *Aspergillus versicolor* weit verbreitet vorkommt. Neben seiner carcinogenen Potenz kann das Toxin tiefgreifende Schäden an Leber und Niere hervorrufen. In seiner To-

Tabelle 28. Lebensmittel, die durch Mykotoxine besonders gefährdet sind (Kiermeier 1985)

Lebensmittel	Positive Proben (in %)		
	Aflatoxine	Patulin	Ochratoxin
Apfelsaft/-erzeugnisse		5,5	
Erdnüsse	63,0		4,9
Kürbiskerne	23,9		
Mais	83,5		0,9
Mandeln	14,4		
Ölsaaten	4,1		
Paranüsse	26,5		
Persipan	51,4		
Pistazien	6,1		

xizität (Tab. 25) ist Sterigmatocystin wesentlich schwächer als Aflatoxin B_1, wird jedoch etwa in Maismehl in größeren Mengen gebildet als das Aflatoxin B_1.

Die bis heute bekannten Befunde über ein spontanes Vorkommen von Sterigmatocystin in Lebens- und Futtermitteln faßt Tabelle 32 zusammen. Auch die Produktion dieses Toxins wird durch Inhaltsstoffe der Zimtrinde gehemmt.

6) *Fusarium*-Mykotoxine

In den letzten Jahren haben die Pilze der Gattung *Fusarium* stärkere Aufmerksamkeit gefunden, da sie weit verbreitet sind und wirtschaftlich bedeutsame Getreidearten befallen. Verhältnismäßig hohe Wintertemperaturen, dicke Schneedecke, häufiges Frieren und Tauen sind Faktoren, die die Bildung von *Fusarium*-Toxinen auf überwinterndem Getreide fördern. Nach umfangreichen Erhebungen in der Bundesrepublik Deutschland scheint eine Korrelation zwischen dem Anteil an toxinpositiven Proben und der Niederschlagsmenge in den Monaten Juni bis Juli zu bestehen. Der Befall mit toxinogenen Fusarien wird durch Vogelfraß und Insektenbefall gefördert.

Die von Fusarien gebildeten Mykotoxine auf verschiedenen Getreidearten sind Zearalenon, Moniliformin, die große Gruppe der 12,13-Epoxy-trichothec-9-ene (abgekürzt "Trichothecene") und das vor kurzem entdeckte Fusarin C.

Tabelle 29. Natürliches Vorkommen von Patulin in Lebensmitteln

Produkt	Land	Aufgefundene Höchstmenge (mg/kg)
Äpfel	Bundesrepublik Deutschland	800
-	DDR	42
-	Großbritannien	1000
-	Finnland	0,106
Apfelsaft	Bundesrepublik Deutschland	0,15
-	DDR	50
-	Schweiz	0,1
-	Frankreich	0,3
-	Finnland	14,4 mg/l
-	Norwegen	0,2
-	Schweden	0,03
-	USA	309
-	Kanada	1
Apfelsauce	Finnland	1,4 mg/l
Aprikosen	USA	125
Birnen	USA	85
- (verschimmelt)	Finnland	0,019
Erdbeermarmelade	Finnland	0,079
Heidelbeeren	Schweden	0,021
- (verschimmelt)	Finnland	0,965
Heidelbeermarmelade, verschimmelt	Finnland	0,016
Heidelbeersaftkonzentrat	Finnland	0,015
Himbeeren, verschimmelt	Finnland	0,276
Johannisbeeren, rot, verschimmelt	Finnland	0,072
Johannisbeeren, schwarz, verschimmelt	Finnland	0,042
Johannisbeersaft, rot, Konzentrat	Finnland	0,361
Kirschen	USA	125
Mischbrot	Bundesrepublik Deutschland	Keine Angaben

Produkt	Land	Aufgefundene Höchstmenge (mg/kg)
(Fortsetzung)		
Pfirsiche	Schweden	0,006
-	USA	70
- (verschimmelt)	Finnland	0,066
Pflaumen	Schweden	0,004
-	USA	10
- (verschimmelt)	Finnland	0,048
Roggenbrot	Finnland	0,127
Streuselkuchen	Bundesrepublik Deutschland	Keine Angaben
Toastbrot	Bundesrepublik Deutschland	Keine Angaben
Tomaten	Bundesrepublik Deutschland	0,022
Traubensaft	Kanada	4,2
Weintrauben	Finnland	0,257
Weißwein	Polen	0,1 mg/l
Weizenbrot	Finnland	0,160

a) Zearalenon (Abb. 57)

Von *Fusarium graminearum (Gibberella zeae)* befallenes Getreide ruft bei weiblichen Schweinen krankhafte Vergrößerungen von Vulva und Uterus (Hyperöstrogenismus) sowie Fruchtbarkeitsstörungen unterschiedlichster Art hervor. Ursächliches Agens ist Zearalenon (Tab. 25), das von einer großen Zahl von *Fusarium*-Arten (Tab. 24) auf fast allen Getreidearten aus Anbaugebieten Europas, Asiens, Afrikas und Nordamerikas gebildet wird (Tab. 33). Dabei liegt der Schwerpunkt der Kontamination in den kühl-gemäßigten Regionen, wo auch die Fusarien optimale Lebensbedingungen finden.

Bei der Gewinnung von Ethanol aus Zearalenon-haltigem Mais verbleibt das Toxin im Gärungsrückstand, während der Alkohol toxinfrei ist.

Ein Reduktionsprodukt des Zearalenons, das Zearalenol, wurde in finnischem und amerikanischem Hafer (1,5 µg/g bzw. 4,0 µg/g) sowie in amerikanischem Mais (0,15 µg/g) nachgewiesen. Dieser Metabolit ist etwa drei- bis viermal stärker östrogen wirksam als Zearalenon.

Tabelle 30. Natürliches Vorkommen von Ochratoxin A in pflanzlichen und tierischen Produkten

Produkt	Land	Aufgefundene Höchstmenge (mg/kg)
Bohnen	Schweden	0,442
Brot	Großbritannien	0,210
-	Italien	80
- Roggenbrot	Bundesrepublik Deutschland	<0,008
- Roggenmischbrot	-	<0,008
- Weizenmischbrot	-	<0,008
Erbsen	Schweden	0,010
Erdnüsse	Indien	2
Gerste	Schweden	0,020
-	Großbritannien	3,0
-	Dänemark	0,41
-	Jugoslawien	0,0256
-	Polen	2,4
-	ČSSR	3,8
-	USA	0,34
Hafer	Dänemark	0,0765
-	Großbritannien	0,080
-	Schweden	<0,005
-	Kanada	3,0
Hirse	Indien	0,070
Mais	Frankreich	0,20
-	Jugoslawien	3,1
-	Polen	0,025
-	USA	0,166
-	Indien	0,050
Mehl	Großbritannien	6,250
Reis	Japan	0,430
Roggen	Dänemark	0,050
-	Schweden	0,165
-	Polen	0,030
-	Kanada	0,10
- Roggenmehl	Dänemark	0,015

Produkt	Land	Aufgefundene Höchstmenge (mg/kg)
(Fortsetzung)		
Rohkaffee	DDR	0,090
Schweinenieren	Bundesrepublik Deutschland	0,0018
-	Schweden	0,104
Weizen	DDR	0,022
-	Jugoslawien	>0,10
-	Großbritannien	2,70
-	Polen	1,0
-	USA	0,115
-	Kanada	27,0
-	Indien	0,050
- Weizenmehl	Dänemark	0,015

b) Moniliformin (Abb. 57)

Moniliformin wird von einer Reihe von Fusarien produziert (Tab. 24). Bei Versuchstieren ruft das Toxin Wassersucht (Aszites) mit Ödemen des Darmtraktes sowie Blutungen in den Eingeweiden hervor; für junge Hähnchen kann Moniliformin letal sein (Tab. 25). Über das natürliche Auftreten des Toxins in landwirtschaftlichen Produkten liegen nur wenige Angaben vor (Tab. 34).

c) Fusarin C

Fusarin C ist ein hochtoxischer Metabolit von *Fusarium moniliforme*, dessen Mutagenität an die von Aflatoxin B_1 und Sterigmatocystin heranreicht. In Transkei (Südafrika) wurde das Toxin in Mais nachgewiesen.

d) Trichothecene (Abb. 57)

Die Trichothecene sind eine umfangreiche Gruppe von über 50 Toxinen, deren molekulares Grundgerüst das tetrazyklische 12-Epoxytrichothec-9-en-Ringsystem ist. Die betreffenden Substanzen werden in erster Linie von *Fusarium*-Arten gebildet (Tab. 24), jedoch auch von Vertretern der Gattungen *Cephalosporium*, *Stachybotrys* und *Trichoderma*.

Kaltes und feuchtes Wetter während der Ernte fördert das Wachstum von Fusarien auf Getreide und begünstigt somit die Bildung der Trichothecene.

Tabelle 31. Natürliches Vorkommen von Citrinin in Getreide und Backwaren

Produkt	Land	Aufgefundene Höchstmenge (mg/kg)
Gerste	Dänemark	2,0
Hafer	Kanada	10,0
Maismehl	Japan	0,133
Roggen	Kanada	0,96
Weizen	Kanada	80,0
Buttermilchbrot Leinsamenbrot Roggenmischbrot Roggenschrotbrot Weizenbrot/Toastbrot	Bundesrepublik Deutschland	<0,008

Tabelle 32. Natürliches Vorkommen von Sterigmatocystin in Lebensmitteln

Produkt	Land	Aufgefundene Höchstmenge (mg/kg)
Edamer Käse	Ungarn	0,018
Gerste	Ungarn	0,4
Gerste	USA	6,0
Hartkäse	Niederlande	0,6
Kaffeebohnen	Südwestafrika	1,143
Mais	Ungarn	0,05
Reis	Japan	4,3
Weizen	Ungarn	Spur

Über die wichtigsten Trichothecene, die in Futter- und Lebensmitteln gefunden wurden, sind die Daten zur Toxikologie in Tabelle 25 und Angaben zum natürlichen Vorkommen in Tabelle 34 zu finden.

In den meisten Fällen bilden die *Fusarium*-Arten nur einen oder zwei Vertreter der Trichothecene, von denen insbesondere T-2-Toxin, HT-2-Toxin, Diacetoxyscirpenol, Neosolaniol, Fusarenon-X, Nivalenol und Deoxynivalenol (DON) nachgewiesen werden konnten. In den letzten Jahren wurde in steigendem Maße DON in Getreide gefunden. So zeigten Untersuchungen in England an 199 einheimischen Weizenproben, daß lediglich in 32 Proben DON zu finden war, nicht jedoch Nivalenol, Fusarenon-X, Neosolaniol, Diacetoxyscirpenol, HT-2-Toxin und T-2-Toxin. DON ist nach dem

Tabelle 33. Natürliches Vorkommen von Zearalenon in Getreide und Getreideprodukten

Produkt	Land	Aufgefundene Höchstmenge (mg/kg)
Bier, lokales	Lesotho	2
Cornflakes	USA	0,020
Gerste	Bundesrepublik Deutschland	1400
-	Schottland	0,75
-	Finnland	15
-	Polen	120
-	Kanada	0,8
-	Korea	1,581
Hafer	Finnland	25
-	USA	135
Hirse	USA	12
Mais	Österreich	Keine Angaben
-	Frankreich	10
-	Italien	42
-	Jugoslawien	35,6
-	Polen	120
-	Ungarn	80
-	USA	18,0
-	Argentinien	0,75
-	Sambia	0,8
-	Transkei	4
-	Indien	16
-	Australien	1,51
Nüsse	Frankreich	0,45
Roggen	Polen	205
Sesammehl	USA	1,5
Triticale	Polen	80
Weizen	Finnland	6,0
-	Polen	63
-	Ungarn	10
-	USA	11
-	Kanada	42
-	Korea	0,040

Tabelle 34. Natürliches Vorkommen von Moniliformin und Trichothecenen in Getreide

Mykotoxin	Produkt	Land	Aufgefundene Höchstmenge (mg/kg)
Moniliformin	Gerste	Bundesrepublik Deutschland	1150
	Mais	Bundesrepublik Deutschland	760
	-	Transkei	16
Trichothecene			
Acetyldeoxy-nivalenol	Gerste	Bundesrepublik Deutschland	2
Deoxynivalenol (Vomitoxin)	Gerste	Bundesrepublik Deutschland	15
	-	Großbritannien	0,36
	-	Kanada	2,2
	-	Japan	5
	-	Korea	0,508
	Hafer	USA (Illinois)	13,5
	Mais	Österreich	7,9
	-	Frankreich	0,6
	-	Ungarn	1,5
	-	USA (Illinois)	41,6
	-	USA (Indiana)	28
	-	USA (Ohio)	10
	-	Kanada	7,9
	-	Transkei	0,42
	Maisgrieß	Bundesrepublik Deutschland	0,04
	Nudeln	Bundesrepublik Deutschland	0,06
	Roggen	Korea	0,003
	Weizen	Großbritannien	1,32
	-	Kanada	1,1
	-	USA (Illinois)	36,7
	Weizengrieß	Bundesrepublik Deutschland	0,06
	Weizenkleie	Bundesrepublik Deutschland	2,0

Mykotoxin	Produkt	Land	Aufgefundene Höchstmenge (mg/kg)
(Fortsetzung)			
Deoxynivalenol (Vomitoxin)	Weizenmehl	Bundesrepublik Deutschland	0,04
	Weizenschrot	Bundesrepublik Deutschland	0,03
Diacetoxy-scirpenol	Mais	Indien	14
	"Mixed feed"	USA	500
Nivalenol	Gerste	Kanada	25
	-	Japan	4
	-	Korea	3,0
	Mais	Frankreich	4,28
	Weizengrieß	Bundesrepublik Deutschland	0,04
	Weizenkleie	Bundesrepublik Deutschland	0,12
T-2-Toxin	Gerste	Kanada	25,0
	-	ČSSR	1
	Hirse	Indien	0,5
	Mais	Frankreich	0,02
	-	USA	2
	-	Indien	4

Vermahlen von toxinhaltigem Weizen in allen Fraktionen zu finden. Während des Backprozesses werden 3%-13% des vorhandenen DON im Weizen zu einem Isomer (iso-DON) umgewandelt.

Ein weites Spektrum von Schädigungen kann bei Tieren durch die verschiedenen Trichothecene hervorgerufen werden: Erbrechen, Durchfall, Futterverweigerung und Appetitlosigkeit, Entzündungen und Nekrosen von Haut und Schleimhäuten im Maul-Nasen-Rachenbereich, Störungen der Bewegungskoordination, Hämaturie, schwere Leukopenie, Entzündungen im Gastrointestinalsystem, Degeneration von Nervenzellen im Zentralnervensystem, Degeneration und Blutungen des Herzmuskels, krankhafte Veränderungen von Lymphknoten, Hoden und Thymusdrüse. Einige Erkrankungen des Menschen sind mit großer Wahrscheinlichkeit auf den Verzehr von kontaminiertem Getreide zurückzuführen (siehe S. 149).

Tabelle 35. Natürliches Vorkommen anderer Mykotoxine

Mykotoxin	Produkt	Land	Aufgefundene Höchstmenge (mg/kg)
Altenuen	Äpfel	USA	1,1
	Tomaten	USA	0,5
Alternariol	Äpfel	Bundesrepublik Deutschland	0,16
	-	USA	58,8
	Hirse	USA	Keine Angaben
	Pekannüsse	USA	Keine Angaben
	Tomaten	USA	5,3
Alternariolmono-methylether	Äpfel	Bundesrepublik Deutschland	0,25
	-	USA	2,3
	Hirse	USA	Keine Angaben
	Pekannüsse	USA	Keine Angaben
	Tomaten	USA	0,8
Cyclopiazonsäure	Erdnüsse	USA	0,13
	Camembert	Frankreich	1,5
	Mais	USA	ca. 10
Festuclavin	Bier	USA	Keine Angaben
Penitrem A	Käsecreme	USA	Keine Angaben
	Walnüsse	USA	Keine Angaben
Roquefortin A	Bier	USA	Keine Angaben
Roquefortin B	Bier	USA	Keine Angaben
Secalonsäure D	Maisstaub	USA	4,5
Tenuazonsäure	Äpfel	USA	0,5
	Tomaten	USA	135
	Tomatenpaste	Kanada	0,1
Viomellein	Gerste	Dänemark	ca. 1

7) Andere Mykotoxine

Einige andere Mykotoxine können spontan auf verschiedenen Lebensmitteln produziert werden (Tab. 35).

a) Alternaria-Toxine (Abb. 57)

Die auf einer großen Zahl landwirtschaftlicher Produkte wachsenden *Alternaria*-Pilze (Tab. 24) können eine Reihe von Substanzen bilden, die sich durch eine ausgesprochene Toxizität gegenüber Bakterien und Pflanzen auszeichnen. Einzelne Vergiftungserscheinungen bei Tieren sind ebenfalls beschrieben worden, doch fehlen genauere toxikologische Daten. Wie Tabelle 35 zeigt, existieren nur wenige Angaben über ein natürliches Vorkommen dieser Toxine.

b) Secalonsäure D (Abb. 57)

Die Secalonsäuren A bis G sind aus einigen Pilzen der Gattungen *Aspergillus*, *Claviceps*, *Penicillium* und *Pyrenochaeta* isoliert worden (Tab. 24). Ihre Toxizität (Tab. 25) ist nur mäßig hoch. Erst kürzlich konnte Secalonsäure D in den USA in Maisstaub nachgewiesen werden (Tab. 35).

V. Werden Mykotoxine von Schimmelpilzen gebildet, die zur Herstellung von Lebensmitteln verwendet werden?

1) Herstellung von Käse

Penicillium roqueforti kann auf verschiedenen Getreidesubstraten eine Reihe von Mykotoxinen bilden, zu denen unter anderem das PR-Toxin, die Roquefortine A und B, Festuclavin und Eremofortin gehören. Einige dieser Toxine wurden auch in verschiedenen Käsesorten nachgewiesen (Tab. 36), wobei die Roquefortine praktisch stets in Blauschimmelkäse auftreten. Das PR-Toxin ist unter normalen Bedingungen der Käsereifung nicht nachweisbar, da es mit stickstoffhaltigen Bestandteilen des Substrates zum instabilen PR-Imin reagiert.

Es muß jedoch mit dem Vorhandensein von anderen in Tabelle 36 aufgeführten Toxinen gerechnet werden, über deren toxische Eigenschaften aber noch zu wenig bekannt ist. Wegen der geringen Toxizität der in Frage kommenden Substanzen (Tab. 36) sind auch bei starkem Käsekonsum Krankheitserscheinungen beim Menschen auszuschließen. In umfangreichen Studien konnte belegt werden, daß die handelsüblichen Starterkulturen von *P. roqueforti* und von *P. camemberti (P. caseicolum)* keine cancerogenen Substanzen bilden.

Der zweite in der Käseindustrie eingesetzte Schimmelpilz, *Penicillium camemberti*, ist zwar in der Lage, auf Käse geringfügige Mengen an Cyclopiazonsäure zu bilden (maximal 0,37 mg/kg auf französischem Weichschimmelkäse), doch ist ein Vergiftungsrisiko für den Menschen höchst unwahrscheinlich. Nach unseren heutigen

Tabelle 36. In Käse nachgewiesene Mykotoxine von *Penicillium roqueforti*

Mykotoxin	Toxizität (LD_{50})	Käsesorte	Land	Aufgefundene Höchstmenge
Roquefortin A (Isofumigaclavin A)	Maus (ip): 340 mg/kg	Blauschimmelkäse	Kanada	4,7 mg/kg
Roquefortin B (Isofumigaclavin B)	Maus (ip): 1000 mg/kg	Blauschimmelkäse	Kanada	6,8 mg/kg
-	-	Blauschimmelkäse	USA	0,6 mg/kg
Mycophenolsäure	Maus (po): 2500 mg/kg Maus (iv): 550 mg/kg Ratte (po): 700 mg/kg Ratte (iv): 450 mg/kg	Blauschimmelkäse	Frankreich	>10,0 mg/kg

umfangreichen Kenntnissen besteht selbst nach dem Verzehr größerer Mengen von Schimmelkäse keine Gefährdung der menschlichen Gesundheit.

2) Herstellung von Fleischwaren

Der in verschiedenen Ländern als Starterkultur für schimmelpilzgereifte Rohwurst und Südtiroler Bauernspeck verwendete *Penicillium nalgiovensis* "Stamm Kulmbach" ist unfähig zur Synthese der bekannten Mykotoxine.

3) Herstellung von fermentierten Lebensmitteln

Aus verschiedenen japanischen fermentierten Lebensmitteln wurden 37 Pilze isoliert, von denen 21 tierische Zellkulturen und Mäuse schädigten. Aflatoxine wurden nicht gebildet, jedoch die Toxine Kojisäure und β-Nitropropionsäure. Es dürfen daher zur Herstellung fermentierter Lebensmittel lediglich überprüfte, toxinfreie Pilzstämme verwendet werden. In diesem Zusammenhang ist bemerkenswert, daß die zur Fermentation häufig eingesetzten Pilze der Gattung *Rhizopus* das Wachstum von *Aspergillus flavus* und *A. parasiticus* sowie die Bildung von Aflatoxinen hemmen.

Literatur

Christensen CM (1980) Needed: Research on storage molds in grains, seeds, and their products. Plant Dis 64:1067-1070
Cole RJ, Cox RH (1981) Handbook of toxic fungal metabolites. Academic Press, London New York
Frank HK (1974) Aflatoxine. Bildungsbedingungen, Eigenschaften und Bedeutung für die Lebensmittelwirtschaft. Behr, Hamburg
Kiermeier F (1985) Das Mykotoxin-Problem: Ergebnisse der Lebensmittelüberwachung. Z Lebensmittelunters – Forsch 180:389-393
Northolt MD, van Egmont HP (1982) Limits of water activity and temperature for the production of some mycotoxins. In: Pepin GA, Patterson DSP, Gray DE (eds) Proc 4th Symp Mycotoxins in Animal Disease, 1981, p 106-108. Ministry of Agriculture, Fishery and Food, Reference Book 260
Reiß J (Hrsg) (1981) Mykotoxine in Lebensmitteln. Fischer, Stuttgart
Verordnung über Höchstmengen an Aflatoxinen in Lebensmitteln (Aflatoxin-Verordnung) vom 30.11.1976. Bundesgesetzbl Nr 141 vom 9.12.1976, S 3313
Wicklow DT (1983) Taxonomic features and ecological significance of sclerotia. In: Diener UL, Asquith RL, Dickens JW (eds) Aflatoxin and Aspergillus flavus in corn. p 6-12. Alabama Agricult Exp Station, Auburn Univ, Alabama

I. Schädigungen des Menschen durch Schimmelpilze

Vorbemerkung

Es existiert eine unübersehbare Fülle an Berichten über Schäden, die durch Schimmelpilze und ihre Stoffwechselprodukte an Pflanzen, Tieren und am Menschen hervorgerufen werden. Die folgende Darstellung beschränkt sich auf die Vergiftungserscheinungen beim Menschen durch den Kontakt mit dem Pilzkörper oder mit seinen Ausscheidungsprodukten.

Nur wenige Mikropilze sind als menschen- oder tierpathogen einzustufen, und von diesen ist auch nur eine Minderheit obligat pathogen. Solche Pilze können außerhalb ihres Wirtes nicht überleben und daher auch nur durch direkten Kontakt übertragen werden. Hierzu gehören die *Dermatophyten* (Hautpilze), die in erster Linie die Hautoberfläche besiedeln und nur in seltenen Fällen ins Innere des Körpers vordringen. Die meisten pathogenen Kleinpilze sind jedoch Opportunisten, das heißt, sie sind ihrem Wesen nach Saprophyten und können nur unter bestimmten Verhältnissen krankheitserregend sein. In diese Kategorie fallen verbreitete Schimmelpilze der Gattungen *Aspergillus* und *Penicillium* und einige Vertreter aus den Mucoraceen-Gattungen *Absidia*, *Mucor* und *Rhizopus*. Diese Organismen sind ständig auf der gesunden Haut und auf den Schleimhäuten des Körpers anzutreffen, ebenfalls in solchen Organen, die mit der Außenwelt in Verbindung stehen. Dort leben sie saprophytisch und schädigen den gesunden Menschen nicht, da dieser über Abwehrmechanismen verfügt; sie können aber dann pathogen werden, wenn die Resistenz des Wirtes durch andere Krankheiten geschwächt wird.

Neben den Erkrankungsformen, die durch direkten Kontakt mit Pilzen entstehen *(Mykosen* und *Mykoallergosen)*, ist auch eine Vielzahl von Vergiftungserkrankungen bekannt, die durch Giftstoffe (Mykotoxine) hervorgerufen werden, die gewisse Schimmelpilze in ihrem Stoffwechsel produzieren. Man faßt diese Krankheitsformen unter dem Begriff *"Mykotoxikosen"* zusammen. Eine Übersicht über die wichtigsten Erkrankungen beim Menschen, die durch Schimmelpilze hervorgerufen werden, gibt Tabelle 37.

Tabelle 37. Erkrankungen des Menschen durch Schimmelpilze

A. *Mykosen:* Wachstum von Schimmelpilzen am oder im Wirt

1. *Epidermale Mykosen:* Haut ist befallen

   a) Aspergillosen: z.B. *Aspergillus fumigatus*
   b) Penicilliosen: *Penicillium spinulosum* u.a.

2. *Endo- oder Systemmykosen:* Innere Organe sind befallen

   a) Aspergillosen: *Aspergillus fumigatus, A. niger* u.a.
   b) Phykomykosen: *Absidia* sp., *Mucor* sp., *Rhizopus* sp.

B. *Mykoallergosen:* Kontakt von Pilzelementen mit feuchten Schleimhäuten (z.B. der Atemwege)

1. *Asthma bronchiale:* Verschiedene Phycomyceten und Fungi imperfecti
2. *Käsewäscher-Krankheit: Penicillium verrucosum* var. *cyclopium (P. casei)*
3. *Paprikaspalter-Lunge: Rhizopus stolonifer* und Vertreter der *Penicillium glaucum*-Gruppe
4. *Bäcker-Asthma: Alternaria* sp., *Aspergillus* sp., *Neurospora sitophila*

C. *Mykotoxikosen*[a]*:* Vergiftung durch Mykotoxine

1. *Aflatoxikosen:* durch Aflatoxine von *Aspergillus flavus* und *A. parasiticus*

   a) Primärer Leberkrebs
   b) Andere Krebsformen
   c) Hepatitis
   d) Reye's Syndrom
   e) Kwashiorkor

2. *Penicillium-Mykotoxikosen:*

   a) Endemische Nephropathie des Balkans: möglicherweise durch Ochraxotin A und Citrinin von *Penicillium verrucosum* var. *cyclopium*
   b) Kardiale Beriberi: durch Citreoviridin von *Penicillium citreoviride*

3. *Fusarium-Mykotoxikosen:*

   a) Kashin-Beck-Erkrankung: durch *Fusarium sporotrichioides (F. sporotrichiella)*
   b) Alimentäre toxische Aleukie: durch Trichothecene von *Fusarium sporotrichioides* und *F. poae*
   c) Krebsformen: durch Trichothecene
   d) Pellagra: durch Trichothecene

4. *Alternaria-Mykotoxikose:*

   Onyalai: durch Tenuazonsäure und ihre Salze von *Phoma sorghina* und *Alternaria* sp.

5. *Stachybotryotoxikose:* durch *Stachybotrys alternans*

[a] Die Zusammenhänge zwischen der Aufnahme von Mykotoxinen und der Entstehung von Krankheitssymptomen sind meist zwar offensichtlich, aber nicht eindeutig bewiesen.

I. Mykosen

In geschlossenen Räumen werden fakultativ-pathogene Schimmelpilze überwiegend durch die Luft verbreitet, da die leichten Konidien und Sporen von Luftbewegungen über große Entfernungen hinweg transportiert werden können. Diese Pilzelemente können über drei Wege in den menschlichen Körper gelangen:

- Berufliche Exposition: Ein Einatmen von Konidien und Sporen ist in solchen Räumen zu erwarten, in denen mit pilzhaltigem Material gearbeitet wird. Hierzu gehören insbesondere die Bereiche Landwirtschaft (Pilzelemente im Staub von Getreide, Heu und Stroh), Gartenbau, Getreideverarbeitung, Verarbeitung von Nüssen und Leder, Ölmühlen, Haltung und Zucht von Vögeln, Restaurierung von Archivalien, Sortierbetriebe für Altkleider, Verarbeitung von Holz (Pilzsporen im Staub);
- Akzidentelle Exposition: Hierunter wird die Aufnahme von pilzlichem Material infolge bautechnischer Mängel (Belüftung mit sporenhaltiger Luft, Feuchtigkeit in Wohnräumen) sowie über Lebensmittel, Müll und Schmutz gezählt;
- Unauffällige konstante Exposition: Diese geht aus von bestimmten Elementen der häuslichen Umwelt, wie etwa von Zimmerpflanzenerde oder Futter für Haustiere.

Von der großen Zahl an Schimmelpilzen ist nur ein sehr geringer Anteil in der Lage, in der gemäßigten Zone Mitteleuropas Infektionskrankheiten hervorzurufen. Grundbedingung dafür ist zunächst die Fähigkeit, sich bei Temperaturen von 32-38°C fortzupflanzen. Diese Bedingung trifft für die meisten Schimmelpilze nicht zu. Zusätzlich müssen die Pilze die durch den menschlichen Körper zur Verfügung gestellten Nährstoffe auch nutzen können. Damit wird der Kreis der in Frage kommenden Erreger nochmals beträchtlich eingegrenzt.

Tabelle 38 faßt wichtige Schimmelpilzinfektionen beim Menschen zusammen.

1) Aspergillosen

Einige *Aspergillus*-Arten besiedeln vor allem das bronchopulmonale Organsystem und können dort Pilzkolonien bilden. Im Extremfall entstehen dabei *Aspergillome*, klumpenförmige Mycelansammlungen mit einem Durchmesser von bis zu 5 cm, die sogar die Ursache von Todesfällen nach Bluthusten sein können. Daneben können auch Innenohr und äußerer Gehörgang, Arterien (Abb. 58), Augenhornhaut und Nasennebenhöhlen und von dort aus sogar die Augenhöhlen befallen werden (Abb. 58). Über 90% der Aspergillosen sind auf *Aspergillus fumigatus* zurückzuführen; gelegentlich sind auch *A. flavus*, *A. nidulans*, *A. niger*, *A. restrictus*, *A. versicolor*, *A. candidus*, *A. unguis*, *A. repens* und *A. terreus* beteiligt. Auf der Haut können Aspergillose-Infektionen nur nach einer Vorschädigung (z.B. Verätzung, Verbrennung) entstehen.

Tabelle 38. Wichtige Mykosen beim Menschen

Pilze	Erkrankung	Befallene Körperteile
Absidia corymbifera, A. italiana, A. ramosa	Phykomykose	Haut
Aspergillus sp. (vor allem *A. fumigatus*)	Aspergillose	Vor allem Lunge, aber auch ZNS, Herz, Leber, Nieren, Verdauungstrakt
Basidiobolus ranarum	Phykomykose	Haut nach Verletzung
Cephalosporium sp. (z.B. *C. acremonium, C. falciforme, C. recifei*)	Cephalosporiose	Augen, Haut, Nägel, Gehörgang
Cladosporium mansonii, C. werneckii	Tinea nigra	Haut
Cladosporium trichoides u.a.	Cladosporiose	Haut, innere Organe
Cunninghamella elegans	Phykomykose	Haut
Curvularia geniculata, C. lunata	Keratitis mykotica	Augen
Fusarium sp.	Keratitis mykotica	Augen
Fusarium sp.	Fusariose	Haut
Mortierella sp. (z.B. *M. niveo-luteum*)	Mortierella-Mykose	Atmungsorgane
Mucor sp. (z.B. *M. circinelloides, M. javanicus, M. pusillus, M. ramosissimus, M. spinosus*)	Phykomykose	Augen, Haut, Atmungsorgane, ZNS
Neurospora sitophila	Keratitis mykotica	Augen
Paecilomyces sp.	Paecilomykose	Atmungsorgane
Penicillium sp. (z.B. *P. commune, P. spinulosum*)	Penicilliose	Augen, Haut, Atmungsorgane, ZNS, Ohr
Phialophora verrucosa	Chromo(blasto)mykose	Haut nach Verletzung
Rhizopus sp. (z.B. *Rh. arrhizus, Rh. cohnii, Rh. microsporus, Rh. oryzae*)	Phykomykose	Haut
Scopulariopsis sp. (z.B. *S. brevicaulis, S. fusca*)	Scopulariopsidose	Augen, Haut, Nägel
Verticillium sp. (z.B. *V. cinnabarinum*)	Verticilliose	Haut nach Verletzung, Augen

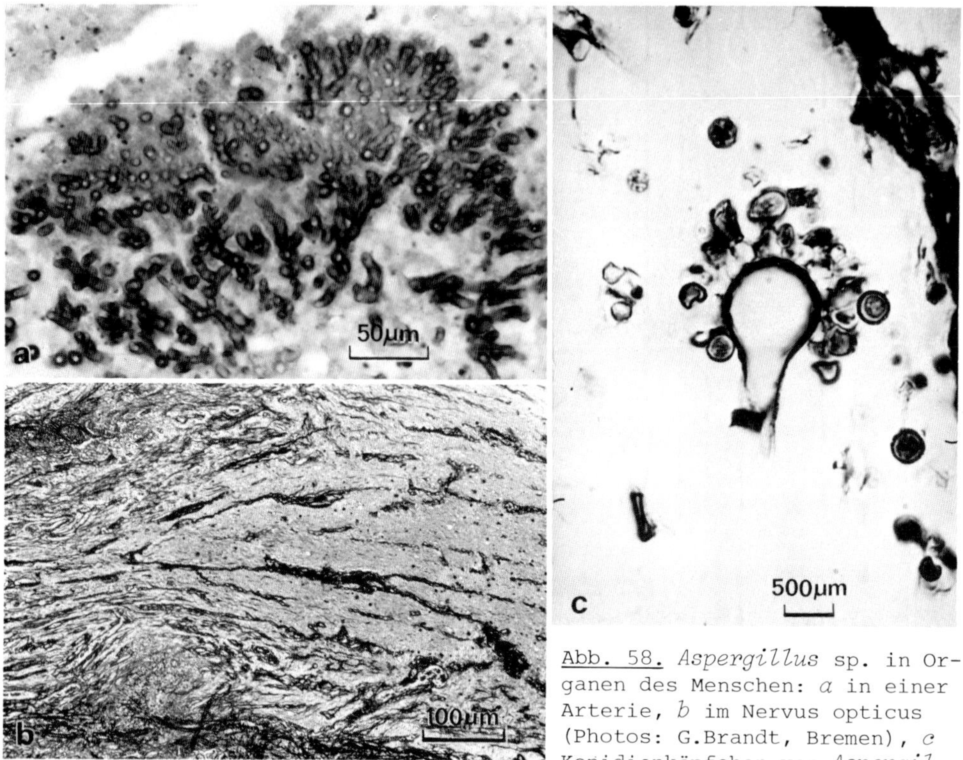

Abb. 58. *Aspergillus* sp. in Organen des Menschen: *a* in einer Arterie, *b* im Nervus opticus (Photos: G.Brandt, Bremen), *c* Konidienköpfchen von *Aspergillus nidulans* in Lungengewebe (Photo: E.S. Kuttin, Gedera, Israel)

a) *Aspergillus fumigatus*

A. fumigatus ist ein weltweit verbreiteter, thermotoleranter Schimmelpilz, der sein Wachstumsoptimum bei 37°C bis 43°C hat (Minimum: 10°C bis 12°C, Maximum: 55°C). Häufig ist der Pilz in solchen Substraten zu finden, in denen es zu einer Selbsterhitzung kommen kann. Hierzu gehören Heu, Kompost, Torf, Blumenerde und Müll; nachgewiesen wurde *A. fumigatus* auch in Laubstreu, Vogelnestern, Hühnerställen und Tierbauten.

Je nach Wachstumssubstrat kann *A. fumigatus* einen Formenwandel durchmachen. Während er bei saprophytärer Lebensweise ein typisches Mycel mit Konidienträgern bildet, ist seine parasitäre Form charakterisiert durch kurze, verdickte Mycelformen oder moniliforme Fäden mit blasenartigen Anschwellungen (Abb. 59).

Aspergillus fumigatus ist mit Abstand der Schimmelpilz mit der stärksten pathogenen Potenz. Beim Menschen ist er in erster Linie im Respirationstrakt zu finden (Abb. 60). Eingeatmete Konidien keimen erst dann aus, wenn die Atmungsorgane durch gewisse Ersterkrankungen (z.B. Tuberkulose, Lungenentzündung, Tumore) vorgeschädigt worden sind. Aspergillose-Patienten können wiederum Infektionsquellen für *A. fumigatus* sein. Besonders stark durch diesen Pilz befallen ist Blumenerde. In 66,7% der untersuchten Proben von Topferde von insgesamt 51 Zimmerpflanzenarten konnte *A. fumigatus* nachgewiesen werden. Besonders die Erde von Pflanzen, die über einem Heizkörper stehen und die somit ständig eine hohe

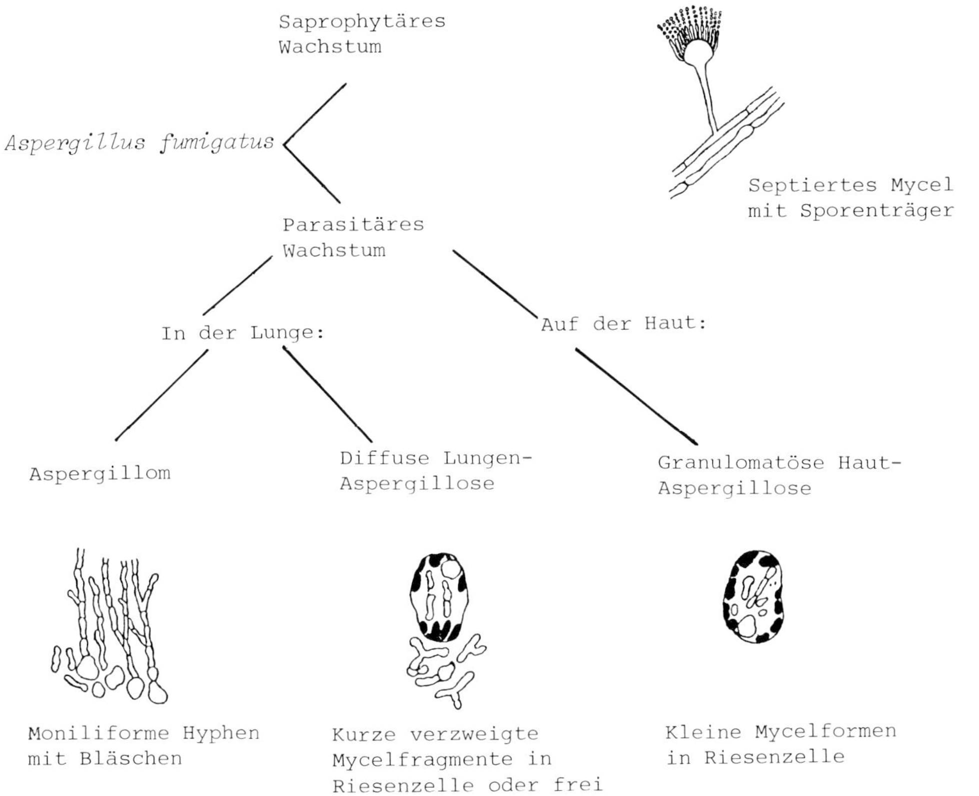

Abb. 59. Formenwandel von *Aspergillus fumigatus* (nach Janke 1965, verändert)

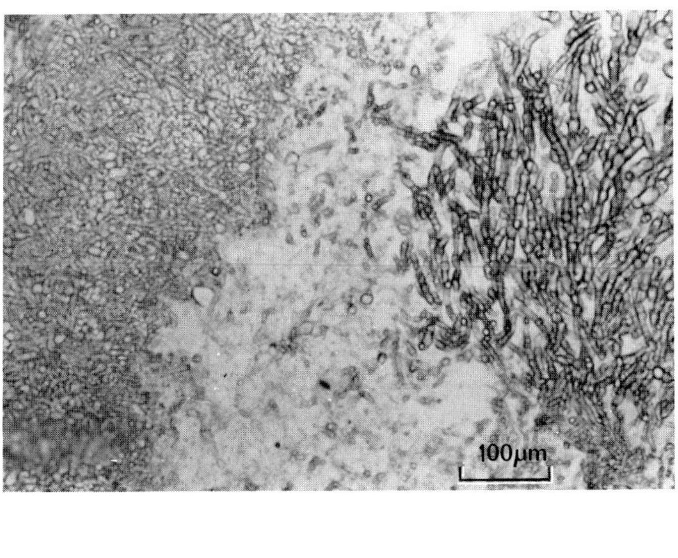

Abb. 60. *Aspergillus fumigatus* in der Lunge des Menschen: knorriges, reichlich septiertes Mycel ohne Konidienbildung, das Lungengewebe ist zerstört (Färbung: Haematoxylin-Eosin; die stärker gefärbten Hyphen rechts sind jünger als die übrigen Hyphen) (Photo: F. Staib, Berlin)

Typische Infektionsquellen sind Pilzkolonien an feuchten Mauern, Tapeten und Textilien, aber auch in Polstermöbeln und Klimaanlagen. Darüber hinaus sind viele Menschen während ihrer Berufsausübung höheren Konzentrationen an Pilzelementen in der Atemluft ausgesetzt, so etwa in der Landwirtschaft und in lebensmittelherstellenden und -verarbeitenden Betrieben. Auch von der Topferde von Zimmerpflanzenkulturen kann ein erhebliches Infektionsrisiko ausgehen (vor allem *Aspergillus fumigatus*, aber auch *A. niger*). Die meisten Pilzsporen gelangen wegen ihrer geringen Größe (meist 2-10 µm) in den Bronchialbaum; nur Teilchen mit einem Durchmesser von über 10 µm (hierzu gehören etwa die Konidien von *Alternaria alternata*) werden in der Schleimhaut von Nase und Rachen zurückgehalten.

Man weiß, daß die Sporen gewisser Schimmelpilze als Allergenträger wirken, jedoch ist über die Natur der Pilzallergene nur wenig bekannt. Sicher ist, daß die allergieauslösende Potenz auf die Anwesenheit gewisser Eiweißverbindungen zurückzuführen ist, zu denen etwa Enzymproteine (z.B. Katalase von *Aspergillus*-Arten) oder Glyko- und Lipoproteine zählen, die teilweise auf der Oberfläche der Konidien lokalisiert sind. Das Mycel hat im Vergleich zu den Konidien eine sehr viel geringere allergene Potenz. Die Mindestmenge an Sporen, die eine allergische Reaktion auslöst, schwankt zwischen 100 *(Alternaria alternata)* und etwa 3000 *(Cladosporium herbarum)*. In Vergleich zu diesen Werten liegen die Schwellenwerte von Pollen im allgemeinen niedriger: so lösen bereits etwa 10 Pollenkörner von Roggen und Beifuß allergische Atemwegsbehinderungen aus.

Tabelle 39 faßt die Häufigkeit der relevanten Schimmelpilzantigene zusammen.

Tabelle 39. Klinische Wertigkeit von Schimmelpilzsensibilisierungen (Aurand et al. 1982)

Schimmelpilzhäufigkeit	(in %)
Fusarium	14,3
Penicillium	10,0
Aspergillus	8,2
Aureobasidium	6,4
Alternaria	5,7
Mucor	4,6
Rhizopus	4,6
Cladosporium	2,9
Curvularia	2,1

1) Asthma bronchiale

Unter den asthmogenen Schimmelpilzen überwiegen Zygomyceten *(Absidia, Entomophthora, Mucor, Rhizopus)* und Fungi imperfecti *(Aureobasidium [Pullularia], Alternaria, Aspergillus, Cladosporium, Fusarium, Helminthosporium, Monilia, Penicillium, Stemphylium* u.a.). Diese Organismen sind üblicherweise im Erdreich zu finden, aber auch auf Früchten (Cerealien, Obst, Zitrusfrüchte), Blättern, Rinden und Wurzelknollen von Pflanzen, und zwar dann gehäuft, wenn diese Produkte unzulänglich gelagert werden. Bereits geringe Luftbewegungen führen zu einem Zerfall der zarten Fruktifikationsstrukturen und damit zu einer Freisetzung der Sporangiosporen bzw. der Konidien. Auf Grund ihres geringen Gewichts bleiben diese Partikel über eine längere Zeit hinweg in der Luft suspendiert und können über große Entfernungen verbreitet werden (siehe S. 28). Die Konzentration der Sporen in der Luft schwankt mit den herrschenden meteorologischen Bedingungen. Feuchtwarmes Wetter fördert das Wachstum der meisten Schimmelpilze. Maximale Sporengehalte in der Luft (bis zu 20 000 Keime/m^3) werden daher im Frühjahr und im Sommer angetroffen (siehe S. 29). Daher ist auch in diesen Monaten die Häufigkeit pilzbedingter Asthma-Anfälle besonders hoch.

2) Berufsbedingte Allergien

a) Käsewäscher-Krankheit

Diese in der Schweiz beobachtete Allergieform tritt bei Käsesalzern auf, die mit feucht gelagerten Käsen umgehen. Im Vordergrund stehen bronchitische Symptome mit Atemnot und Kurzatmigkeit, Fieber, Husten und Auswurf. Im Blut der Erkrankten lassen sich Präzipitine gegen *Penicillium verrucosum* var. *cyclopium (P. casei)* nachweisen.

b) Paprikaspalter-Lunge

Allgemeine Abgeschlagenheit, Appetitlosigkeit, Kopfschmerzen, Gewichtsverlust und Atemnot sind die Kennzeichen einer allergischen Erkrankung, die in Ungarn bei Paprikaspalterinnen beobachtet wurde. Bei der Bearbeitung von Paprikaschoten minderer Qualität gelangen Sporen von *Rhizopus stolonifer* und *"Penicillium glaucum"* in die Luft und werden eingeatmet. Da die Krankheit erst nach längerer Exposition auftritt, wird ein Sensibilisierungsprozeß angenommen.

c) Farmerlunge

Heu, das infolge hoher Niederschläge im Sommer feucht eingefahren werden mußte, ist in hohem Maße von Schimmelpilzen befallen. Dabei überwiegen Konidien von Vertretern der *Aspergillus glaucus*-Gruppe, von *Cladosporium* sp. und von *Hemispora stellata*, wobei bis zu 250 Millionen Konidien je Gramm Heu gefunden wurden. Nach Einatmung dieser Pilzelemente entwickelt sich bei sensiblen Menschen die Farmerlunge, deren Kennzeichen von Atemnot und Fieber bis zu Lungenstauung und Emphysem reichen. Klinische Untersuchungen ergaben, daß das schimmelpilzhaltige Heu antigenartige Substanzen enthält, die bei empfindlichen Personen allergische Reaktionen auslösen.

Nach heutiger Sicht sind vorwiegend Aktinomyceten (Strahlenpilze) für die Entstehung der Farmerlunge verantwortlich. Es sprechen jedoch einige Befunde dafür, daß auch thermotolerante Schimmelpilze (z.B. *Aspergillus*-Arten) an dieser Antigen-Antikörper-Reaktion beteiligt sind.

d) Andere Formen

Bekannt ist eine Reihe weiterer berufsbedingter Schimmelpilzallergien:

- Bäcker-Asthma: durch Konidien von *Alternaria* sp., *Aspergillus* sp. und *Neurospora sitophila*;
- Malzarbeiter-Krankheit: durch Sporen von *Rhizopus stolonifer* und *Aspergillus* sp. (z.B. *A. clavatus* und *A. fumigatus*) aus verschimmelter Gerste;
- Befeuchter-Fieber: in Schreinereien durch Sporen verschiedener Schimmelpilze;
- Getreidefieber: durch Sporen von *Mucor mucedo* und *Aspergillus*- sowie *Penicillium*-Arten.

III. Mykotoxikosen

Nach der Entdeckung der Aflatoxine im Jahre 1960 stand zunächst die Aufdeckung der verschiedenen Erkrankungsformen bei Haustieren durch die Aufnahme von verschimmelten Futtermitteln im Vordergrund. Sehr bald jedoch wurde die Frage immer drängender, ob Mykotoxine auch die menschliche Gesundheit angreifen können. Inzwischen gibt es eine große Zahl von Hinweisen darauf, daß auch beim Menschen akute und chronische Formen verschiedener Mykotoxikosen existieren.

Maßnahmen zu ergreifen, durch die ein Konsum von mykotoxinhaltigen Lebensmitteln vermieden wird, ist nicht nur ein Problem der Gegenwart, sondern scheint bereits vor Jahrtausenden aktuell gewesen zu sein. So ist zu vermuten, daß einige der von Moses festgelegten Vorschriften der Verhütung von Mykotoxin-Vergiftungen gelten. Im 3. Buch Mose (14. Kapitel, Verse 35-48) wird beschrieben, wie bei Anwesenheit von "grünlichen oder rötlichen Grüblein" an der Hauswand vorzugehen ist. Wahrscheinlich handelt es sich dabei um Schimmelpilzkolonien, die an feuchten Wänden wachsen. *Penicillium*-Arten könnten die grünlichen und *Fusarium*-Arten (z.B. *Fusarium roseum*) die rötlichen Flecken verursachen; in beiden Pilzgattungen ist eine Reihe von Mykotoxinbildnern zu finden (siehe S. 98).

Das Verbot, Fett und Eingeweide zu verzehren (3. Mose, 3. Kapitel), kann als lebensmittelhygienische Vorsichtsmaßnahme gedeutet werden, da Mykotoxine als lipophile Substanzen sich bevorzugt in fetthaltigen Organen anreichern.

Auch andere Stellen der Bibel könnten auf Mykotoxikosen hinweisen. So nimmt Schoental (1984) an, daß die zehnte Plage im alten Ägypten zur Zeit Moses – der Tod aller Erstgeborenen (2. Mose, 11. Kapitel, Vers 5) – auf den Konsum von verschimmelten und damit toxischen Lebensmitteln zurückzuführen ist, die durch die vorhergegangenen Plagen (Regen, Hagel, Finsternis) verdorben worden waren. Gerade die erstgeborenen Kinder erhielten die meiste Nahrung und waren damit einem erhöhten Mykotoxin-Risiko ausgesetzt.

Bemerkenswert sind in diesem Zusammenhang die Untersuchungsergebnisse von Matossian (1981) über die Bevölkerungsentwicklung in England in den letzten Jahrhunderten. Besonders auffällig ist dabei ein Anstieg der Bevölkerungszahl in der zweiten Hälfte des 18. Jahrhunderts. Zwei Arten von "Fieber" waren in den Jahren 1700-1740 besonders häufige Todesursachen: das langsame Nervenfieber ("slow nervous fever") und das faulig-bösartige Fieber ("putrid malignant fever"). Bei der Interpretation der überlieferten Symptome beider Krankheitsformen zeigt sich, daß das langsame Nervenfieber eine Mutterkornvergiftung (Ergotismus) ist, während das faulig-bösartige Fieber als alimentäre toxische Aleukie aufzufassen ist, die hauptsächlich durch das T-2-Toxin der Pilze *Fusarium tricinctum* und *F. sporotrichioides* hervorgerufen wird. Das auffällige Absinken der Erkrankungszahlen in der zweiten Hälfte des 18. Jahrhunderts wird mit Änderungen der Eßgewohnheiten in Verbindung gebracht: nach Einführung der Kartoffel war Getreide (und für die ärmere Bevölkerung war das Getreide minderwertig, also verschimmelt) nicht mehr die Hauptnahrung.

Die folgende Übersicht faßt Belege für die Entstehung von Krankheiten beim Menschen durch Mykotoxine zusammen.

1) Aflatoxikosen

a) Aufnahme von Aflatoxinen in den Körper

Aflatoxine gelangen in den meisten Fällen über die Nahrung in den menschlichen Körper. Während das Risiko einer Aflatoxin-Intoxikation durch kontaminierte Lebensmittel in vielen Ländern durch gesetzliche Vorschriften vermindert werden konnte, weiß man erst seit kurzem, daß auch vom Einatmen aflatoxinhaltiger Staubpartikel eine beachtliche Gefahr ausgehen kann. Gerade Getreidestäube können hier gefährlich sein, da bereits vor der Ernte auf dem Getreide Aflatoxine gebildet werden können, die dann auch in den Staubpartikeln anzutreffen sind. Erste Hinweise kamen aus der ČSSR, in denen über das gehäufte Auftreten von Krebserkrankungen bei Arbeitern in Erdnuß-verarbeitenden Betrieben berichtet wurde. In einem Betrieb in der ČSSR, in dem tropische landwirtschaftliche Produkte (Erdnüsse, Kokosnüsse, Tee u.a.) verarbeitet wurden, enthielt die Luft maximal $6{,}2 \cdot 10^3$ Elemente von *Aspergillus flavus/parasiticus* je Kubikmeter. Aus dem Staub wurden bis zu $1{,}3 \cdot 10^4$ Konidien von *A. flavus/parasiticus* je Gramm isoliert; 64,9% von 57 untersuchten Stämmen bildeten Aflatoxin B_1 auf Biskuits.

In einer amerikanischen Untersuchung wurde ein relativ hoher Aflatoxingehalt in Stäuben gemessen, die beim Umladen von kontaminiertem Mais mit Förderbändern entstehen. Der Gehalt an Aflatoxin B_1 bewegte sich im Bereich von 12,5 bis 204,3 ppb mit einem Durchschnittswert von 138 ppb; zu ähnlichen Ergebnissen kam eine Untersuchung an einem Getreidesilo während des Be- und Entladens von Lastwagen in Georgia. Das Toxin stammte mit großer Wahrscheinlichkeit aus infizierten Körnern. Die Staubfraktion mit einem Teilchendurchmesser von weniger als 7 µm wies dabei den höchsten Toxingehalt auf. Dies ist wahrscheinlich darauf zurückzuführen, daß hier die meisten aflatoxinhaltigen Konidien zu finden sind. Alle Schimmelpilze, die auf und in Maiskörnern vorkommen, waren auch im Staub zu finden, wobei Vertreter der Gattungen *Aspergillus*, *Cladosporium*, *Fusarium* und *Penicillium* vorherrschten.

Auch in Stäuben, die bei der Verladung von Erdnüssen entstehen, können Aflatoxine gefunden werden, wobei die Höhe der Kontamination des Staubes direkt proportional zur Befallsstärke der Erdnüsse mit dem Toxin ist. Stäube an amerikanischen Verladestationen von Gerste, Hafer, Weizen und Flachs können ebenfalls beachtliche Mengen an Aflatoxinen enthalten.

Die vorliegenden Studien bestätigen zwar ein mögliches gesundheitliches Risiko durch das Einatmen toxinhaltiger Stäube, doch läßt sich das Ausmaß dieser Gefahr heute noch nicht abschätzen. Dies beruht unter anderem darauf, daß Carcinogene, die an Teilchen adsorbiert sind, im Atmungstrakt ihre biologischen Eigenschaften deutlich verändern können. Bis zur endgültigen Klärung dieser Frage wird der Einsatz von Atemgeräten bei Farmern und Arbeitskräften an Getreidesilos empfohlen.

b) Akute Vergiftungserscheinungen

Über das Auftreten akuter Vergiftungserscheinungen beim Menschen als Folge des Konsums aflatoxinhaltiger Lebensmittel existieren nur wenige Berichte aus Kanada, den USA, Afrika, Frankreich und der Bundesrepublik Deutschland. Dies hängt insbesondere damit zusammen, daß die Wahrscheinlichkeit akuter Vergiftungserscheinungen sehr gering ist. Ein Afrikaner müßte beispielsweise je Mahlzeit 16 kg Erdnüsse mit dem hohen Aflatoxingehalt von 1 ppm verzehren, damit eine akute Intoxikation entstehen kann.

Ein Selbstmordversuch mit 1,5 mg Aflatoxin je Kilogramm Körpergewicht zwei Wochen lang wurde überlebt, wobei selbst nach 14 Jahren keine Tumoren oder sonstige pathologische Veränderungen festgestellt werden konnten. Es muß jedoch beachtet werden, daß der Ernährungszustand die Empfindlichkeit gegenüber Aflatoxinen beeinflussen kann. Insbesondere der Vitamingehalt der Nahrung scheint hier eine große Rolle zu spielen.

c) Chronische Vergiftungserscheinungen

Eine Reihe von epidemiologischen Untersuchungen läßt es als gesichert erscheinen, daß die Aufnahme geringer Dosen von Aflatoxinen nach längerem Zeitraum zu chronischen Erkrankungen führt. In diesem Zusammenhang ist es bedenklich, daß in den USA mit einer geringen Aflatoxin-Kontamination der Lebensmittel bei 19% einer Gruppe gesunder Kontrollpersonen Aflatoxin B_1 im Blutserum gefunden wurde, daß also die Amerikaner ständig einer schwachen Aflatoxin-Aufnahme ausgesetzt sind.

α) Primärer Leberkrebs. Primäre Lebercarcinome zeigen eine ungleichmäßige geographische Verbreitung. Besonders häufig sind sie in afrikanischen Ländern südlich der Sahara sowie in Südostasien zu finden, wo ihre relative Häufigkeit (bezogen auf die Gesamtzahl aller auftretenden Carcinomarten) bis zu 67% betragen kann. Demgegenüber ist der primäre Leberkrebs in Europa und in Nordamerika nur selten zu diagnostizieren. Unter den verschiedenen Faktoren, die zur Entstehung von primären Lebertumoren führen können, spielen die Aflatoxine eine gewisse, wenn auch wahrscheinlich nicht die einzige Rolle; sie werden in die Gruppe der wirksamsten natürlich vorkommenden Lebercarcinogene eingereiht. In Mozambique, dem Land mit der höchsten Erkrankungsrate an primärem Leberkrebs der Erde, konnten in 9,3% der Lebensmittelproben Aflatoxine gefunden werden. Als durchschnittliche Aflatoxinaufnahme wurden 222,4 ng/kg Körpergewicht/Tag berechnet.

Untersuchungen in anderen Ländern Afrikas (Äthiopien, Uganda, Kenia, Swaziland, Nigeria, Südafrika) und Südostasiens (Thailand, China, Philippinen, Hongkong) untermauern die Annahme, daß ein kausaler Zusammenhang zwischen der Aufnahme von Aflatoxinen über kontaminierte Lebensmittel und dem Auftreten von primärem Leberkrebs besteht (Abb. 61). In diesen landwirtschaftlich geprägten Regionen gelten auch heute noch unverändert die traditionellen Gewohnheiten der Lagerung der landwirtschaftlichen Produkte nach der Ernte sowie der Zubereitung und der Zusammensetzung der Nahrung. Die umweltbedingte Entstehung von primärem Leberkrebs wird dadurch bestätigt, daß die Häufigkeit dieser Krebsform in dem Maße zurückgeht, wie "westliche" Methoden der Lagerung von Lebensmitteln in Afrika Fuß fassen.

Neuere Studien mit verfeinerten statistischen Methoden lassen jedoch daran zweifeln, daß die Aufnahme von Aflatoxinen über die Nahrung maßgeblich an einer über dem Durchschnitt liegenden Sterblichkeit an primärem Leberkrebs beteiligt ist (Stoloff 1983). Hierzu gehört etwa die Beobachtung, daß primäre Lebertumoren in Alaska und Hongkong überdurchschnittlich verbreitet sind, eine Aflatoxin-Belastung der Lebensmittel jedoch nur sehr gering ist. Denkbar ist, daß der primäre Leberkrebs in den verschiedenen Teilen der Erde unterschiedliche Ursachen hat. So wird vermutet, daß bei der Landbevölkerung im südlichen Afrika (und möglicherweise auch in anderen Gebieten Afrikas südlich der Sahara sowie im Fernen Osten) das Hepatitis B-Virus der Hauptauslöser für die Entstehung von primären Lebertumoren ist und natürlich vorkommende chemische Carcinogene – zu denen vor allem die Mykotoxine gehören – als Cocarcinogene die Krebsentstehung

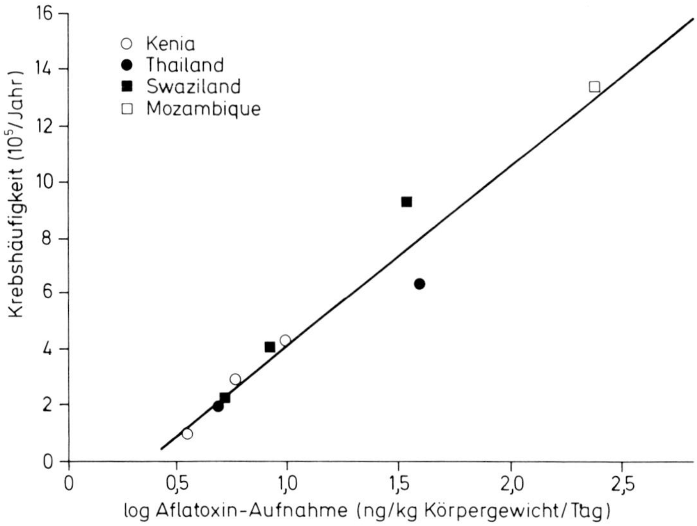

Abb. 61. Beziehung zwischen der Menge an aufgenommenem Aflatoxin und der Erkrankungshäufigkeit an primärem Leberkrebs (Reiß 1981)

fördern, indem sie die Immunabwehr herabsenken. Derartige Überlegungen werden durch epidemiologische Studien in einzelnen Regionen von Mozambique gestützt. Ein großer Teil der Patienten mit primärem Leberkrebs in "westlichen" Ländern ist nicht vom Hepatitis B-Virus befallen, und hier sind dann andere Ursachen für die Carcinogenese zu suchen.

In der Leber und im Blut von Patienten mit primären Lebertumoren konnte Aflatoxin B_1 nachgewiesen werden; bei erkrankten Menschen sind Antikörper gegen einen aflatoxinogenen *Aspergillus flavus*-Stamm deutlich häufiger zu finden als bei Kontrollpersonen.

Wie die Aflatoxine im zellulären Bereich die Entstehung von Krebszellen bewirken oder zumindest daran beteiligt sind, ist noch unklar. Biochemische Studien lassen vermuten, daß die Auslösung einer Hepatocarcinogenese in erster Linie eine Folge des Eingriffs von Aflatoxin B_1 in das genetische System der Mitochondrien ist. Die Ausscheidung eines Adduktes von Aflatoxin B_1 an ein Guanin-Derivat wird als indirekter Hinweis auf eine Reaktion des Toxins mit Nukleinsäuren der Zelle angesehen.

Die Ergebnisse epidemiologischer Untersuchungen erlauben ein Abschätzen der höchstzulässigen Aflatoxin-Aufnahme je Tag. Unter der Bedingung, daß etwa 1 primärer Leberkrebs bei 10^6 Menschen pro Jahr auftritt, ergibt sich hieraus rechnerisch ein Wert von etwa 0,5-1 ng Aflatoxin B_1 je Tag. Dieser Wert ist keinesfalls exakt, sondern als Abschätzungswert mit großen Fehlern behaftet, kann jedoch einen gewissen Hinweis darauf geben, in welcher Größenordnung das Risiko liegt.

β) Andere Krebsformen. Aflatoxine sind möglicherweise an der Entstehung von Dünndarmkrebs mitbeteiligt. In Lungentumoren konnte Aflatoxin B_1 nachgewiesen werden; es ist denkbar, daß sich die Geschwülste als Folge einer Lungenmykose entwickelt hatten.

γ) Hepatitis. Der Verzehr von stark verschimmeltem Mais, der bei ungewöhnlich starken Niederschlägen verhältnismäßig lange auf dem Feld gelagert worden war, rief in westindischen Dörfern eine Hepatitis-Epidemie mit einer Sterblichkeitsrate von 10% bis 25% hervor. In Maisproben, die aus Haushalten mit Gelbsuchtpatienten stammten, wurden Aflatoxine in Konzentrationen von bis zu 15,6 mg/kg gefunden. Eine tägliche Aflatoxin-Aufnahme von 2 mg bis 6 mg wurde berechnet.

Eine kleine Hepatitis-Epidemie in Kenia führte im Jahre 1981 zum Tod von mindestens 12 Patienten. Die Symptome zeigten eine deutliche Ähnlichkeit mit denen der indischen Epidemie. In der Maisnahrung der meisten Toten wurden bis zu 12 000 ppb Aflatoxin B_1 und in den Lebern bis zu 89 ppb des Toxins nachgewiesen. Es wird angenommen, daß das Getreide zu lange und zu feucht gelagert worden war. Dadurch erhielten Schimmelpilze günstige Lebensbedingungen. Wahrscheinlich hat dann noch ein durch allgemeine Nahrungsknappheit bedingter Eiweißmangel die Schwere der Hepatitis verstärkt.

δ) Reye's Syndrom. Das Reye's Syndrom ist eine Erkrankung von Kindern mit Enzephalopathien und fettigen Degenerationen der Eingeweide (vor allem der Leber) als Hauptsymptome. Die Krankheit ist in vielen Ländern Europas, Amerikas, Asiens, in Neuseeland und in Südafrika beobachtet worden. Untersuchungen in Thailand, Neuseeland, Kanada, den USA und in der ČSSR ergaben, daß die Leberproben erkrankter Kinder Aflatoxin B_1 enthalten. Das Toxin konnte auch im Blut von Patienten nachgewiesen werden. Trotz einiger widersprechender Befunde wird allgemein angenommen, daß diese Krankheit zumindest unter Mitwirkung von Aflatoxin B_1 entsteht, wobei zunächst die Leber durch die Einwirkung von Giften oder durch eine Virusinfektion vorgeschädigt wird. Eine zusätzliche akute Aflatoxikose könnte dann daraus die typischen Symptome des Reye's Syndrom entstehen lassen.

ε) Kwashiorkor. Kwashiorkor tritt bei Kleinkindern in tropischen und subtropischen Ländern auf und ist gekennzeichnet durch die Ausbildung von Ödemen, einer Anämie sowie durch Wachstumsstörungen und verminderte Widerstandsfähigkeit. Bislang wurde allgemein angenommen, daß diese Krankheit als Folge eines schweren Eiweißmangels bei verhältnismäßig hohem Kohlenhydratgehalt der Nahrung entsteht. Untersuchungen an Kindern im Sudan geben jedoch eine Reihe von Hinweisen darauf, daß Aflatoxine aus der Nahrung die eigentliche Ursache der Kwashiorkor-Erkrankung sind. Aflatoxine waren in wichtigen Lebensmitteln (vor allem in Erdnüssen und Erdnußbutter) in Konzentrationen von bis zu 0,06 μg B_1 je Gramm bzw. 0,08 μg G_1 je Gramm enthalten und konnten im Serum erkrankter Kinder wesentlich häufiger und auch in einer etwa zehnmal höheren Konzentration nachgewiesen werden als im Blut gesunder Kontrollpersonen. Der Aflatoxin-Metabolit Aflatoxicol wurde im Blutserum von Kwashiorkor-Kranken, jedoch nie bei gesunden Kindern aufgefunden. Die Leber Erkrankter enthielt stets Aflatoxin B_1.

Wahrscheinlich entsteht Kwashiorkor dadurch, daß die durch Eiweißmangelernährung in ihrer Aktivität gehemmten lebereigenen mischfunktionellen Oxidasen das über die Nahrung aufgenommene Aflatoxin B_1 in der Leber nicht mehr entgiften, so daß das Toxin sich dann ansammeln kann.

2) *Penicillium*-Mykotoxikosen

a) Endemische Nephropathie des Balkans

Die "Balkan (endemic) nephropathy" ist gekennzeichnet durch eine fortschreitende Zerstörung der Nierentubuli, begleitet von einer fettigen Atrophie der Niere. Bis zu 10% der Landbevölkerung in Bulgarien, Jugoslawien und Rumänien, die in etwa 13 begrenzten Arealen an der Donau und ihren Nebenflüssen leben, sind erkrankt. In diesen Regionen des Donaubeckens ist die Nephropathie endemisch mit einer jährlichen Todesrate von über 600 Menschen.

Die Beobachtung, daß die Nephropathie eine starke Ähnlichkeit mit einer Nierenerkrankung bei Schweinen in Dänemark besitzt, die offensichtlich durch das Mykotoxin Ochratoxin A (und auch Citrinin) ausgelöst wird, führte dazu, daß in den betroffenen Gebieten des Balkans die Lebensmittel auf einen möglichen Ochratoxin-A-Gehalt hin untersucht wurden. Gerade in Regionen mit starker Nephropathie-Häufigkeit waren die verschiedenen Produkte besonders oft und besonders stark toxinhaltig (bis 90 µg/kg). Der Prozentsatz der kontaminierten Getreideproben schwankte von Jahr zu Jahr sehr stark und konnte bis zu 43% erreichen. Aus Maisproben von Regionen mit hoher Nephropathie-Häufigkeit wurde der Schimmelpilz *Penicillium verrucosum* var. *cyclopium* isoliert. Bei Ratten entstanden nach Verfütterung von Kulturen dieses Pilzes Nierenschäden, die denen der Nephropathie ähnelten. Auch hier könnte Ochratoxin A zumindest mitverantwortlich sein, wenn es auch noch nicht aus den Pilzstämmen isoliert werden konnte. Die Annahme einer mykotoxinbedingten Entstehung der Nephropathie wird durch die Beobachtung untermauert, daß eine hoch signifikante Korrelation zwischen der Anzahl der Todesfälle und der Menge der Niederschläge in Spätsommer und Herbst der vorangegangenen zwei Jahre besteht. Möglicherweise spielt auch das nephrotoxische Mykotoxin Citrinin eine Rolle bei der Entstehung der Nephropathie des Balkans, indem es die Wirkung von Ochratoxin A verstärkt; eine solche Potenzierung in der Wirkung ist bereits bei Tierversuchen beobachtet worden.

Wenn auch manches für eine durch Mykotoxine hervorgerufene Entstehung der endemischen Nephropathie des Balkans spricht, bleibt doch noch eine Reihe von Erscheinungen ungeklärt. Hierzu gehören etwa die Beobachtung, daß ausschließlich Menschen über 30 Jahre erkranken, das verstärkte Auftreten bei Frauen und vor allem die geographische Verbreitung. Der Pilz *Penicillium verrucosum* var. *cyclopium* ist ein weltweit verbreiteter Saprophyt, während die Krankheit auf eng begrenzte Areale beschränkt ist.

b) Kardiale Beriberi

Die kardiale Beriberi ist gekennzeichnet durch ausgeprägte Herzstörungen, die innerhalb einiger Tage zum Tod führen. Schon früh wurde festgestellt, daß diese Krankheit, die in Japan seit Jahrhunderten zu beobachten ist, von der auf Vitamin B_1-Mangel beruhenden eigentlichen Beriberi zu unterscheiden ist. Der Schimmelpilz *Penicillium citreoviride* (früher *P. toxicarium*) bildet auf Reis das neurotoxische Mykotoxin Citreoviridin, das bei verschiedenen Versuchstieren die gleichen Symptome wie bei der kardialen Beriberi des Menschen hervorruft.

3) *Fusarium*-Mykotoxikosen

In den letzten Jahren gewinnen die Mykotoxine von Vertretern der Gattung *Fusarium* ein immer größeres Interesse. Insbesondere in Ländern mit feucht-gemäßigtem Klima können diese Toxine in Getreide und anderen landwirtschaftlichen Produkten gebildet werden (siehe S. 119), wenn die Ernte bei niederschlagsreichem Wetter stattgefunden hat. Die Produzenten oder ihre Toxine können über kontaminierte Lebensmittel, aber auch über eingeatmeten Staub (z.B. an Getreidesilos) in den menschlichen Körper gelangen.

Eine Reihe ungeklärter Krankheitserscheinungen ist möglicherweise auf eine Intoxikation mit *Fusarium*-Mykotoxinen zurückzuführen. Als Beispiel sei die auf Puerto Rico in den Jahren 1978-1981 beobachtete auffällige sexuelle Frühreife bei Kindern genannt. Hier ist möglicherweise der von *Fusarium*-Arten gebildete östrogen wirkende Metabolit Zearalenon einer der Auslöser. Diskutiert wird auch eine Mitwirkung von Zearalenon und verschiedenen Trichothecenen bei der Entstehung gewisser Krankheitsformen, die bei extensivem Alkoholmißbrauch auftreten ("Kobalt-Bier-Kardiomyopathie", "Fetales Alkohol-Syndrom"). Über verschimmelte Rohstoffe könnten die Mykotoxine in das Getränk gelangt sein. Die Beobachtung, daß schwere Schädigungen des ZNS (Anencephalie, Down-, Turner- und Klinefelter-Syndrom, Schizophrenie) häufiger bei Kindern auftreten, die in den Winter- und Frühlingsmonaten auf die Welt kommen, könnte auf eine perinatale Schädigung durch mit *Fusarium*-Toxinen kontaminiertes Getreide zurückzuführen sein.

Medizinhistorische Vergleiche lassen vermuten, daß Mozart an einer *Fusarium*-Mykotoxikose (Pellagra) starb und daß der englische König Georg III an einer ähnlichen Intoxikation, die von einer starken Porphyrie gekennzeichnet war, erkrankte.

a) Kashin-Beck-Erkrankung

Die im Osten der Sowjetunion, in Nordkorea und Nordchina auftretende Wachstumsstörung des Skeletts von Kindern beruht auf einer Verengung der Blutgefäße an den Enden der Gelenke. Die "Osteoarthrosis deformans" wird auf eine Vergiftung durch Getreide zurückgeführt, das mit *Fusarium sporotrichioides* befallen ist.

b) Alimentäre toxische Aleukie

Die alimentäre toxische Aleukie (ATA) trat in Rußland schon in den vergangenen Jahrhunderten auf. Eine besonders starke Ausprägung zeigte sie in den Kriegs- und Nachkriegsjahren 1942-1947. Insbesondere unterernährte Menschen waren betroffen, die gezwungen waren, Getreide (vor allem Weizen und Hirse) zu verzehren, das wegen Arbeitskräftemangels nicht geerntet worden war und daher unter einer Schneedecke überwintert hatte. Die ATA ist eine Blutkrankheit mit extremer Verminderung der Anzahl der Leukozyten (Leukopenie) und im Endstadium mit Anämie und Erschöpfung des Knochenmarks

Die überwinterten Getreideproben enthalten eine große Zahl von Schimmelpilzen (etwa 200 Arten aus 42 Gattungen), von denen sich *Fusarium poae* und *F. sporotrichioides* als besonders toxisch erwiesen. Die Toxine werden noch bei 0°C gebildet, wobei ein abwechselndes Frieren und Auftauen des Getreides die Biosynthese anregt. Als Haupttoxin wurde das zur Gruppe der 12,13-Epoxytrichothecene gehörende T-2-Toxin ermittelt, daneben konnten in den russischen Proben auch die *Fusarium*-Toxine Neosolaniol, T-2-Tetraol und Zearalenon bestimmt werden. Isolate von *F. poae* und *F. sporotrichioides* aus überwintertem Getreide in einem russischen Bezirk mit großer ATA-Häufigkeit bildeten besonders oft und besonders große Mengen an T-2-Toxin, auch hohe Mengen an Zearalenon (bis 1,5 g/kg) wurden von solchen Pilzstämmen produziert.

c) Krebserkrankungen

Es wird vermutet, daß einige Trichothecene, zu denen vor allem das T-2-Toxin gehört, an der Entstehung von Tumoren im Verdauungstrakt von Mensch und Tier beteiligt sind. Der in vielen Regionen Chinas auftretende Speiseröhrenkrebs könnte durch die Mitwirkung von Mykotoxinen von *Fusarium*-Pilzen (z.B. *F. moniliforme*) – möglicherweise in Verbindung mit Nitrosaminen – entstehen.

d) Pellagra

Es wird allgemein angenommen, daß die Pellagra auf einem Mangel an Vitaminen der B-Gruppe (vor allem Nikotinsäureamid) als Folge einer einseitigen Ernährung mit "verdorbenem" Mais beruht. Die Pellagra ist besonders bei der armen Bevölkerung verbreitet, und diese ist gezwungen, "verdorbenen" Mais zu verzehren. Die Wirkung der darin enthaltenen Mykotoxine wird dann durch die vorherrschende Unter- und Mangelernährung verstärkt.

Schon im letzten Jahrhundert wurden aus "verdorbenem" Mais verschiedene Schimmelpilze isoliert, unter denen auch *Fusarium*-Arten vorkamen. Diese Organismen bevorzugen eine niedrige Temperatur und eine hohe Feuchtigkeit und bilden ihre Mykotoxine (vor allem Trichothecene) insbesondere bei tiefen Temperaturen (5-20°C), wie sie auch im Verbreitungsgebiet der Pellagra vorherrschen. Die Verbindung zum Mangel an Vitaminen der B-Gruppe wird dadurch hergestellt, daß die toxischen Wirkungen der Trichothecene verstärkt bei unterernährten Menschen mit einer Unterversorgung an

B-Vitaminen auftreten, da ein Mangel an Coenzymen (NAD^+ bzw. $NADP^+$, zu deren Biosynthese Nikotinsäureamid erforderlich ist) die Aktivität gewisser Enzyme herabsetzt, die an der Entgiftung der Mykotoxine beteiligt sind. Ein weiterer Hinweis auf die mykotoxinogene Entstehung der Pellagra wird in ihrem bevorzugten Auftreten im Frühjahr gesehen, nachdem der Mais den ganzen Winter über bei feuchtkühlem Wetter gelagert worden war; solche Bedingungen fördern die Biosynthese der Trichothecen-Mykotoxine.

Das völlige Fehlen der Pellagra in Mittelamerika (wo der Mais seine Heimat hat und seit alters her kultiviert wird) wird darauf zurückgeführt, daß die dortige Bevölkerung den Mais hauptsächlich in Form von Tortillas verzehrt, zu deren Herstellung die Körner mit gelöschtem Kalk und Wasser gemischt und mehrere Stunden lang erhitzt werden. Unter dem Einfluß des gelöschten Kalks werden die Esterbindungen im Molekül des T-2-Toxins und in anderen Trichothecenen hydrolysiert. Die entstehenden Derivate sind weitaus weniger toxisch.

e) "Yellow Rain"

In der ersten Hälfte des Jahres 1982 erschienen Berichte des amerikanischen Außenministeriums, in denen die Sowjetunion und das mit ihr verbündete Vietnam beschuldigt wurden, in Afghanistan und Südostasien einen Giftkrieg zu führen. Von asiatischen Flüchtlingen war berichtet worden, daß giftige, gelbe Wolken ("yellow rain") niedergesunken seien und Menschen und Tiere getötet hätten. Als Symptome einer Intoxikation mit "gelbem Regen" werden Frösteln, Augenschmerzen, Husten, Brustschmerzen, juckende und entzündliche Hautreizungen, Erbrechen (oft mit Blut) und blutiger Durchfall genannt. Diese Krankheitserscheinungen ähneln auffällig denen nach einer Einwirkung von Trichothecenen.

In einer Probe von gelbem Regen, die in einem Gebiet mit vielen vor kurzem getöteten Tieren von Pflanzen abgekratzt worden war, konnten die Trichothecen-Mykotoxine T-2-Toxin (im Durchschnitt 48 ppm), Diacetoxyscirpenol (im Durchschnitt 43 ppm) und 4-Deoxynivalenol (im Durchschnitt 58 ppm), außerdem Zearalenon (im Durchschnitt 265 ppm) nachgewiesen werden. Weiterhin fanden sich Hinweise darauf, daß in der Probe Polyethylenglykol vorhanden war, das als Emulgator gedient haben könnte.

Auch in anderen Laboratorien wurden Deoxynivalenol, T-2-Toxin und Nivalenol in Blättern und Stammstücken mit einem Belag von gelbem Regen sowie in Wasser aus betroffenen Gebieten festgestellt. Proben aus Regionen ohne chemischen Angriff erwiesen sich als toxinfrei. In Blut-, Serum- und Urinproben erkrankter Personen nach einem vermuteten Angriff mit gelbem Regen konnten T-2-Toxin und HT-2-Toxin gefunden werden. Gewebeproben (Herz, Magen, Nieren, Lunge, Darm) eines nach einem Angriff Verstorbenen enthielten die Trichothecene T-2-Toxin, HT-2-Toxin und Diacetoxyscirpenol in wechselnder Zusammensetzung.

Das Auffinden von Trichothecenen in Gewebe sowie in Proben aus der Natur, die Abwesenheit dieser Toxine in Kontrollpflanzen und Kontrollregionen sowie die Tatsache, daß T-2-Toxin und Diacetoxyscirpenol in der Natur nur selten auftreten und noch seltener miteinander kombiniert vorkommen, weist nach Meinung vieler Autoren darauf hin, daß der gelbe Regen als chemische Waffe bewußt von Menschen eingesetzt wird.

Die Anschuldigungen der amerikanischen Regierung, die Sowjetunion hätte verbotene chemische Waffen eingesetzt, werden durch neue Analysen in Frage gestellt. Danach wurde in neuen Proben überwiegend Blütenpollen gefunden, jedoch keine Mykotoxine in den ursprünglich angegebenen hohen ppm-Konzentrationen. So ist es auch denkbar, daß der "yellow rain" aus unverdaulichen Resten von Pollen besteht, die von den Bienen in der Umgebung ihres Stockes ausgeschieden werden. Möglich wäre, daß *Fusarium*-Sporen der Luft auf diesen Pollenresten hängenbleiben und dort zu Mycelien auskeimen, die dann die Toxine produzieren könnten, die man nachgewiesen hat.

4) *Alternaria*-Mykotoxikose

"Onyalai" ist eine endemische Blutkrankheit bei Bantu-Stämmen in Afrika, deren Hauptsymptome hämoorhagische Anschwellungen der Mundschleimhaut, eine drastische Verringerung der Anzahl der Thrombozyten (Thrombozytopenie) und gewisse Formen der Anämie sind. Aus den Haushalten von Patienten wurden Hirseproben entnommen, aus denen eine Reihe von Schimmelpilzen isoliert werden konnte, von denen *Phoma sorghina* besonders häufig vorkam und sich im Tierversuch als toxisch erwies. Der Pilz produziert die Magnesium- und Calciumsalze des Mykotoxins Tenuazonsäure, die auch von weit verbreiteten *Alternaria*-Arten gebildet wird. Möglicherweise wird "Onyalai" durch solche Mykotoxine hervorgerufen.

5) Andere Mykotoxikosen

Es existieren einige wenige Hinweise darauf, daß auch die Toxine anderer Schimmelpilze beim Menschen Krankheitserscheinungen hervorrufen können. Hierzu gehören etwa:

- *Rhizopus stolonifer (Rh. nigricans):* Eine epidemieartige Erkrankung mit schwerer Polyurie (krankhaft vermehrter Harnausscheidung), starkem Durst, Appetitlosigkeit und Mattigkeit ist in Maharashtra in Indien verbreitet. Aus der Hirsenahrung von Patienten wurde *Rhizopus stolonifer* wiederholt isoliert. Die Verfütterung dieser Pilzkulturen rief bei Ratten ähnliche Krankheitssymptome hervor, so daß angenommen wird, daß ein Toxin dieses Pilzes das auslösende Agens darstellt.
- *Trichothecium:* Speiseröhrenkrebs in Transkei (Südafrika) wird mit dem Verzehr von Mais in Verbindung gebracht, der mit *Trichothecium* sp. kontaminiert war.
- *Stachybotrys alternans:* Bei landwirtschaftlichen Arbeitern, die in Ungarn mit verschimmeltem Stroh hantiert hatten, wurde eine Reihe von Vergiftungssymptomen registriert: Atembeschwerden der verschiedensten Art und Stärke, Nasenbluten, gerötete und geschwollene Gesichtshaut, nässende Hautentzündungen. Aus dem Stroh wurde in erster Linie *Stachybotrys alternans* isoliert, der Trichothecen-Mykotoxine bilden kann.

Nach Auffassung maßgebender Forscher der WHO (World Health Organization) und der IARC (International Agency for Research on Cancers) gibt es keine Hinweise darauf, daß die Mykotoxine Sterigmatocystin, Ochratoxin, Citrinin, Penicillinsäure, Patulin, Rubratoxin, Mycophenolsäure, Luteoskyrin sowie die Trichothecene an der Entstehung von Krebsformen beim Menschen beteiligt sind (Linsell 1982).

Auf der anderen Seite gibt es sicherlich noch eine Reihe von Krankheiten, an deren Entstehung Mykotoxine mitwirken. So wird darauf hingewiesen, daß das Verhungern von Millionen von Indern in Kalkutta und Ostbengalen in den Jahren 1942-1945 auf den Verzehr von verschimmeltem Reis zurückzuführen ist. Ganz sicher muß der Fragenkomplex "Hunger und Mykotoxine" noch genauer untersucht werden.

Vielleicht ist auch die bedrohliche Immunschwächekrankheit AIDS ("acquired immune deficiency syndrome") durch Mykotoxine mitverursacht. Möglicherweise steht zu Beginn der Erkrankung eine Infektion mit einem Pilz. Dieser produziert Gliotoxin oder eine Gliotoxin-ähnliche Substanz, die ihrerseits eine chronische immunologische Abwehrschwäche hervorruft.

6) Schlußbetrachtung

Schon seit der Einführung des Ackerbaues und der Entwicklung einer Vorratswirtschaft während der Jungsteinzeit ist der Mensch dem Einfluß von Schimmelpilzen und damit auch der Einwirkung von Mykotoxinen ausgesetzt. Ganz sicher sind die vielfältigen Einflüsse unserer Umwelt unerläßlich zur Stärkung der Abwehrkräfte unseres Körpers. Ob zu diesen Streßfaktoren auch Schimmelpilze und ihre Stoffwechselprodukte gehören, ist umstritten. So scheint einerseits nachgewiesen zu sein, daß die Immunkräfte des Menschen durch ständige Berührung mit Pilzsporen nicht gestärkt, sondern abgebaut werden. Auf der anderen Seite könnten Spuren natürlicher Giftstoffe – einschließlich der Mykotoxine – in Lebensmitteln eine notwendige Rolle bei der Aufrechterhaltung der Abwehrkraft des Körpers spielen.

Eine große Zahl von pathologischen und epidemiologischen Studien weist darauf hin, daß einige Erkrankungen des Menschen durch Mykotoxine hervorgerufen werden, die bei unserer modernen Vorratswirtschaft gebildet werden können. Eine klare Aussage mit Beweiskraft ist in keinem Einzelfall zu machen, da einerseits exakte experimentelle Befunde aus ethischen Gründen nicht zu erhalten sind und andererseits Ergebnisse von Tierversuchen nicht oder nur mit großen Vorbehalten auf den Menschen übertragen werden können.

Die wichtigste erfolgversprechende Vorbeugungsmaßnahme gegen die Entstehung von möglicherweise Mykotoxin-bedingten Krankheiten beim Menschen ist es, durch entsprechende Hygienemaßnahmen die Bildung von Mykotoxinen zu unterbinden. Hierzu gehört in erster Linie, jegliche Beschädigung von Feldfrüchten während der Ernte zu verhindern und nach der Ernte die Feuchtigkeit der Produkte so rasch zu senken, daß ein Pilzwachstum unmöglich wird.

Literatur

Aurand K, Seifert B, Wegener J (Hrsg) (1982) Luftqualität in Innenräumen. Fischer, Stuttgart New York
Gemeinhardt H (Hrsg) (1976) Endomykosen des Menschen. Fischer, Jena
Grimmer H, Rieth H (Hrsg) (1965) Krankheiten durch Schimmelpilze bei Mensch und Tier. Springer, Berlin Heidelberg New York
Haller de R, Suter F (Hrsg) (1974) Aspergillosis and farmer's lung in man and animal. Huber, Bern Stuttgart Wien
Janke D (1965) Zur Klinik und Mykologie der Aspergillosen. In: Grimmer H, Rieth H (Hrsg) Krankheiten durch Schimmelpilze bei Mensch und Tier. Springer, Berlin Heidelberg New York, S 37-42
Linsell A (1982) Carcinogenicity of mycotoxins. IARC Sci Publ 44:3-14
Male O (1981) Medizinische Mykologie für die Praxis. Thieme, Stuttgart New York
Matossian MK (1981) Mold poisoning: An unrecognized English health problem, 155o-18OO. Med Hist 25:73-84
Palti J (1978) Toxigenic fusaria, their distribution and significance as causes of disease in animal and man. Parey, Berlin Hamburg
Purchase IFH (Hrsg) (1971) Mycotoxins in human health. Macmillan, London
Reiß J (1981) Schädigungen beim Menschen durch Mykotoxine. In: Reiß J (Hrsg) Mykotoxine in Lebensmitteln. Fischer, Stuttgart New York, S 199-222
Remmer H, Bolt HM, Bannasch P, Popper H (Hrsg) (1978) Primary liver tumors. MTP, Lancaster, England
Rodricks JV, Hesseltine CW, Mehlman MA (Hrsg) (1977) Mycotoxins in human and animal health. Pathotox, Park Forest South, IL
Schoental R (1984) Mycotoxins and the Bible. Perspect Biol Med 28:117-12O
Stoloff L (1983) Aflatoxin as a cause of primary liver-cell cancer in the United States: A probability study. Nutr Cancer 5:165-186
Wiesmann E (1974) Medizinische Mikrobiologie. Thieme, Stuttgart

J. Materialzerstörung durch Schimmelpilze

Saprophytische Pilze spielen in der Natur eine wichtige Rolle innerhalb der Kreisläufe verschiedener Elemente, bei denen jede von Pflanzen oder Tieren gebildete Substanz durch Mikroorganismen auch wieder abgebaut werden kann. Eine Reihe bodenmykologischer Untersuchungen zeigt, daß Fadenpilze in großer Zahl in Acker- und Waldböden anzutreffen sind. Dies hat seine Ursache insbesondere darin, daß viele Pilze mit Hilfe von extrazellulären Hydrolasen Kohlenhydrate, wie etwa Cellulose und Stärke, abbauen können. Gerade auf ihre Fähigkeit zur Nutzung von Cellulose ist die große Bedeutung der Pilze in der Natur zurückzuführen, denn diese Gerüstsubstanz der höheren Pflanzen ist eine der häufigsten organischen Verbindungen. In die natürlichen Kreisläufe der Elemente hat der Mensch eingegriffen, indem er beispielsweise das Cellulose enthaltende Holz und Pflanzenfasern aus Cellulose für seinen eigenen Bedarf verwendet und Stärke als wichtige Grundsubstanz seiner Nahrung nutzt. Hier setzt dann die Konkurrenz zwischen Mensch und Schimmelpilz ein; der Pilz wird zum "Schädling". Baut dieser hingegen die gleichen Makromoleküle in Abfällen ab, die der Mensch produziert, dann kann der Pilz zum "Nützling" werden.

Diese unterschiedliche Betrachtungsweise der materialabbauenden Tätigkeit der Schimmelpilze kommt in zwei wichtigen Begriffen zum Ausdruck:

- *Biodeterioration:* Unerwünschte Änderungen der Eigenschaften einnes Materials, die durch die Lebenstätigkeit von Organismen hervorgerufen werden;
- *Biodegradation:* Erwünschter Abbau von Materialien.

Die Erforschung der materialzerstörenden Fähigkeiten von Schimmelpilzen wurde begünstigt durch die Erfahrungen, die von Streitkräften in den Tropen gemacht wurden. Das dort herrschende feuchtwarme Klima begünstigt das Wachstum von Schimmelpilzen und führte dann auch rasch zur Vernichtung von Textilien, Leder und Papier. Solche Schäden sind im kühleren Mitteleuropa zwar nicht so verbreitet, können jedoch gelegentlich bei extremen Bedingungen wirtschaftlich beachtenswerte Ausmaße erreichen.

Die Zerstörung oder Schädigung von Materialien durch Schimmelpilze beruht im wesentlichen auf zwei Vorgängen:

- Chemische Veränderungen: Der Pilz nutzt das Material oder einen Teil davon als Nährsubstrat, was zur Folge hat, daß das Material allmählich aufgelöst wird. Hierzu gehört etwa der Abbau von Cellulose (über Cellobiose zu Glucose) und von Hemicellulosen (zu Pentosen, Hexosen und Uronsäuren) durch Schim-

melpilze (die Zersetzung des Holzstoffes Lignin wird hauptsächlich von höheren Basidiomyceten bewirkt). Es kann auch vorkommen, daß Schimmelpilze den Wert eines Produktes mindern, indem sie Stoffwechselprodukte abgeben, die in das Produkt einwandern. Als Beispiel sei die Verfärbung verschiedener Materialien durch ausgeschiedene Pigmente genannt.
- Physikalische Veränderungen: Hier beruht der Schaden auf der Anwesenheit des Pilzmycels selbst. So können Schimmelpilze in elektrischen Geräten ein derart dichtes Mycelgeflecht bilden, daß die Leitfähigkeit verändert und Isolierungen unwirksam werden.

I. Ökophysiologische Aspekte der Materialschädigung

Ebenso wie auf Lebensmitteln müssen Schimmelpilze auch auf den verschiedensten Materialien mit anderen Mikroorganismen konkurrieren. Diese sind Algen (bei Belichtung) sowie Hefen und Bakterien. Dabei sind zwei Faktoren maßgeblich dafür verantwortlich, daß Schimmelpilze sich durchsetzen können: zum einen die Fähigkeit, noch bei geringer relativer Luftfeuchtigkeit zu wachsen (sinkt diese unter das Wachstumsminimum, dann können meist noch Sporen oder Konidien gebildet werden), zum anderen die Möglichkeit, mit den feinen Hyphenzellen durch schmale Spalten und Risse in das Substrat selbst einzudringen. Fehlen dort wichtige Nährstoffe (etwa Stickstoff), dann können diese durch das Röhrensystem des Mycels von anderen Orten her (aus der Umgebung oder aus älteren Mycelteilen) bis in die eingedrungenen Hyphenspitzen transportiert werden.

II. Der Abbau wichtiger Materialien durch Schimmelpilze

1. Cellulose

Cellulosehaltige Materialien sind die wichtigsten Substanzen, über die der Mensch vorübergehend, jedoch massiv in den natürlichen Kohlenstoffkreislauf eingreift. Hierzu gehört in erster Linie das Holz, das direkt als Nutzholz oder in verarbeiteter Form als Papier und Karton verwendet wird, und auch die große Gruppe der Pflanzenfasern, die zum größten Teil in der Textil- und Verpackungsindustrie verarbeitet werden.

Schimmelpilze, die Cellulose abbauen können, sind zum Beispiel *Acrostalagmus cinnabarinus*, *Alternaria alternata*, *Aspergillus fumigatus*, *A. terreus*, *A. ustus*, *Chaetomium globosum*, *Ch. indicum*, *Myrothecium verrucaria*, *Stemphylium verruculosum* und *Trichoderma viride* (Wälchli 1955). Der biologische Celluloseabbau erfolgt unter Mitwirkung einer Reihe von Enzymen (Abb. 62): eine Endoglucanase greift mit Unterstützung vermutlich einer Oxidase die Cellulose an nichtkristallinen Bereichen an und schafft neue Kettenenden, an denen die Exoglucanase Cellobiose-Einheiten abspaltet. Diese werden dann durch β-Glucosidasen zu Glucose hydrolysiert.

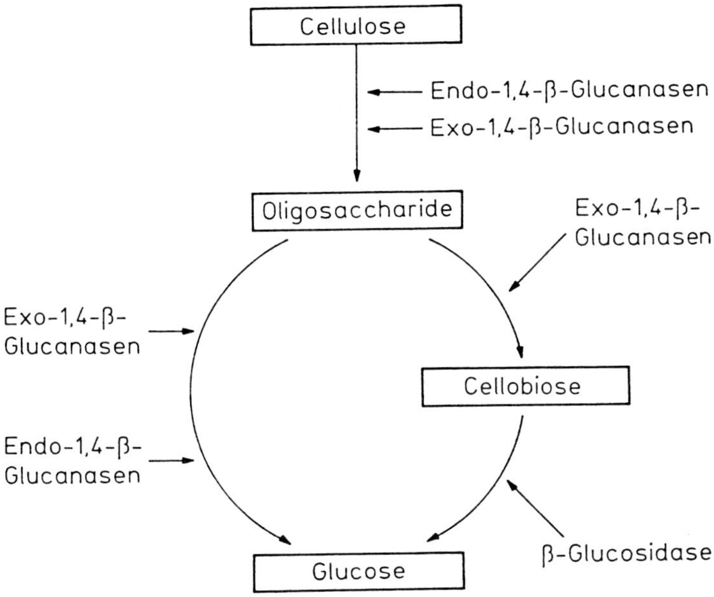

Abb. 62. Abbau der Cellulose durch *Sporotrichum* sp. (nach Wagner und Sistig 1978, erweitert)

Auch Nitrocellulose kann durch Schimmelpilze abgebaut werden. So kann *Aspergillus fumigatus* nach Hydrolyse den gebundenen Stickstoff nutzen, wenn gleichzeitig C-haltige Substrate (z.B. Glucose) vorhanden sind.

a) Holz

Eine Reihe von Schimmelpilzen aus den Gruppen der Ascomyceten und der Fungi imperfecti bauen die Cellulose im Holz ab und nutzen den freiwerdenden Kohlenstoff. Dazu gehören vor allem *Aureobasidium (Pullularia) pullulans* (Abb. 63), *Trichoderma viride*, *Gliocladium roseum* und Vertreter der Gattungen *Alternaria*, *Cephalosporium*, *Chaetomium* (vor allem *Ch. globosum*), *Fusarium*, *Penicillium* und *Phialophora* (Rehm 1980). Eine auffällige Verfärbung ("Oberflächenvergrauung") sowie Verluste des Holzes an Gewicht und Festigkeit sind die Folgen des Celluloseabbaues. Die Schimmelpilze wachsen jedoch nie tiefer als etwa 1 mm in das Holz ein, eine Folge des zu geringen Wassergehaltes im Inneren. Risse in Farbanstrichen auf Holzoberflächen vergrößern die Gefahr eines Schimmelbefalls, weil Regenwasser eindringen und sich im Holz unter dem Anstrich ausbreiten kann. Der oberflächliche Holzabbau durch Schimmelpilze wird als Moderfäule bezeichnet.

Auf holzhaltigen Kunstgegenständen aus Papua-Neuguinea, die im Australischen Museum in Sydney aufbewahrt werden, konnten Vertreter der Gattungen *Penicillium* (vor allem *P. repens*), *Aspergillus* und *Cladosporium* gefunden werden. Dabei überwogen xerophile Vertreter, die besonders auf fettigen Holzoberflächen anzutreffen waren.

In einer Reihe von Arbeiten sind die Bedingungen untersucht worden, die den Abbau von Baumwollgewebe durch Schimmelpilze beeinflussen. Dieser kann durch Zugabe von Hefeextrakt gesteigert werden, wodurch den cellulolytischen Pilzen neben Stickstoff auch Spurenelemente und Vitamine zur Verfügung gestellt werden. Der Abbau von Baumwollgewebe durch *Chaetomium globosum*, *Myrothecium verrucaria* und *Stachybotrys atra* vollzieht sich am besten bei pH-Werten von 5 bis 7. Licht wirkt sehr unterschiedlich auf cellulolytische Pilze: so hemmt ständige Belichtung die Aktivität von *Chaetomium globosum* und *Trichoderma viride*, fördert jedoch den Celluloseabbau durch *Myrothecium verrucaria*, *Penicillium funiculosum* und *Stachybotrys atra*.

Schimmelpilze greifen nicht nur unverarbeitete Fasern, sondern auch Gewebe und andere Fertigprodukte an (Tab. 41), wenn genügend Feuchtigkeit vorhanden ist. Dies kann immer dann angenommen werden, wenn Textilien pflanzlicher Herkunft Niederschlägen ausgesetzt werden (Markisen, Taue, Seile, Kleidungsstücke) und obendrein in feuchtem Zustand verpackt werden (z.B. Zelte, Feuerwehrschläuche und Sandsäcke) (Abb. 64). Schimmelpilze, die textile Gewebe besiedeln, können zunächst mit Hilfe ausgeschiedener Cellulasen die Textilfasern mehr oder weniger stark zerstören. Andere Pilze ohne cellulolytische Aktivität sind in der Lage, Schlichten und Appreturen sowie Lignin- und Pektinpartikel an den Cellulosefasern zu verwerten. Durch diese Organismen werden die Gewebe zwar nicht direkt angegriffen, doch können Farbflecken und unangenehme Gerüche hervorgerufen werden (Abb. 65).

Auch textile Bodenbeläge und die oft aus Jute bestehende Unterseite synthetischer Beläge können von Pilzen bewachsen werden, was sich in auffälligen Verfärbungen und muffigem Geruch äußert.

Tabelle 41. Schäden an Textilien durch Schimmelpilze (erweitert nach Wälchli 1969)

Produkt	Schaden	Isolierte Schimmelpilze
Haargarn-Bouclé-Teppich	Längsrisse	Keine Angaben
Bettuch aus Baumwolle, feucht gefaltet	Verfärbungen	*Alternaria* sp., *Aspergillus* sp., *Chaetomium globosum*, *Penicillium* sp.
Matratze (Baumwolle)	Verfärbungen, Modergeruch	*Alternaria* sp., *Chaetomium* sp., *Cladosporium* sp., *Penicillium* sp., *Stemphylium* sp.
Zelt (Baumwolle)	Kleine, graubraun umrandete Löcher	*Chaetomium olivaceum*, *Stemphylium (Tetracoccosporium) paxianum*, *Trichoderma lignorum*
Kranseil (Hanf)	Durchriß	*Stachybotrys atra*, *Stemphylium* sp.
Feuerwehrschlauch (Hanf)	Verminderte Festigkeit	Keine Angaben

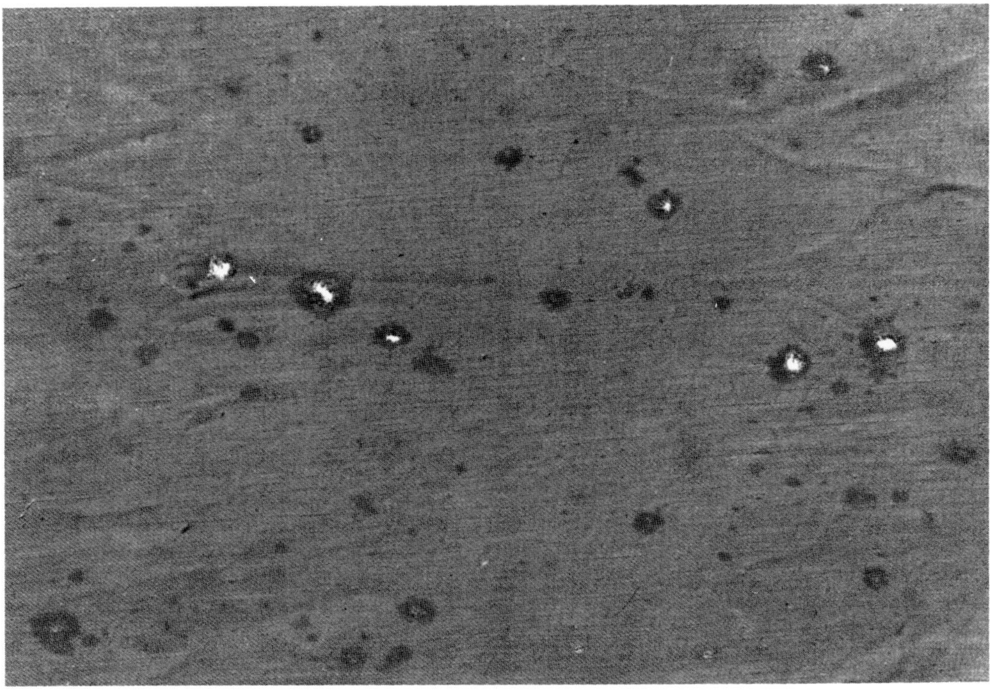

Abb. 64. Lochschäden an einem Zelt durch Schimmelpilze; der Durchmesser der Löcher beträgt etwa 3-4 mm (Photo: O. Wälchli, EMPA, St. Gallen)

d) Zellglas

Zellglas (z.B. Cellophan) ist ein gegenüber dem Angriff von Schimmelpilzen weitgehend widerstandsfähiges Verpackungsmaterial. Es wird auf Grund seiner widerstandsfähigen Oberflächenbeschichtung aus Nitrocellulose und Polyvinylidenchlorid von Schimmelpilzen (*Aspergillus* sp., *Chaetomium crispatum*, *Ch. globosum*, *Penicillium* sp., *Sclerotium rolfsii*) nur langsam abgebaut. Nach Beseitigung der Schutzschicht setzt die pilzliche Zerstörung sehr rasch ein.

2. Wolle

Wolle besteht aus schwefelhaltigen Keratinen und kann von einigen wenigen Schimmelpilzen angegriffen werden, wenn ihr Feuchtigkeitsgehalt 20%-30% beträgt, was bei einer relativen Luftfeuchtigkeit von 95% erreicht wird. Das Pilzwachstum wird zusätzlich gefördert durch Verunreinigungen, wie Fett und Seifenreste. Ein pilzlicher Befall führt zunächst zu Verfärbungen, kann aber auch eine Zerstörung der Wolle durch sezernierte proteolytische Enzyme bewirken. Aus Wolle wurden *Chaetomium globosum*, *Cladosporium herbarum* und *Penicillium lilacinum* isoliert.

Abb. 65. Matratzenstoff mit Schimmelflecken (Photo: O. Wälchli, EMPA, St. Gallen)

3. Leder

Tierische Häute werden als eiweißhaltiges Material schon während ihrer Verarbeitung zu Leder von Mikroorganismen besiedelt. So bilden *Paecilomyces ehrlichii* und *Penicillium aculeatum* während des Gerbprozesses rote Verfärbungen auf Leder, andere Penicillien und Aspergillen grüne und schwarze Flecken. Fertiges Leder ist widerstandsfähiger als ungegerbtes Rohmaterial, kann jedoch verschimmeln, wenn es feucht gelagert wird. Die auf Leder wachsenden Pilze gehören in ihrer Mehrzahl den Gattungen *Aspergillus (A. amstelodami, flavus, nidulans, niger, niveo-glaucus, parasiticus, repens, terreus, unguis, versicolor, wentii)* und *Penicillium (P. chrysogenum, cyaneum, expansum, frequentans, islandicum, luteum, purpurescens, spinulosum, wortmannii)* an, daneben werden auch Vertreter von *Alternaria, Cladosporium, Fusarium, Mucor, Paecilomyces, Rhizopus* und *Trichoderma* gefunden. Diese Organismen rufen zunächst Flecken auf dem Leder hervor und bewirken einen Verlust an Festigkeit durch Abbau der gegerbten Kollagenfasern. Abbaubare Nährstoffe sind insbesondere Fette und Gerbstoffe.

Im allgemeinen sind die unmittelbaren Schäden, die Schimmelpilze auf Leder hervorrufen, nicht gravierend, doch kann ein Befall die Ursache für Defekte im fertigen Leder sein. So bauen Schimmelpilze natürliche oder während der Verarbeitung aufgetragene Fette ab. Die freigesetzten Fettsäuren können an die Lederoberfläche wandern und dort einen feinen, weißen Belag bilden oder während der Gerbung mit Chromsalzen zu Chromseifen reagieren, die dann zu einer ungleichmäßigen Einfärbung führen. Schimmelpilze wachsen besonders gut auf Leder, das mit pflanzlichen Gerbstoffen behandelt worden ist, die dann durch das Enzym Tannase abgebaut werden.

Getragene Schuhe der Bundeswehr können verschimmeln, wenn sie vom Gebrauch noch eine gewisse Feuchtigkeit besitzen (Abb. 66). Nachweisbar sind Aspergillen (*A. niveo-glaucus*, *repens* [sehr häufig], *unguis*, *versicolor*, *wentii*) und Penicillien (*P. chrysogenum* [sehr häufig], *cyaneum*, *expansum*, *frequentans*) (Schmidt und Leistner 1972).

4. Kunststoffe und Gummi

Die große Bedeutung der Kunststoffe als Werkstoffe in der Technik beruht zu einem erheblichen Teil auf ihrer Widerstandsfähigkeit gegen einen Angriff von Mikroorganismen. Dies gilt für alle reinen Polymere, wie Polyäthylen und Polypropylen (mit einer Molekülmasse von über 10 000), Polystyrol, Fluorpolymere und Polyvinylchlorid, während etwa Melamin-Formaldehyd-Harze eine nur geringe Beständigkeit besitzen.

Nur wenige Schimmelpilze können einzelne Kunststoffe bei ausreichender Feuchtigkeit direkt abbauen und den freiwerdenden Kohlenstoff und gegebenenfalls auch den Stickstoff direkt nutzen. Viele Pilze sind jedoch in der Lage, einzelne Zusatzstoffe, wie Weichmacher, Emulgatoren, Füllstoffe, Gleitmittel u.a., abzubauen (Übersicht: Becker und Groß 1974). Von den Weichmachern sind mehrwertige Alkohole, Ester von Ricinolein-, Laurin-, Stearin- und Ölsäure sowie Derivate von Adipin- und Sebacinsäure besonders geeignete Pilzsubstrate. Das Schimmelwachstum führt dann zu einer Verminderung der Reiß-, Zug- und Biegefestigkeit (etwa durch Abbau der Weichmacher), der Elastizität und unter Umständen auch der Isolierwirkung der Kunststoffe. Auch nicht mehr entfernbare Verfärbungen können auftreten.

Abb. 66. Schimmelbewuchs auf Schuhen (Photo: L. Leistner, Kulmbach)

Schimmelpilze, die von Kunststoffen isoliert wurden, faßt Tabelle 42 zusammen. PVC-Folien in Florida und auf Puerto Rico wurden bevorzugt von *Aureobasidium pullulans*, *Curvularia* sp. und *Alternaria* sp. besiedelt.

Auch vollsynthetische Fußbodenbeläge (Polyamid, Polyester) können durch Avivage, Weichmacher, Appretur und Binder oder durch aufgebrachten Schmutz Substanzen enthalten, die von Schimmelpilzen als Substrate genutzt werden können. Ein Schimmelbefall solcher Materialien wird immer dann zu erwarten sein, wenn die Bodenbeläge in Naßräumen eingesetzt werden.

Einige Schimmelpilze sind in der Lage, die Kunststoffbeschichtungen (vor allem aus Polyurethan) in Heizöltanks und Flugzeugtanks zu zerstören. Das sich dabei entwickelnde Pilzmycel ruft dann durch Verstopfung der Filter und Siebe schwere Betriebsstörungen hervor. Polyurethan-abbauende Pilze sind *Aspergillus niger*, *Cephalosporium* sp., *Cladosporium herbarum*, *C. resinae*, *Chaetomium globosum*, *Fusarium* sp., *Gliocladium roseum*, *Paecilomyces* sp., *Penicillium citrinum*, *Pullularia* sp., *Scopulariopsis* sp. und *Rhizopus* sp.

Als Ursache für die Zersetzung von Polyurethan werden folgende Schritte angenommen: Abbau verbliebener freier Isocyanatgruppen, Spaltung von Amidgruppen, Aufbrechen der Urethangruppen und Spaltung der Ringe der Isocyanatsäure-Einheiten.

Tabelle 42. Von Kunststoffen isolierte Schimmelpilze (nach Becker und Groß 1974)

Zygomyceten

Absidia glauca, Cunninghamella echinata, Mortierella sp., *Mucor griseo-cyanus, M. racemosus, Rhizopus* sp., *Zygorrhynchus moelleri*

Ascomyceten

Chaetomium globosum, Eidamella deflexa, E. papyricola, E. spinosa, Monascus sp., *Myxotrichum deflexum*

Fungi imperfecti

Acremonium sp., *Alternaria alternata, Aspergillus amstelodami, A. candidus, A. carbonarius, A. flavus, A. fumigatus, A. glaucus, A. niger, A. oryzae, A. ruber, A. sydowi, A. tamarii, A. terreus, A. ustus, Aureobasidium pullulans, Botryodiplodia* sp., *Cephalosporium* sp., *Cladosporium herbarum, C. resinae, Coniothyrium* sp., *Curvularia* sp., *Dermatium* sp., *Fusarium solani, Graphium* sp., *Mesionella* sp., *Metarrhizium anisopliae, Monilia* sp., *Nigrospora sphaerica, Paecilomyces varioti, Penicillium brevicompactum, P. chrysogenum, P. citrinum, P. commune, P. cyaneum, P. cyclopium, P. decumbens, P. funiculosum, "P. glaucum", P. islandicum, P. luteum, P. martensii, P. nigricans, P. purpurogenum, P. rubrum, P. rugulosum, P. sartoryi, P. steckii, P. stoloniferum, P. variabile, P. viridicatum, P. wortmannii, Phoma pigmentivoria, Ph. suecica, Scopulariopsis brevicaulis, Stachybotrys atra, Stemphylium* sp., *Trichoderma harzianum, T. lignorum, T. viride, Trichothecium* sp.

In den letzten Jahren häufen sich Berichte über einen verstärkten Schimmelbefall bei *Dichtstoffen* (Polysulfid-, Silikon- und Polyurethan-Polymere), die als Dichtungsmaterial bei Dehnungsfugen oder zur Befestigung von Fensterscheiben im Rahmen Verwendung finden. Gerade Dehnungsfugen in Schwimmbädern zeigen schon nach wenigen Monaten dunkle Flecken, die auf eingewachsene Pilzmycelien zurückzuführen sind.

Auf verschiedenen Dichtstoffen konnten folgende Schimmelpilze nachgewiesen werden: auf Silikon-Dichtstoff *Acremonium strictum* und *Phoma putaminum* sowie auf Polysulfid-Dichtstoff *Fusarium solani*, *Penicillium frequentans* und *P. funiculosum*. Aus Polysulfid-Dichtungsmassen in Benzintanks wurden Vertreter der Gattungen *Acremonium*, *Alternaria*, *Cladosporium*, *Fusarium*, *Penicillium* und *Trichoderma* isoliert (Becker und Groß 1971). Im allgemeinen sind aber Silikon-Dichtstoffe gegen Pilze und Bakterien in hohem Maße widerstandsfähig, wenn auch einige Mikroorganismen auf ihrer Oberfläche wachsen können.

Voraussetzung für das Pilzwachstum auf Kunststoffen als Dichtungsmassen ist eine Verwertbarkeit des Polymers oder beigefügter Hilfsstoffe, wie etwa Weichmacher, als Kohlenstoffquelle. Ähnlich wie beim Schimmelwuchs auf Glas kann es auch sein, daß als Nährsubstrat für die Pilze Verunreinigungen auf der Oberfläche dienen. Durch das Wachstum der Pilze verfärbt sich die Außenschicht der befallenen Materialien. Ob neben diesen ästhetischen Beeinträchtigungen auch die Gebrauchseigenschaften der Dichtstoffe beeinflußt werden, bleibt noch offen.

Kunststoffputze und Putzmörtel enthalten bis zu 3% Polyvinylacetat, wodurch die Verarbeitung erleichtert und die Festigkeit und Elastizität des Materials verbessert werden sollen. Auf solchen Putzen wachsen *Cladosporium herbarum* und *Stemphylium* sp. Polyvinylacetat selbst wird durch die Pilze nicht angegriffen. Im alkalischen Putz wird das Polymer jedoch zu Polyvinylalkohol und Acetat hydrolysiert; die letztere Verbindung dient den Pilzen dann als C-Quelle.

Epoxyd-Klebmassen können zwar von verschiedenen Schimmelpilzen (*Alternaria radicina*, *Aspergillus flavus*, *A. niger*, *A. terreus*, *Paecilomyces varioti*, *Penicillium corylophilum*, *P. luteum*, *Scopulariopsis brevicaulis*, *Syncephalastrum racemosum*) bei Erd-Eingrabe-Tests bewachsen werden, werden jedoch nicht angegriffen.

Im Rahmen des Umweltschutzes werden Anstrengungen unternommen, Kunststoffe gezielt zu verändern, so daß sie auf Müllhalden leichter abgebaut werden können. Zu diesem Zweck kann man abbaubare Füllstoffe (Stärke, Proteine) in die Kunststoff-Matrix einbauen, die den Schimmelpilzen die erforderlichen Nährstoffe liefern. Bereits in der Praxis eingesetzt werden Folien mit einem Stärkezusatz von etwa 10% und Beimengungen von autoxidierbaren Verbindungen, die zusätzlich den photooxidativen Abbau beschleunigen.

Naturgummi wird von Mikroorganismen (vor allem Streptomyceten) angegriffen, auch wenn er mit Giftstoffen versetzt wird. Diese Abbaubarkeit wird heute immer wichtiger, wenn man etwa gebrauchte

Autoreifen auf Mülldeponien rasch und möglichst rückstandslos beseitigen will. In Frankreich wurden folgende gummiabbauende Schimmelpilze aus Erdproben und Altreifen isoliert: *Cladosporium cladosporioides*, *C. sphaerospermum*, *Fusarium oxysporum*, *F. solani*, *Mucor hiemalis*, *M. hiemalis* forma *corticola*, *M. plumbeus*, *Paecilomyces lilacinus*, *Penicillium variabile* und *P. vinaceum*. Im Gegensatz zu Naturgummi ist Synthese-Kautschuk besonders widerstandfähig gegenüber Pilzen und Streptomyceten.

5. Farben, Anstriche und Gemälde

Farben können von Schimmelpilzen sowohl im Vorratsbehälter (Kanne, Dose) als auch nach dem Auftragen als Film befallen werden. Dabei dienen meist die dem Pigment zugefügten Tenside, Verdichtungsmittel und Weichmacher als Nährsubstrate. Oft werden bei der Farbenherstellung organische Öle, wie Leinöl oder Rizinusöl, verwendet, die von manchen Schimmelpilzen verwertet werden können. Farben, die Erdpigmente enthalten (z.B. Umbra), werden besonders leicht von Schimmelpilzen angegriffen, solche mit Zusätzen von Schwermetallen sind gewöhnlich resistent.

Wand- und *Deckenanstriche* werden bei ausreichender Feuchtigkeit von Schimmelpilzen besiedelt, die muffige Gerüche und Verfärbungen hervorrufen und die Anstriche zerstören können. Dies kann besonders leicht in Waschräumen und Bädern, Küchen und allen Betriebsräumen mit hoher Luftfeuchtigkeit auftreten. Häufige Anstrichzerstörer sind *Aureobasidium pullulans*, *Chaetostylum fresenii*, *Cladosporium herbarum*, *Penicillium expansum* und *Thamnidium elegans*, seltener *Aspergillus niger* und *Mucor hiemalis*. Die in Anstrichen und Farben gefundenen Schimmelpilze faßt Tabelle 43 zusammen.

Tabelle 43. In Anstrichen und Farben gefundene Schimmelpilze

Objekt	Isolierte Schimmelpilze
Inneres eines Viadukt-Trägers in England	*Alternaria* sp., *Aspergillus fumigatus*, *A. niger*, *A. versicolor*, *Aureobasidium pullulans*, *Chaetomium olivaceum*, *Cladosporium cladosporioides* (häufig), *Penicillium brevicompactum*, *P. canescens* (häufig), *P. crustosum*, *P. frequentans*, *Sporotrichum carnis*, *Stemphylium* sp., *Trichoderma* sp.
Leinölhaltige Farben	*Alternaria* sp., *Aureobasidium pullulans*, *Cladosporium* sp., *Fusarium* sp., *Penicillium* sp., *Phoma glomerata*
Öl- und Emulsionsfarben	*Alternaria dianthicola*, *Aspergillus flavus*, *Aureobasidium pullulans*, *Cephalosporium carpogenum*, *Cladosporium* sp., *Fusarium flocciferum*, *Helminthosporium spiciferum*, *Paecilomyces varioti*, *Penicillium oxalicum*, *Phoma glomerata*, *Sphaerospermum* sp., *Stemphylium consortiale*

Auf mögliche Schädigungen der menschlichen Gesundheit durch Schimmelpilzbewuchs auf *Tapetenfarbstoffen* weist Rehm (1980) hin. Bei der Herstellung der Tapetenfarbstoffe wurden zu Beginn dieses Jahrhunderts Arsenverbindungen (z.B. Arsenoxid) verwendet. Gewisse Pilze (vor allem *Scopulariopsis brevicaulis*, aber auch Vertreter der *Aspergillus glaucus*-Gruppe, *A. virens*, *Mucor mucedo*, *Penicillium* sp.) setzten daraus die giftigen Verbindungen Trimethylarsin und Kakodyloxid frei, die bei Menschen zu Vergiftungs- und Todesfällen führten.

Gemälde können von Schimmelpilzen befallen, dabei farblich verändert und sogar zerstört werden, wenn eine geringe Luftzirkulation für eine höhere Luftfeuchtigkeit sorgt (über 80%). Dabei werden insbesondere die Farbschichten, Leime und Trägersubstanzen angegriffen. Dadurch können sich Staub und Feuchtigkeit auf der Oberfläche absetzen und die Darstellungen überdecken. Schwerere Schäden sind Farbveränderungen, Fleckenbildung und ein Verwischen der Konturen; im Endstadium kann die Farbdecke auseinanderbrechen. Im Vordergrund stehen xerophile Vertreter der Ascomyceten und der Fungi imperfecti mit hoher Enzymkapazität und geringen Ansprüchen an Nährstoffen. *Aureobasidium pullulans* ist einer der am häufigsten isolierten Vertreter (Tab. 44).

Tabelle 44. Auf Gemälden gefundene Schimmelpilze und die von ihnen hervorgerufenen Schäden (nach Rose 1981)

Schimmelpilze	Schäden bei Gemälden
Alternaria sp.	Schwarze Verfärbungen (besonders auf Hautpartien von Porträts), Abbau der Leinwand
Aspergillus sp.	Oberflächen von Konidien bedeckt, Temperafarben und Bindemittel werden zersetzt
Aureobasidium sp.	Glatte, schwarze Flecken auf der Oberfläche, Abbau von Bindemitteln
Botrytis sp.	Ausgedehnte, flaumige, sporenbildende Kolonien auf der Oberfläche, Abbau von Cellulose
Chaetomium sp.	Schwarz-braune Verfärbung und Zerstörung der Leinwand (Abbau von Cellulose)
Cladosporium sp.	Schwarze Verfärbungen (besonders auf Hautpartien von Porträts), Abbau der Leinwand
Mucor sp.	Besonders starkes Wachstum auf der Rückseite der Bilder, dabei werden Kleister und Leime angegriffen
Penicillium sp.	Ausgedehnte, meist grüne Verfärbungen durch Konidien
Rhizopus sp.	Besonders starkes Wachstum auf der Rückseite der Bilder, dabei werden Kleister und Leime angegriffen
Stemphylium sp.	Schwarze Verfärbungen (besonders auf Hautpartien von Porträts), Abbau der Leinwand
Trichothecium sp.	Blaßrötlicher, pulvriger Bewuchs auf Bild und Unterlage, Abbau von Cellulose

Wandgemälde können besonders leicht durch Schimmelpilze verfärbt und zerstört werden, wenn Schmutz und Feuchtigkeit die Bilder bedecken. Der wichtigste Schaden besteht in einer Ablösung der Farbschichten vom Untergrund. Tabelle 45 faßt die Ergebnisse einiger Untersuchungen über die Mikroflora auf Wandgemälden zusammen.

Tabelle 45. Schimmelpilze, die Wandgemälde zerstören (nach Rose 1981, erweitert)

Objekt	Daraus isolierte Schimmelpilze
Fresken in antiken Gebäuden in Ostia, Rom und Orvieto	*Aspergillus* sp., *Cephalosporium* sp., *Penicillium* sp.
Fresken in Florenz nach dem Hochwasser von 1966	*Aspergillus* sp. (seltener), *Gliocladium* sp., *Mucor* sp., *Penicillium albicans, P. canescens, P. chrysogenum, P. citrinum, P. commune, P. camemberti, P. decumbens, P. frequentans, P. janthinellum, P. purpurogenum, P. ramigenum, P. restrictum, P. thomii, Stemphylium* sp.
Fresken in alten Kirchen in Pavia	Besonders häufig *Aspergillus niger, Cladosporium cladosporioides, C. cucumerinum, Epicoccum purpurascens, Fusarium oxysporum, Penicillium frequentans, P. oxalicum;* auch *Alternaria alternata, Aspergillus ochraceus, A. versicolor, Aureobasidium pullulans, Humicola fuscoatra, Oidiodendron tenuissimum, Paecilomyces lilacinus, Penicillium expansum, Rhizopus stolonifer, Verticillium lateritium*
Wandgemälde in der UdSSR	*Aspergillus versicolor, Bispora* sp., *Cephalosporium* sp., *Cladobotryum* sp., *Fusidium* sp., *Penicillium* sp., *Stemphylium* sp., *Verticillium* sp.
Isartor in München	*Alternaria* sp., *Chaetomium* sp., *Penicillium* sp., *Sepedonium* sp., *Stemphylium* sp., *Trichoderma* sp.
Wandgemälde in polnischen Palästen und Schlössern	*Aspergillus* sp., *Aureobasidium pullulans, Cephalosporium acremonium, Mucor mucedo, Penicillium* sp., *Plicaria muralis, Rhizopus stolonifer, Sporotrichum roseum, Stemphylium* sp.

6. Glas

Glas kann zwar nicht von Schimmelpilzen direkt als Nährsubstrat genutzt werden, doch können diese Organismen auf Schmutzschichten (Fingerabdrücken, Schmiermitteln u.a.) gedeihen, die auf Glasoberflächen zu finden sind. Dies gilt insbesondere für die Linsen optischer Geräte, wie Ferngläser, Kameras, Mikroskope und Meßinstrumente. Durch das entstandene Pilzmycel auf der Linsenoberfläche kann zunächst der Durchblick gestört werden, doch kann auch die Linse durch Ausscheidungsprodukte angeätzt werden (Abb. 67). Solche Schädigungen optischer Gläser durch Pilze können insbesondere in den Tropen auftreten, wo die hohe Luftfeuchtigkeit das Wachstum der Schimmelpilze zusätzlich unterstützt und optische Geräte dadurch weitgehend unbrauchbar werden.

Eine Reihe von Untersuchungen über Schäden an Glas durch Schimmelpilze haben gezeigt, daß xerophile bis hygrophile Pilze als Glasschädlinge in Betracht kommen. Sie sind in der Lage, ein Mycel allein aus Konidien zu bilden, das allerdings kurz bleibt, da der Nährstoffvorrat begrenzt ist. Nach künstlicher Beimpfung konnten *Aspergillus penicilloides (A. vitricolae), A. (Eurotium) tonophilum, Chaetomium globosum, Paecilomyces varioti, Penicillium funiculosum* und *P. chrysogenum (P. notatum)* auf verschiedenen Glassorten wachsen und dort nicht mehr entfernbare Spuren hinterlassen. Aus Binokularen, die an die Herstellerfirma zurückgeschickt worden waren, isolierten Kerner-Gang und Schneider (1969) 66 Pilzstämme, die nur sieben Gattungen angehörten (Tab. 46).

Über die Entstehung der Ätzfiguren selbst gehen die Auffassungen noch auseinander. So werden ausgeschiedene Säuren (Citronen-, Oxalsäure) und Alkalien für das Ätzen der Silikatoberfläche verantwortlich gemacht oder sezernierte Chelatbildner, die die in den Silikaten vorliegenden Metalle binden und somit das Glas zersetzen.

7. Mineralische Baustoffe

An der Verwitterung von Gesteinen in Gebäuden und an Denkmälern sind neben den bekannten physikalischen und chemischen Umgebungsfaktoren auch Mikroorganismen beteiligt. Zu den aktivsten Vertretern der Schimmelpilze gehören Arten der Gattungen *Aspergillus, Cephalosporium, Fusarium, Hormodendrum, Mucor, Penicillium, Spicaria* und *Trichoderma*. Die von diesen Organismen produzierten und ausgeschiedenen Säuren (Oxal-, Citronen-, Gluconsäure) sind in der Lage, direkt Gesteine anzugreifen oder diese durch Entzug von Kationen durch Chelatbildung zu zersetzen (Abb. 68). Die oben genannten Pilze können nach Rose (1981) die Silikatgesteine Aprophylit, Olivin, Vermiculit, Saponit und Wollastonit abbauen. Demgegenüber werden Kaolinit, Labradorit, Orthoklas und Talk nicht angegriffen.

Ein aus verwittertem Basalt isolierter Stamm von *Penicillium simplicissimum* war in der Lage, in einem Glucose-Mineralsalz-Medium Basalt, Granit, Granodiorit, Rhyolit, Andesit, Peridotit und Quarzit abzubauen. Nach einer Inkubationszeit von sieben Tagen

Tabelle 46. Von Linsen isolierte Schimmelpilze (nach Kerner-Gang und Schneider 1969)

Herkunft der befallenen optischen Geräte	Isolierte Schimmelpilze
Deutschland	*Aspergillus amstelodami*, *A. fischeri*, *A. niger*, *A. versicolor*, *Penicillium citrinum*, *P. funiculosum*, *P. janthinellum*, *P. purpurogenum*, *P. tardum*, *P. variabile*
Holland	*Aspergillus amstelodami*, *A. fumigatus*, *Penicillium variabile*
Schweiz	*Aspergillus fumigatus*, *A. versicolor*, *Paecilomyces varioti*, *Penicillium* sp., *P. variabile*
Afrika	*Aspergillus amstelodami*, *A. candidus*, *A. fumigatus*, *A. niger*, *A. versicolor*, *Cladosporium* sp., *Paecilomyces varioti*, *Penicillium decumbens*, *P. notatum*, *P. purpurogenum*
Trinidad	*Alternaria alternata*, *Aspergillus fumigatus*, *Penicillium fellutanum*, *P. purpurogenum*, *Scopulariopsis brevicaulis*
Haiti	*Paecilomyces varioti*, *Penicillium frequentans*, *P. funiculosum*, *P. variabile*
Singapur	*Aspergillus fischeri*, *A. flavus*, *Chaetomium* sp., *Penicillium frequentans*, *P. purpurogenum*

wurden bis zu 31% Si, 11% Al, 64% Fe und 59% Mg herausgelöst (Silverman und Munoz 1970).

Aus der Verwitterungsschicht eines Sandsteindenkmals in Kiel wurden 20 Pilzstämme (neben 10 Hefen und 75 Bakterienstämmen) isoliert, die in Kultur Citronen-, Oxal-, Glucon- und Glucuronsäure bildeten. Wurden die in Sandstein häufig vorkommenden silikatischen Mineralien Amphibolit (Hornblende), Glimmer (Biotit) und Feldspat (Orthoklas) mit gesteinsbesiedelnden Schimmelpilzen (*Aspergillus niger*, *Cladosporium herbarum*, *Penicillium brevicompactum*, *P. expansum*, *P. granulatum*, *Mucor* sp. u.a.) beimpft, dann zeigte sich, daß die ausgeschiedenen Säuren insbesondere die Eisenionen bevorzugt herauslösen können (Eckhardt 1979). Biotit wird am stärksten angegriffen, was auf die lockere Struktur dieses Minerals zurückgeführt wird, die den Pilzen das Eindringen erleichtert.

Wie Eckhardt (1982) berichtet, sind im Wandputz von Bauten unter Denkmalschutz immer wieder Mycelien und Konidien von Schimmelpilzen zu finden. Voraussetzung ist stets eine erhöhte Feuchtigkeit, die die überall mit der Luft herantransportierten Konidien zum Auskeimen bringt. Auch hier wird das carbonathaltige Material durch die chelatisierende Wirkung der ausgeschiedenen organischen Säuren abgebaut.

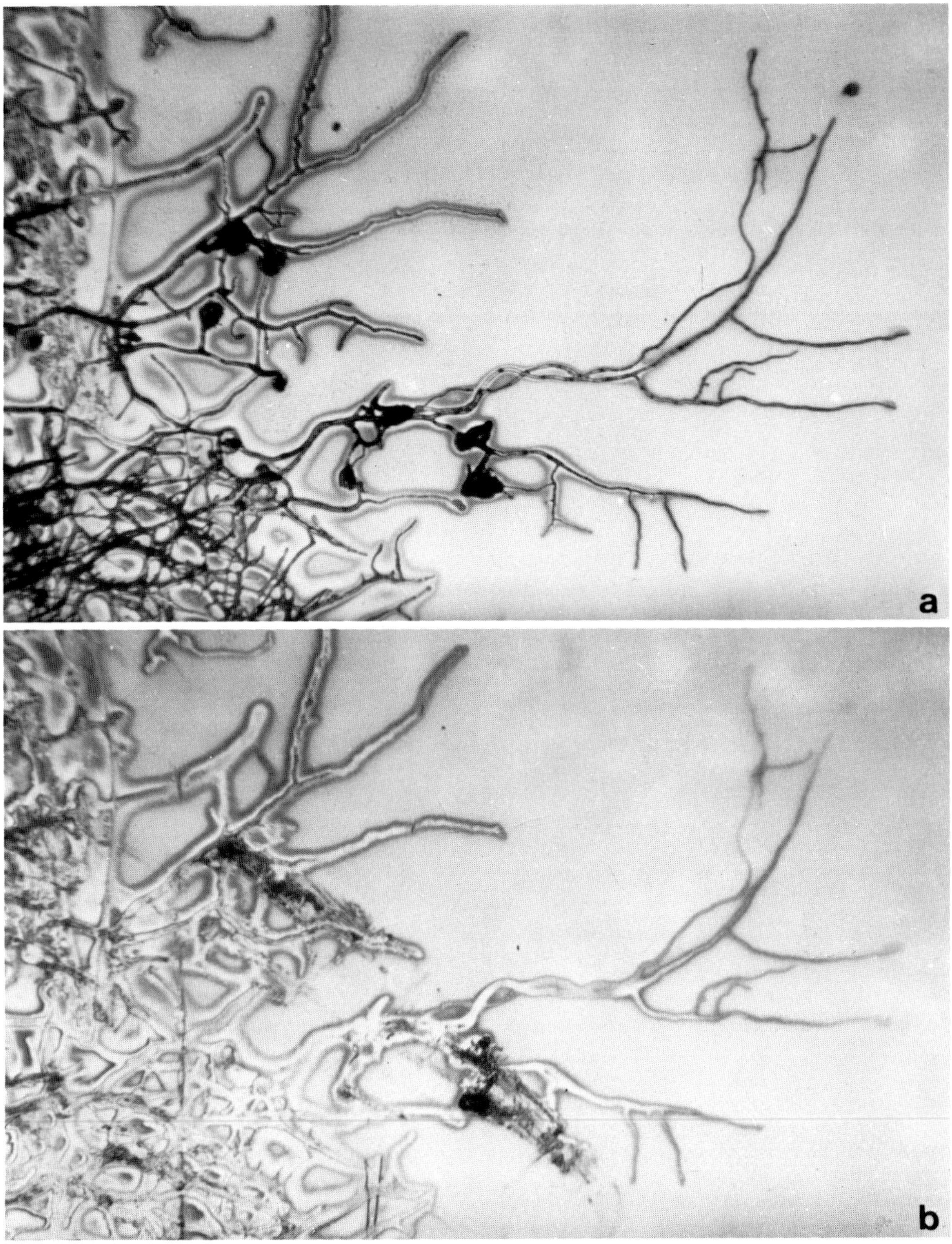

Abb. 67. *a* Glas mit anhaftendem Pilzmycel, *b* Glas mit Ätzspuren nach Entfernung des Mycels (Photos: W. Kerner-Gang, Berlin)

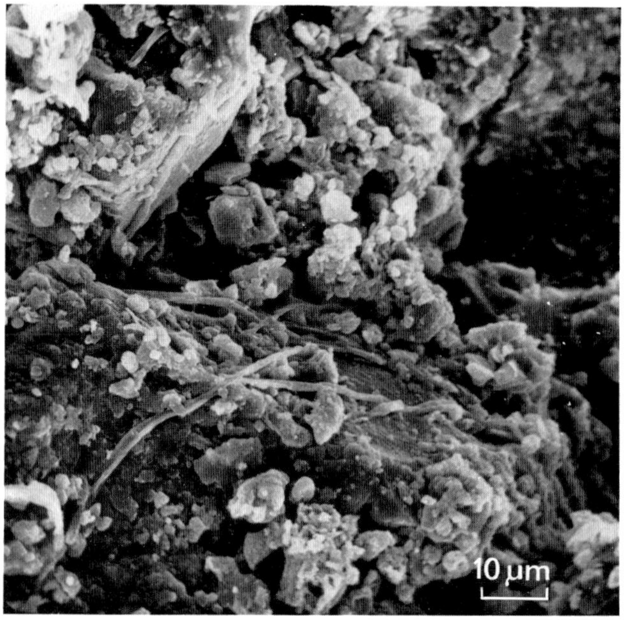

Abb. 68. Inneres der Verwitterungskruste an einem Denkmal aus Sandstein mit eingedrungenem Mycel (Photo: F.E.W. Eckhardt, Kiel)

8. Innenwände von Häusern

Penicillium- und *Aspergillus*-Arten sowie der Ascomycet *Pyronema domesticum* können auf den Innenwänden von Gebäuden wachsen, wenn folgende Bedingungen erfüllt sind:

- Ausreichende Feuchtigkeit: Existieren Kältebrücken im Mauerwerk, d.h. Stellen, an denen die höhere Innentemperatur mit der niedrigen Außentemperatur zusammenstößt, dann entsteht Kondenswasser, das ein Schimmelwachstum ermöglicht. Dies kann etwa an schlecht isolierten Außenwänden, Fenstern und Wasserleitungen sowie an Metalltüren auftreten.
- Nährstoffe: Insbesondere Rauhfasertapeten mit ihrem hohen Anteil an Zucker, Eiweiß und Lignin sowie Dispersionsfarben mit ihrem Quellmittel-Anteil auf Zuckerbasis liefern den Schimmelpilzen ein nutzbares Nährsubstrat.

Die beste Vorbeugungsmaßnahme gegen einen Schimmelbefall auf Innenwänden ist gründliches Lüften, das die Luftfeuchtigkeit herabsetzt (unter 70%) und somit den Pilzen eine wesentliche Lebensgrundlage entzieht. Schimmelflecken auf Tapeten können durch Betupfen mit einer Lösung aus 90 Teilen Wasser, 10 Teilen Brennspiritus und 2 Teilen Salizylsäure entfernt werden.

9. Kohlenwasserstoffe (Treibstoffe, Bitumen)

Der mikrobielle Abbau von Kohlenwasserstoffen findet immer in der wäßrigen Phase statt, was dazu führt, daß in der Natur nicht die Kohlenwasserstoffe selbst besiedelt werden, sondern das Wasser, mit dem sie in Kontakt kommen. Dabei gilt die Regel, daß ein Mikrobenbefall umso mehr auf die Grenzfläche zu Wasser hin beschränkt ist, je geringer die Wasserlöslichkeit des Kohlenwasserstoffs ist (Fuhs 1961). Zu den Schimmelpilzen, die aliphatische Kohlenwasserstoffe als einzige C-Quelle nutzen können, gehören *Aspergillus versicolor* (Abbau von $C_{23}-C_{34}$ mit abnehmender Leichtigkeit), *A. flavus* (Vaseline, Paraffinwachs), *Penicillium* sp. (Paraffinwachs) und *Scopulariopsis* sp. (Paraffinwachs).

Das als Frostschutzmittel häufig verwendete Ethandiol wird von *Acremonium* sp., *Penicillium pinophilum* und vor allem von *P. simplicissimum* abgebaut.

Treibstoffe aus Kohlenwasserstoffen, wie etwa Kerosin, können von Schimmelpilzen befallen werden, unter denen *Cladosporium resinae* als "Kerosin-Pilz" verbreitet ist, da er als einziger bekannter Schimmelpilz Kerosin direkt abbauen kann. Voraussetzung für einen Pilzbefall ist die Anwesenheit von Wasser, das beispielsweise in Flugzeugtanks als Kondenswasser auftreten kann. Die Pilze wachsen dann an der Grenzfläche Wasser-Treibstoff und können mit ihrem Mycel Leitungen und Filter verstopfen; der eigentliche Abbau von Treibstoffen durch Pilze ist demgegenüber als Schadensquelle nur von untergeordneter Bedeutung. Auch in Heizölanlagen ist *C. resinae* gefunden worden.

Cladosporium resinae ist ein weit verbreiteter Bodenpilz, der Substrate verwerten kann, die Konkurrenzorganismen nicht nutzen können: Kohlenwasserstoffe, pflanzliche Öle, Wachse, Steroide, Terpene u.a. Die dominierende Rolle dieses Pilzes in Treibstoffen beruht auf folgenden Faktoren:

- Fähigkeit zur Verwertung aliphatischer Kohlenwasserstoffe im Bereich C_8-C_{20};
- Fähigkeit zur Sporulation in Kerosin;
- Lange Lebensfähigkeit der Sporen in Kerosin;
- Überleben bei sich wiederholendem Abkühlen (bis -40°C) und Erhitzen (bis +80°C), wie es in Flugzeugtanks üblich ist.

Tabelle 47 faßt die Pilze zusammen, die in Australien, Argentinien und in den USA aus Kerosin und Lagertanks für diesen Treibstoff für Düsenflugzeuge isoliert wurden. Sie alle können die langkettigen Kohlenwasserstoffe des Kerosins ($C_{10}-C_{18}$) besser abbauen als kürzerkettige Kohlenwasserstoffe (C_5-C_9). Die erforderlichen N-Verbindungen stammen aus gewissen Additiven im Treibstoff oder aus der Innenauskleidung der Tanks (z.B. Polyurethan).

Von Papier mit einer Beschichtung aus Bitumen konnten folgende Schimmelpilze isoliert werden: *Aspergillus flavus-oryzae*-Gruppe, *A. fumigatus*-Gruppe, andere *Aspergillus*-Arten, *Chaetomium globosum*, andere *Chaetomium*-Arten, *Sepedonium* sp. und *Trichoderma* sp. Nach künstlicher Beimpfung von Bitumen-Pappe wachsen *Aspergillus versicolor*, *Chaetomium globosum* und *Cladosporium resinae* besonders gut.

Auch Asphalt kann von Schimmelpilzen abgebaut werden. In den USA wurden aus durch "Schimmelflecken" beschädigten Proben von asphaltbeschichteten Papieren *Aspergillus* sp. (aus den Gruppen *flavus-oryzae*, *fumigatus* und *versicolor*), *Chaetomium globosum*, *Penicillium*

Tabelle 47. Schimmelpilze, die aus Treibstoffen isoliert wurden (erweitert nach Becker und Groß 1971)

Zygomyceten

Mucor sp., *Rhizopus* sp., *Syncephalastrum* sp.

Ascomyceten

Chaetomium sp., *Sordaria* sp.

Fungi imperfecti

Acremonium sp., *Alternaria alternata*, *Aspergillus* sp., *Botrytis* sp., *Cephalosporium* sp., *Cladosporium cladosporioides*, *C. sphaerospermum*, *Cryptococcus* sp., *Eppicoccum purpurascens*, *Fusarium* sp., *Gliocladium* sp., *Gliomastix* sp., *Helminthosporium* sp., *Hormodendrum* sp., *Monosporium* sp., *Paecilomyces varioti*, *Penicillium* sp., *Phialophora* sp., *Phoma* sp., *Rhinocladiella* sp., *Stemphylium* sp., *Trichoderma* sp., *Ulocladium chartarum*

sp. (aus den Gruppen *asymmetrica-velutina*, *biverticillata-symmetrica*, *fasciculata* und *lanata typica*), *Sepedonium* sp. und *Trichoderma* sp. gefunden.

10. Metalle

Durch Ausscheidung von organischen Säuren (vor allem α-Oxoglutar- und Citronensäure, aber auch Isocitronen- und cis-Aconitsäure) und anderen Stoffwechselprodukten können Schimmelpilze Korrosionsspuren auf der Oberfläche von Aluminium, Kupfer, Eisen und Blei hervorrufen. So kann *Cladosporium resinae* über ausgeschiedene Stoffwechselprodukte Aluminium angreifen und wird für Korrosionserscheinungen in Flugzeugtanks verantwortlich gemacht.

Systematische in-vitro-Studien mit dem ubiquitären Bodenpilz *Penicillium chrysogenum (P. notatum)* ergaben folgende Reihenfolge der Metalle nach dem Grad ihrer Abbaubarkeit: Zn > Sn > Al > Pb > Cu > Er > Co. Ti, Hf und Ta wurden nicht angegriffen (Siegel et al. 1983).

11. Pharmazeutika und Kosmetika

Pharmazeutische und kosmetische Produkte sind von sehr komplexer Zusammensetzung. Neben einem oder mehreren aktiven Substanzen ist meist eine Vielzahl von Hilfsstoffen (natürliche Gummis, Verdikkungsmittel, Öle, Proteinhydrolysate, Tenside, Geschmacksstoffe, Stabilisatoren u.a.) vorhanden, die das Pilzwachstum fördern können. Aus derartigen Produkten konnten Vertreter der Gattungen *Alternaria*, *Aspergillus*, *Cladosporium*, *Fusarium*, *Mucor*, *Penicillium*, *Rhizopus* und *Trichoderma* isoliert werden (Rose 1981).

12. Elektrische Anlagen

Elektrische Anlagen können – vorwiegend in den Tropen – in ähnlicher Weise von Schimmelpilzen befallen werden wie Glas, wenn verwertbare Verunreinigungen (Staub, Öl, Fett u.a.) und ausreichende Feuchtigkeit vorhanden sind (Abb. 69). Als Folge sind Verminderungen der Kriechwegfestigkeit und damit der Spannungsfestigkeit durch von den Pilzen ausgeschiedenes Wasser und andere elektrolytische Produkte zu beobachten.

Frank (1983) berichtet über Kurzschlüsse in den Seenotsendern eines Frachtschiffes, die durch einen Schimmelbefall hervorgerufen wurden.

In Kühlschränken kann es zur Entwicklung eines schwärzlichen Pilzbewuchses kommen, wenn Kondenswasser die nötige Feuchtigkeit und flüchtige Produkte aus Lebensmitteln die Nährstoffe liefern.

Abb. 69. Schimmelbewuchs auf Metall- und Kunststoffteilen in einem Verstärkerchassis (Photo: O. Wälchli, EMPA, St. Gallen)

Literatur

Becker H, Groß H (1971) Beschädigung von Tankinnenbeschichtungen durch Mikroorganismen. Farbe Lack 77:533-539
Becker H, Groß H (1974) Über die Widerstandsfähigkeit makromolekularer Werkstoffe gegen mikrobiellen Angriff (Ein Übersichtsbericht). Mater Org 9: 81-131
Eckhardt FEW (1979) Über die Einwirkung heterotropher Mikroorganismen auf die Zersetzung silikatischer Gesteine. Z Pflanzenernaehr Bodenkd 142:434-445
Eckhardt FEW (1982) Zum Vorkommen von Pilzen auf Wandputz, Fresken und Mörtel. Sitzung Arbeitskreis "Naturwissenschaftliche Forschung an Kunstgütern aus Stein". Stiftung Volkswagenwerk, Hannover, S 85-92
Evans EM (1973) Degradability of plastics. The British Plastic Federation. Hutchinson Benham, London
Frank HK (1983) Mikrobielle Besiedlung von Kunststoffen. Mater Org 18:269-275
Fuhs GW (1961) Der mikrobielle Abbau von Kohlenwasserstoffen. Arch Mikrobiol 39:374-422
Gilbert RJ, Lovelock DW (Hrsg) (1975) Microbial aspects of the deterioration of materials. Academic Press, London New York
Heinze K (1983) Leitfaden der Schädlingsbekämpfung, Bd IV. Vorrats- und Materialschädlinge (Vorratsschutz). Wiss Verlagsges, Stuttgart
Kerner-Gang W, Schneider R (1969) Von optischen Gläsern isolierte Schimmelpilze. Mater Org 4:281-296
Oxley TA, Barry S (Hrsg) (1983) Biodeterioration, Bd V. Wiley, New York
Raschle P (1978) Peintures, peintures anticryptogamiques et cryptogames. J Contrib Suisse Romande 52:39-41
Rehm H-J (1980) Industrielle Mikrobiologie. Springer, Berlin Heidelberg New York
Rose AH (Hrsg) (1981) Microbial deterioration. Academic Press, London New York
Schmidt U, Leistner L (1972) Verhütung von Schimmelpilzbefall bei Schuhwerk. Fleischwirtschaft 52:898-900
Siegel SM, Siegel BZ, Clark KE (1983) Bio-corrosion: solubilization and accumulation of metals by fungi. Water Air Soil Pollut 19:229-236
Silverman MP, Munoz EF (1970) Fungal attack on rock: solubilization and altered infrared spectra. Science 169:985-987
Wälchli O (1955) Schimmelpilze als Papierschädlinge. Ugra-Bull 1:21-30
Wälchli O (1969) Schimmelpilzschäden an Textilien und deren Verhütung durch schimmelfeste Ausrüstungen. Textilveredlung 1969:3-12
Wagner F, Sistig P (1978) Mikrobielle Celluloseverwertung. In: Lafferty RM (Hrsg) Rotenburger Symp Fermentationstechnik. Braun, Melsungen, S 93-109

K. Bekämpfung von Schimmelpilzen

Schimmelpilze sind in der Lage, infolge ihrer Stoffwechseltätigkeit anorganische und organische Materialien wie auch Lebensmittel tierischer und pflanzlicher Herkunft zu befallen, chemisch abzubauen oder mit Mykotoxinen zu kontaminieren. Daher ist eine große Zahl von Verfahren entwickelt worden, mit deren Hilfe das Wachstum der Schimmelpilze unterdrückt oder völlig unterbunden werden kann. Während die Konservierung von Materialien verhältnismäßig problemlos durchgeführt werden kann, sind die Möglichkeiten der Konservierung von Lebens- und Futtermitteln begrenzt, da hier immer auch eine mögliche Veränderung des Produktes selbst in Betracht gezogen werden muß.

I. Bekämpfung von Schimmelpilzen in Lebensmitteln

Die verschiedenen Verfahren der Lebensmittelkonservierung zielen darauf hin, die Mikroorganismen entweder vollständig abzutöten oder sie möglichst lange in der Anlaufphase (log-Phase; siehe S. 36) zu erhalten. Dies kann erreicht werden durch:

- Verringerung des Befallsgrades: je weniger Organismen vorhanden sind, desto länger ist die Anlaufphase;
- Vermeidung eines Neubefalls mit aktiv wachsenden Mikroorganismen: diese können beispielsweise aus der log-Phase stammen und durch Kontakt mit befallenen Gefäßen und Geräten herstammen;
- Verschlechterung einer oder mehrerer Umweltbedingungen: je ungünstiger die Bedingungen des Substrates sind (chemische Zusammensetzung, Hemmstoffe, Feuchtigkeit, Temperatur, pH-Wert u.a.), desto länger dauert die Anlaufphase;
- Schädigung der Mikroorganismen: beispielsweise durch Erhitzen oder Bestrahlen.

Oft wird zwischen "physikalischen" und "chemischen" Verfahren der Lebensmittelkonservierung unterschieden. Eine solche scharfe Trennung ist jedoch nicht immer möglich, da manche chemische Konservierungsstoffe auf physikalischem Wege das Wachstum von Mikroorganismen unterbinden. So verringern Zusätze von Kochsalz oder von Zucker die Wasseraktivität des Substrates, und manche Säuren hemmen lediglich durch ein Absenken des pH-Wertes das Keimwachstum.

Eine Untergliederung der Konservierungsmethoden in "physikalische" und "chemische" Verfahren kann jedoch dann sinnvoll sein, wenn man von dem unmittelbar auf das Produkt einwirkenden Faktor aus-

Tabelle 48. Übersicht über die Methoden zur Bekämpfung von Schimmelpilzen in Lebensmitteln (nach Schmidt-Lorenz 1977)

A. Entfernung durch Filtration oder Zentrifugierung (Entkeimung)

B. Schwächung oder Abtötung der Pilze durch

a) Physikalische Verfahren:	b) Chemische Zusätze:
Hitze	Sorbinsäure und Sorbate
Kälte	Propionsäure und Propionate
Wasserentzug	Ameisensäure und Formiate
pH-Änderung	Benzoesäure und Benzoate
Licht	Ester der p-Hydroxybenzoesäure
UV-Bestrahlung	Schwefeldioxid
Behandlung mit Gammastrahlen	Thiabendazol
Änderung der Atmosphäre (Kohlendioxid, Unterdruck)	Diphenyl
	o-Phenylphenol
	Essigsäure und Natriumdiacetat
	Antibiotika

geht. In diesem Sinn ist Tabelle 48 zu verstehen, die die gängigen Methoden der Konservierung von Lebensmitteln zusammenfaßt.

1) Physikalische Verfahren der Schimmelbekämpfung

a) Hitze

Durch das Erhitzen eines Lebensmittels werden vegetative und Dauerformen *(Sterilisation)* oder nur die vegetativen Stadien *(Pasteurisation)* abgetötet. Ursache ist die Inaktivierung lebensnotwendiger Enzyme. Dabei ist meist ein kurzzeitiges Erhitzen auf höhere Temperaturen wirksamer als eine längere Erhitzung bei niedrigeren Temperaturen. Nach der Hitzebehandlung muß durch eine entsprechende Verpackung dafür gesorgt werden, daß keine Sekundärinfektion auftreten kann. Eine Hitzebehandlung zerstört jedoch auch wichtige Inhaltstoffe der Lebensmittel (z.B. Vitamine) oder führt zu geschmacklichen und geruchlichen Veränderungen, die die Qualität des Produktes herabsetzen können. Hier müssen dann bei jedem Lebensmittel im einzelnen die Erhitzungsbedingungen genauer festgelegt werden, durch die die Keime möglichst vollständig abgetötet werden, andererseits die Qualität des Produktes weitgehend unverändert bleibt. So ist bei Brotpackungen nach empirischen Untersuchungen dann eine ausreichende Haltbarkeit gewährleistet, wenn im Kern der Packungen 30 Minuten lang eine Temperatur von 90°C eingehalten wird.

α) Objektivierbarkeit der Hitzeresistenz. Die spezifische Hitzeresistenz eines Keimes wird durch den *D-Wert* (dezimale Reduktionszeit) angegeben. Darunter versteht man die Zeitspanne in Minuten, die bei einer gegebenen Temperatur zur Abtötung von 90% der vorhandenen Zellen oder Sporen führt. Der D-Wert ist abhängig sowohl von der Temperatur wie auch vom pH-Wert des Substrates. Da die Überlebenskurve logarithmisch ist, ergeben sich für die Praxis der Konservierung von Lebensmitteln folgende Konsequenzen:

- Die Erhitzungszeiten, die zur Sterilisation eines Produktes erforderlich sind, hängen von der Höhe der anfänglichen Keimzahl ab;
- Eine absolute Keimfreiheit ist theoretisch nicht möglich, weil die Abtötungskurven asymptotisch gegen Null streben.

Neben der Erhitzungszeit ist auch die Höhe der Temperatur für das Absterben der Mikroorganismen wichtig. Dabei gilt allgemein, daß zur Erreichung eines gleichen Abtötungseffektes bei zunehmender Temperatur eine sinkende Einwirkungszeit erforderlich ist.

Ein in der Praxis aussagekräftiges Maß für die Hitzeresistenz von Keimen ist die *Hitze-Abtötungszeit* (TDT, thermal death time). Sie gibt die Zeitspanne in Minuten an, die bei einer gegebenen Temperatur zum Abtöten aller Mikroorganismen führt (Tab. 49).

β) Die Hitzeresistenz beeinflussende Faktoren. Eine Reihe von Faktoren, die vom Organismus selbst oder vom Substrat ausgehen, kann die Widerstandsfähigkeit gegenüber einer Hitzebehandlung beeinflussen. Hierzu gehören etwa:

- Alter: gegenüber Hitze sind jüngere Zellen der log-Phase und jüngere Fortpflanzungszellen empfindlicher als Zellen der stationären Phase bzw. ausgereifte Sporen und Konidien;
- Wassergehalt (a_W-Wert) des Substrates: sinkt der Gehalt des Substrates an freiem Wasser ab, erhöht sich die Hitzeresistenz (Tab. 50); feuchte Hitze ist folglich besser geeignet zur Abtötung von Mikroorganismen als trockene;
- pH-Wert des Substrates: ein Absenken des pH-Wertes in den sauren Bereich (pH 6-7) erhöht allgemein die Hitzeresistenz;
- Salzgehalt des Substrates: die Hitzeresistenz steigt bis zu einer Kochsalzkonzentration von etwa 3%, fällt dann bei höheren Konzentrationen wieder ab;
- Nährstoffe im Substrat: ist das Substrat in seiner Zusammensetzung optimal für das Wachstum eines Mikroorganismus, dann ist auch die Hitzeresistenz von vegetativen und Fortpflanzungszellen besonders hoch. Eiweiße, Fette und Kohlenhydrate fördern meist die Widerstandsfähigkeit gegenüber Hitze.

γ) Die Hitzeresistenz von Schimmelpilzen. Gegenüber trockener Hitze sind Schimmelpilze verhältnismäßig widerstandsfähig. Dies wird darauf zurückgeführt, daß Organismen in oder auf trockenen Substraten, die infolgedessen die Wärme nur schlecht leiten, erst nach längerer Behandlungszeit oder bei entsprechend höheren Temperaturen die zur Enzyminaktivierung erforderliche Eigentemperatur erreichen. So wird eine 30 Minuten dauernde Behandlung mit trockener Hitze von 120°C von vielen Formen überlebt, wohingegen feuchte Hitze von 60°C die meisten Schimmelpilze und ihre Fortpflanzungs-

Tabelle 49. Hitzeresistenz von Schimmelpilzen (nach Schmidt-Lorenz 1977, ergänzt)

Schimmelpilz	TDT-Werte (in Min) bei (°C)						D-Werte (in Min) bei (°C)								
	75	80	85	90	95	100	50	55	60	65	70	75	80	85	90
Aspergillus flavus und *A. parasiticus*, Konidien							16-987	3-29	8″-1						
A. niger, Konidien								6		15″					
A. chevalieri, Ascosporen										46	20	5	3,4		
A. fischeri var. *spinosus*, Ascosporen						>60									
Byssochlamys fulva, Ascosporen			30-65	3-60	1-7	10						>60		26	5
Byssochlamys nivea, Ascosporen				10											
Humicola fuscoatra, Chlamydosporen													101		
Neurospora sitophila, Konidien	5														
Penicillium camemberti, Konidien								7,2							
P. candidum, Konidien								6,0							
P. italicum, Konidien										0,6-0,7					
P. roqueforti, Konidien								8,6							
Thermoascus aurantiacus, Ascosporen	40	12	6	3									2,7-3,6		
Xeromyces bisporus, Ascosporen				60											

Tabelle 50. Einfluß der Wasseraktivität (a_w) auf den D-Wert (nach Beuchat 1983)

Pilz	Zelltyp	a_w	Temperatur (°C)	D-Wert (Min)
Aspergillus flavus	Konidien	0,99	52	44
		0,97		49
		0,89		57
Aspergillus niger	Konidien	1,00	55	6
		0,60	70	100
		0,30	80	216
Aspergillus parasiticus	Konidien	0,99	55	8
		0,90		199
		0,85		214
Byssochlamys nivea	Asco-sporen	0,98	75	60
		0,92		260
		0,84		470

zellen bereits innerhalb von 5 bis 10 Minuten abtötet. Die ungeschlechtlichen Sporen haben allgemein eine Abtötungstemperatur, die um 5°C bis 10°C höher liegt als die für das Mycel.

In ihren ausgedehnten Untersuchungen über die Hitzeresistenz der Konidien aflatoxinogener Stämme von *Aspergillus flavus* und *A. parasiticus* kamen Doyle und Marth (1975a,b) zu folgenden Ergebnissen:

- Bei feuchter Hitze liegen die D-Werte bei 45°C im Bereich von 14 bis über 161 Stunden, bei 60°C hingegen innerhalb von 8 bis 59 Sekunden;
- Eine positive Korrelation scheint zu bestehen zwischen dem Ausmaß der Hitzeresistenz und der Menge an gebildetem Aflatoxin;
- Konidien mit einem Alter von 7 bis 10 Tagen sind hitezresistenter als solche, die 15 bis 20 Tage alt sind;
- Ein niedriger Proteingehalt und ein hoher Glucoseanteil im Substrat erhöhen die Hitzeresistenz;
- Beim Absenken des pH-Wertes durch verschiedene Puffersysteme vermindert ein Natriumacetat-Essigsäure-Puffer die Hitzeresistenz, während ein System aus Citronensäure-Na_2HPO_4 eine Verbesserung der Widerstandsfähigkeit bewirkt;
- Erhöhte Konzentrationen von Kochsalz, Saccharose oder Glucose im Medium verbessern die Hitzeresistenz.

Über die Hitzeresistenz anderer Schimmelpilze gibt es nur wenige genauere Angaben. So können hitzebehandelte Konidien von *Aspergillus parasiticus* (51°C/4 Stunden) auf einem Nährboden mit reduziertem a_w-Wert (0,92 a_w) nicht mehr auskeimen, unbehandelte Konidien hingegen sind dazu in der Lage. Der früher in Bäckereien gefürchtete "rote Brotschimmel" *Neurospora sitophila* wird abgetötet in trockener Hitze von 120°C nach 30 Minuten, hingegen in feuchter Hitze von 72°C bereits nach 5 Minuten. Eine Backtemperatur von 215°C/35 Minuten überleben die Konidien nicht mehr. Das Mycel und die Sporangiosporen von *Rhizopus stolonifer* werden in Obstkonserven erst nach einer 10 Minuten dauernden Erhitzung auf 100°C inaktiviert. Bei dem zur *Aspergillus glaucus*-Gruppe gehörenden *A. repens* führt eine Hitzebehandlung auf 80°C/10 Minuten zum Abtöten der Konidien. Ein einstündiges Erhitzen auf 80°C überleben *A. fischeri* var. *spinosus*, *A. fumigatus* sowie *Penicillium ochro-chloron* und *P. vermiculatum*; eine Behandlung bei 85°C/10 Minuten überstehen *A. fumigatus*, *P. brefeldianum*, *P. pusillum* und *Paecilomyces varioti*. Die Konidien der in der Lebensmittelindustrie eingesetzten Schimmelpilze *Penicillium camemberti*, *P. candidum* und *P. roqueforti* werden bei Temperaturen von über 55°C innerhalb weniger Minuten abgetötet.

Bei einer Temperatur von 55°C ist die Hitzeresistenz der Konidien von *A. niger* und *P. italicum* in hohem Maße abhängig vom pH-Wert des Substrates, wobei die maximale Widerstandsfähigkeit bei pH 5 *(A. niger)* bzw. pH 4 *(P. italicum)* liegt. Junge Konidien von *A. niger* (10 Tage) sind erheblich widerstandsfähiger gegenüber einer Temperatur von 55°C als ältere Konidien der gleichen Art (25 Tage) und auch als die entsprechenden Konidien von *P. italicum*. Mit steigender Temperatur nimmt bei beiden Pilzen der Einfluß des pH-Wertes auf die Hitzeresistenz ab.

Die Hitzeresistenz der Konidien von *A. niger* sinkt mit zunehmender relativer Luftfeuchtigkeit (Tab. 51). Möglicherweise führt ein steigender Wassergehalt der Zelle zu einer beschleunigten Denaturierung des Eiweißes.

Tabelle 51. Abhängigkeit der Hitzeresistenz der Konidien von *Aspergillus niger* von der relativen Luftfeuchtigkeit (nach Lubieniecki - von Schelhorn 1973)

Relative Luftfeuchtigkeit (%)	0	2,5	5	10	20	30	60	100
Temperatur (°C)	100	100	90	90	80	80	70	55
D-Wert (Min)	100	85	165	105	210	216	100	6

Eine Reihe von Beobachtungen weist auf eine erhöhte Hitzeresistenz der Sklerotien und Ascosporen hin. Es wird sogar angenommen, daß viele Ascosporen zur Anregung der Auskeimung einen Hitzeschock benötigen. So überleben die Ascosporen einiger *Aspergillus*- und *Penicillium*-Arten eine Temperatur von 90°C bis sogar 100°C bei artspezifisch schwankenden Behandlungszeiten von einigen Minuten bis mehreren Stunden. Besonders hitzeresistent sind die Ascosporen von *Aspergillus chevalieri*, *A. mangini* und *Xeromyces bisporus*.

Ein besonderes Interesse hat die Hitzeresistenz von Schimmelpilzen in der obstverarbeitenden Industrie gefunden, wo die Produkte pasteurisiert werden und danach keine lebensfähigen Pilzelemente mehr enthalten sollen. Gefürchtet sind Vertreter der Gattung *Byssochlamys (B. fulva, B. nivea* mit den Nebenfruchtformen *Paecilomyces fulvus* und *niveus)*, deren Ascosporen wegen ihrer ausgeprägten Hitzeresistenz zu den gefährlichsten Verderbserregern von Obstkonserven und -säften gehören. Dabei können sie die Mykotoxine Byssochlaminsäure und Patulin bilden. Die Ascosporen von *B. fulva* und *B. nivea* in Apfelsaft werden erst durch eine Hitzebehandlung im Bereich von 85°C/30 Minuten bis zu 96°C/10 Minuten abgetötet; ihre Hitzeresistenz steigt mit steigendem Saccharosegehalt. Kurzfristig soll nach einigen Autoren auch eine Temperatur von 100°C überlebt werden. Für *B. fulva* wurden in Traubensaft D-Werte von 26 Minuten/85°C und 5 Minuten/90°C ermittelt (Tab. 49). Zusätze von Schwefeldioxid in Höhe von 90 µl/l setzen die Hitzeresistenz stark herab.

Interessant sind experimentelle Befunde, die einen Einfluß einer Hitzebehandlung auf bestimmte Stoffwechselleistungen von Schimmelpilzen aufzeigen. So reagierten Mycelien verschiedener Pilze (*Aspergillus candidus*, *A. chevalieri*, *A. fumigatus*, *A. nidulans*, *Fusarium* sp., *Penicillium purpurogenum*, *Rhizopus stolonifer*, *Trichoderma* sp.), die aus hitzebehandelten Konidien (50°C/2 Stunden und 58°C/2 Stunden) entstanden waren, empfindlicher auf die fungitoxische Sorbinsäure und zeigten eine verlängerte lag-Phase im Vergleich zu unbehandelten Mycelien.

b) Niedrige Temperaturen

Sinkende Temperaturen verlangsamen die Stoffwechselprozesse in der Mikrobenzelle. Dadurch kommt es jedoch – im Gegensatz zur Hitzebehandlung – nicht unbedingt zum Absterben der Zellen, weswegen die "Kühlkette" vom Lebensmittelhersteller bis zum Konsumenten nicht unterbrochen werden darf.

Die Wirkung der Kälte kann als Herabsetzung der Wasseraktivität gedeutet werden, und dies erklärt die Tatsache, daß von allen mikrobiellen Lebensmittelverderbern die Schimmelpilze mit ihrer relativen Xerophilie auch die niedrigsten Temperaturen überleben. Wie aus Tabelle 3 ersichtlich, können die besonders xerophilen Vertreter der *Aspergillus glaucus*-Gruppe noch bei -8°C gedeihen. Ähnlich niedrige Temperaturen überleben *Cladosporium herbarum*, *Thamnidium elegans* und Vertreter der Gattungen *Alternaria*, *Fusarium* und *Penicillium*. Bei Temperaturen von unter -15°C wachsen lebensmittelverderbende Schimmelpilze nicht mehr.

Die Kälteresistenz der Schimmelpilze ist abhängig von den Umweltgegebenheiten. So steigt sie im allgemeinen mit zunehmender Konzentration gelöster Stoffe (Glucose, anorganische Ionen) sowie bei Anwesenheit von Schutzsubstanzen (Proteine, Kolloide, Lipide) im Substrat.

c) Wasserentzug

Das Absenken der Wasseraktivität eines Lebensmittels unter 0,60-0,65 ist eine einfache und sehr wirksame Methode, um einen Befall mit Schimmelpilzen zu verhindern. Für die meisten Verderbsorganismen gilt, daß eine Wasseraktivität von unter 0,70 bei 20°C kein Wachstum mehr zuläßt (vgl. Tab. 4). Dabei wird dem Substrat das für lebenswichtige Stoffwechselprozesse erforderliche Wasser entzogen, so daß die Mikroorganismen absterben. Hier handelt es sich um eines der ältesten Verfahren der Lebensmittelkonservierung, das bereits in vorgeschichtlichen Epochen angewendet wurde. Je nach Art des Produktes können durch das Trocknen allerdings Veränderungen in Geschmack, Farbe und Textur sowie Verluste an Inhaltsstoffen auftreten.

Die Wasseraktivität eines Lebensmittels kann durch direkten Entzug von Wasser (Trocknen), aber auch durch wasserbindende Zusätze im Produkt gesenkt werden. Hierzu gehören etwa Zusätze von Mineralsalzen, von quellenden und damit wasserbindenden Proteinen sowie von Emulgatoren und Fetten. So senken etwa Milch und Saccharose deutlich den a_w-Wert von Feinbackwaren; durch den Zuckerzusatz kann jedoch der Geschmack beeinträchtigt werden. Als Ersatz bieten sich Dextrose und Sorbit mit einem deutlich geringeren Süßungsgrad an. Auch die konservierende Wirkung von Kochsalz (Einsalzen: Käse, Fische, Fleisch, Gemüse) und Rohrzucker (Einzuckern: Obstprodukte, Süßwaren, Backwaren) ist auf eine Verminderung der Wasseraktivität des Substrates und damit auf eine Verschlechterung der Lebensbedingungen für Mikroben zurückzuführen.

d) Bestrahlung

α) UV-Strahlen. Besonders keimtötend wirken UV-Strahlen des Wellenlängenbereichs 240-280 nm. Sie werden bevorzugt von den Bestandteilen der Zellkerne absorbiert und führen somit zum Absterben der Mikroorganismen.

Der Einsatz einer direkten UV-Bestrahlung im Lebensmittelbereich ist nur dort sinnvoll, wo lediglich die Oberfläche keimärmer gemacht werden soll, da diese Strahlen in undurchsichtigen Produkten nur eine geringe Eindringtiefe haben (in Milch etwa nur 1 - 2 mm). Außerdem werden UV-Strahlen von Staub und dünnen Flüssigkeitsschichten stark absorbiert; zudem nimmt die Strahlungswirkung mit zunehmender Entfernung von der Strahlungsquelle rasch ab. Dazu kommt, daß durch UV-Strahlen wichtige Inhaltsstoffe von Lebensmitteln (Vitamine, Farbstoffe, Fette) zerstört werden, die sensorischen Eigenschaften negativ beeinflußt werden können und Peroxide entstehen, die mit einer großen Zahl von Inhaltsstoffen reagieren können. Daher ist der Einsatz einer UV-Bestrahlung von Lebensmitteln in der Bundesrepublik Deutschland durch das Lebensmittel- und Bedarfsgegenstände-Gesetz grundsätzlich verboten. Demgegenüber können UV-Strahlen eingesetzt werden zur Verminderung der Keimzahlen auf Verpackungsmaterialien und in der Luft, wobei darauf geachtet werden muß, daß die Lebensmittel nicht direkt bestrahlt werden. UV-Strahler werden mit Erfolg in Brotlagerräumen eingesetzt.

β) Ionisierende Strahlen. Der Einfluß von Beta- sowie von Gammastrahlen, die von ^{60}Cobalt ausgesandt werden, auf den Keimgehalt von Lebensmitteln und hierbei insbesondere auf mykotoxinogene Schimmelpilze ist in den letzten Jahren gründlich studiert worden. So fördert eine optimale Zusammensetzung des Substrates die Reaktivierbarkeit bestrahlter Konidien von *Aspergillus flavus* und *Penicillium viridicatum*. Die Strahlenempfindlichkeit ist bei alten Konidien und aktiv wachsenden Mycelien höher als bei jungen Konidien bzw. älteren Kulturen. Empfohlen wird eine Kombination von Hitze und anschließender Bestrahlung; sie ist wirksamer als eine Behandlungsfolge Bestrahlung - Hitze. Die Konidien von *A. flavus* reagieren empfindlicher auf eine derartige "Thermobestrahlung", wenn bestimmte chemische Substanzen – vor allem N-Ethylmaleimid – im Substrat anwesend sind.

Vor allem *Gammastrahlen* haben eine gute Tiefenwirkung. Eine große Zahl von Arbeiten hat aufgezeigt, daß diese Strahlen das Wachstum von Schimmelpilzen beeinflussen. Bemerkenswert ist dabei eine Förderung der Biosynthese von Mykotoxinen durch subletale Strahlendosen. Eine gesteigerte Biosynthese von Aflatoxin B_1 ist auch dann zu beobachten, wenn das Substrat Weizen *vor* dem Beimpfen bestrahlt worden war. Einige wichtige Ergebnisse faßt Tabelle 52 zusammen.

Im Bereich der Lebensmittelhygiene sind Gammastrahlen bevorzugt zur Konservierung von Getreide und Backwaren eingesetzt worden. In kanadischen Weizenproben erwiesen sich die reichlich vorhandenen *Alternaria*- und *Fusarium*-Arten als sehr resistent gegenüber einer Gammabestrahlung: Erst 10 kGy (1 kGy = 100 krad = 1 kJ/Kg) führten zu einer vollständigen Abtötung. Die weniger häufig vorkommenden Isolate von *Aspergillus*, *Rhizopus* und *Absidia* wurden schon durch eine Dosis von 3 kGy inaktiviert. Die Aflatoxin-Produktion durch *Aspergillus parasiticus* NRRL 2999 auf Gerste wurde durch eine Dosis von 4 kGy zu über 50% vermindert.

Zu den ersten Studien über den Einsatz einer Gammabestrahlung zur Konservierung von Brot gehört die Arbeit von Stehlik (1968). Hier wurden Mischbrote mit einer Suspension von *Aspergillus*- und *Penicillium*-Konidien beimpft, 24 Stunden inkubiert und einer abgestuften Gammabestrahlung bis zu 5 kGy unterworfen. Dabei ergab eine Kombination von Erwärmung (65°C/5 Minuten) und einer Dosis von 0,5 kGy eine ausreichende Haltbarkeit. Bei dieser in den USA für die Behandlung von Weizen und Weizenprodukten als unbedenklich angesehenen Dosis traten keine geschmacklichen und geruchlichen Veränderungen auf. Indische Untersuchungen ergaben, daß eine Gammabestrahlung (0,3 kGy) die backtechnologischen Eigenschaften von Weizen sowie Aussehen, Geschmack und Geruch der daraus hergestellten Backwaren nicht beeinträchtigt.

Im Rahmen von Untersuchungen über die Haltbarkeit von Weißbrot und Rosinenbrot, die als Proviant bei der bemannten Raumfahrt dienen, beobachteten amerikanische Autoren nach einer Bestrahlung von Mehl und Brot durch 0,5 kGy ein deutliches Absinken der Gesamtschimmelzahl. Ein geringer Anteil der Pilze erwies sich jedoch als strahlenresistent. Wurde Brot (Zusammensetzung nicht angegeben) mit den Aflatoxinbildnern *Aspergillus parasiticus* NRRL 2999 und NRRL 3000 beimpft, dann wurde die Aflatoxin-Produktion durch eine Behandlung mit 2 kGy vollständig, durch eine solche mit 1 kGy jedoch nur teilweise unterdrückt. Die letztgenannte Dosis war bei einem höheren Befallsgrad sogar in der Lage, innerhalb von sechs Wochen die Synthese der Aflatoxine zu steigern.

Weizen, Mais, Hirse, Kartoffeln und Zwiebeln wurden nach der Bestrahlung mit den vom FAO/IAEA/WHO Expert Committee (1970) empfohlenen Dosen von 0,1 kGy (Kartoffeln, Zwiebeln) bzw. 0,75 kGy (Getreide) mit Konidien von *Aspergillus parasiticus* NRRL 2999 beimpft,

Tabelle 52. Einfluß einer Behandlung mit Gammastrahlen auf Schimmelpilze und die Biosynthese von Mykotoxinen

Schimmelpilz	Bestrahltes Element	Tödliche Strahlendosis	Mykotoxinbildung
Aspergillus flavus	Konidien	4 kGy	Bei 3 kGy Menge an Aflatoxin G_1 ähnlich wie in unbehandelter Kontrolle; keine Anregung der Aflatoxinbildung durch Bestrahlung
A. flavus	Konidien	>5 kGy	Bei 1 kGy wird die Aflatoxinbildung bei Nichtproduzenten angeregt
A. flavus	Mycel	-	Nach geringer Dosis (1,6 kGy) wird Fähigkeit zur Aflatoxinbildung nach einiger Zeit wiedergewonnen
A. flavus NRRL 31145	Konidien	4 kGy	Aflatoxinbildung wird nach Behandlung mit 1,5, 2 und 3 kGy verstärkt
A. flavus	Keimende Konidien	>2 kGy	-
A. flavus	Konidien	-	Bis zu 3 kGy steigt die Biosyntheserate von Aflatoxin B_1 und B_2 an
A. flavus	Konidien	-	Bei 2,5 kGy Synthese von Aflatoxin B_1 und G_1 über 50mal höher als bei unbestrahlter Kontrolle
A. ochraceus NRRL 3174	Konidien	4 kGy	Bestrahlung mit bis zu 1,5 kGy fördert Synthese von Ochratoxin A
A. ochraceus	Konidien	>10 kGy	10 kGy fördern die Bildung von Ochratoxin A
A. parasiticus	Konidien	4,3 kGy	-
Penicillium expansum NRRL 971	Konidien	>2 kGy	Bei 1,5 kGy Steigerung der Patulin-Ausbeute um 25%

Schimmelpilz	Bestrahltes Element	Tödliche Strahlendosis	Mykotoxinbildung
(Fortsetzung)			
Penicillium patulum NRRL 989	Konidien	>2 kGy	Keine Steigerung der Patulin-Ausbeute bei 1,5 kGy
P. patulum NRRL 989	Konidien	>2 kGy	Patulin-Bildung durch 1,0 und 2,0 kGy stark gehemmt; keine Anregung der Patulin-Bildung
P. urticae	Konidien	>15 kGy	15 kGy fördern die Bildung von Patulin

und nach sieben Tagen wurde der Aflatoxin-Gehalt bestimmt. Dabei wurde ein starker Anstieg der Toxinkonzentration um 31,4% (Mais) bis zu 84,0% (Zwiebeln) beobachtet. Es muß also mit einem erhöhten Aflatoxin-Risiko bei bestrahlten Lebensmitteln gerechnet werden, die während ihrer Lagerung von Toxinbildnern befallen worden sind (vgl. Tab. 52).

Bei der Bewertung der Einsatzmöglichkeiten von ionisierenden Strahlen zur Lebensmittelkonservierung muß bedacht werden, daß durch die Zufuhr von Strahlenenergie chemische Veränderungen im Produkt hervorgerufen werden. Von Experten der FAO/IAEA/WHO wurde nach umfangreichen Prüfungen im Jahre 1981 festgestellt, daß Lebensmittel toxikologisch unbedenklich sind, wenn sie eine Strahlendosis von maximal 10 kGy erhalten haben. So wurde auch die Bestrahlung gewisser Produkte (z.B. Gewürze, Getreide, Kartoffeln, Zwiebeln) in einigen Ländern zugelassen. In der Bundesrepublik Deutschland ist nach dem Lebensmittel- und Bedarfsgegenstände-Gesetz vom 15.8.1974 der Einsatz ionisierender Strahlen bei Lebensmitteln grundsätzlich verboten.

e) Änderung der Atmosphäre

Bei der sogenannten *CA-Lagerung* (CA = controlled atmosphere) werden die physiologischen Vorgänge in Lebensmitteln durch sinnvoll dosierte Mischungen von Stickstoff mit Kohlendioxid und Sauerstoff verzögert und somit die Haltbarkeit verlängert. Bei Brotpackungen sollte der Restsauerstoffgehalt unter 1 Vol.-% liegen. Dies ist allerdings bei porenreichen Lebensmitteln, wie es Backwaren sind, nur schwer zu erreichen. Hier gibt es die Möglichkeit, das Kohlendioxid durch ein Nadelkissen, das in das Produkt einsticht, einzublasen und damit den eingeschlossenen Sauerstoff herauszutreiben.

Normal verpacktes Toastbrot verschimmelt bereits nach drei Tagen. Bei Verwendung von Kohlendioxid als Schutzgas können höhere Restgehalte an Sauerstoff (bis zu 1 Vol.-%) toleriert werden als bei Anwendung von Stickstoff. Insgesamt kann die Haltbarkeit von Toastbrot durch Begasen auf über 100 Tage verlängert werden. Auch bei Sandkuchen kann der sichtbare Bewuchs mit *Aspergillus repens* von vier bis fünf Tagen auf etwa 45 Tage herausgezögert werden, wenn die Packungen mit Kohlendioxid begast werden und der verbliebene Sauerstoffgehalt unter 1 Vol.-% liegt. Die Anwendung modifizierter Gasgemische zur Haltbarmachung von Brot und Backwaren ist jedoch nur so lange wirksam, wie die Packungen dicht sind. Gelangen solcherart behandelte Produkte in normale Luft, dann entwickelt sich eine Pilzflora sehr rasch.

Auch die Haltbarkeit feiner Backwaren mit Obst oder feuchten und weichen Füllungen kann durch Verpackung in CO_2-haltiger Atmosphäre verlängert werden. Schimmelpilze sind jedoch insgesamt ziemlich widerstandsfähig gegen Kohlendioxid. Zur vollständigen Abtötung sind daher unterstützende Maßnahmen erforderlich, wie tiefe Temperaturen (Erhöhung der Wasserlöslichkeit des Kohlendioxids) oder erhöhte Drücke.

Obstverderbende Stämme von *Penicillium* und *Rhizopus* werden in ihrem Wachstum in reinem Stickstoff fast vollständig, in einem Gemisch aus 99% N_2 + 1% O_2 überhaupt nicht gehemmt. Andererseits unterdrückt eine Mischung aus 10% CO_2 + 2% O_2 Wachstum und Sporulation von *Penicillium expansum* und *Rhizopus stolonifer* in starkem Maße.

Ein *Evakuieren* von Brotpackungen hemmt die Entwicklung von Schimmelpilzen. Eine solche Behandlung oder eine Begasung mit Kohlendioxid führen jedoch zu einer Beeinträchtigung des Brotgeschmacks, weswegen der Hitzesterilisation der Vorzug gegeben wird.

2) Chemische Konservierungsstoffe

Die üblicherweise vorgenommene Einteilung der chemischen Konservierungsmittel in *fungistatische* (den Stoffwechsel zum Stillstand bringende) und *fungizide* (den Stoffwechsel schädigende) Verbindungen ist nicht gerechtfertigt, weil immer die eingesetzte Menge des Konservierungsstoffes über die Art seiner Wirkungsweise entscheidet. Eine ausführliche Darstellung älterer und neuerer Konservierungsstoffe stammt von Lück (1977), wo auch Daten zur Toxikologie zu finden sind.

Auch beim Einsatz chemischer Konservierungsmittel wird versucht, die Mikroorganismen bereits in der lag-Phase zu hemmen, da in der exponentiellen Phase die Dosierung an Konservierungsstoffen zu hoch sein müßte. Eine Kombination von chemischen Substanzen mit physikalischen Konservierungsmethoden kann im Einzelfall sinnvoll sein. Es muß jedoch immer dafür gesorgt werden, daß alle chemischen Konservierungsstoffe gleichmäßig in dem Lebensmittel verteilt werden.

Aus der großen Zahl von pilzhemmenden und -tötenden Verbindungen sind nur einige wenige bei Lebensmitteln verwendbar und gesetzlich zugelassen (Tab. 53), und auch nur diese Substanzen werden in der folgenden Übersicht behandelt. Die minimalen Hemmstoff-

Tabelle 53. In der Bundesrepublik Deutschland zugelassene Lebensmittelkonservierungsstoffe gegen Schimmelpilze

Konservierungsstoff	Zugelassene Mengen[a]	Zugelassen für folgende Lebensmittel	ADI-Werte[b]
Sorbinsäure und ihre Salze (Na-, K-, Ca-Sorbate) (E 200 - E 203)	Meist 1,0-10 g/kg	Fischwaren, Eiprodukte, Saucen und Würzmittel, Fruchtsäfte und Obstprodukte, Sauerkonserven, Enzyme, Backwaren, Margarine u.a.	25
Benzoesäure und ihre Salze (Na-, K-, Ca-Benzoate) (E 210 - E 213)	Meist 1,0-10 g/kg	Fischwaren, Eiprodukte, Saucen und Würzmittel, Obstprodukte und Fruchtsäfte, Sauerkonserven, Enzyme u.a.	5
PHB-Ester (Methyl-, Ethyl- und Propylester und ihre Na-Salze) (E 214 - E 219)	Meist 0,6-2,0 g/kg	Fischwaren, Saucen, einige Würzmittel, Enzyme u.a.	10
Ameisensäure und ihre Salze (Na-, Ca-Formiate) (E 236 - E 238)	Meist 0,5-4,0 g/kg	Fischwaren, Fruchtsäfte und Obstprodukte, Sauerkonserven	3
Propionsäure und ihre Salze (Na-, K-, Ca-Propionate) (E 280 - E 283)	Maximal 3,0 g/kg	Schnittbrot, feine Backwaren	Nicht begrenzt
Diphenyl (E 230)	Maximal 0,07 g/kg	Citrusfrüchte	0,25
o-Phenylphenol und sein Na-Salz (E 231 - E 232)	Maximal 0,015 g/kg	Citrusfrüchte	
Thiabendazol (E 233)	Maximal 0,006 g/kg	Citrusfrüchte, Bananen	

[a]Nach: Verordnung über die Zulassung von Zusatzstoffen zu Lebensmitteln (Zusatzstoff-Zulassungsverordnung - ZZulV) vom 30.12.1981. Bundesgesetzblatt, Jahrgang 1981, Teil I, S. 1633 ff.

[b]ADI = acceptable daily intake (in mg/kg Körpergewicht/Tag)

Tabelle 54. Fungitoxische Eigenschaften wichtiger Lebensmittelkonservierungsstoffe (nach Lück 1969-1973 und Rehm 1961, ergänzt)

Konservierungsstoff	Schimmelpilze	pH-Wert	Minimale Hemmstoffkonzentrationen (in mg/100 ml)
Benzoesäure	*Mucor racemosus, Rhizopus stolonifer*	5,0	<30 bis 120
	Penicillium brevicompactum, P. chrysogenum, P. expansum, "P. glaucum", P. italicum, P. viridicatum	2,6-5,0	<30 bis 280
	Penicillium brevicompactum, P. crustaceum, P. expansum	6,0-7,0	200 bis 6000
	"Aspergillus glaucus", A. niger, A. oryzae	3,0-5,0	20 bis 300
	"Aspergillus glaucus", A. niger	5,5-7,0	100 bis 4000
	Alternaria sp., *Cladosporium herbarum, Fusarium* sp., *Trichoderma lignorum*	4,5-5,0	20 bis 100
	Cladosporium herbarum	5,1	>100
p-Hydroxybenzoesäureethylester	*Mucor mucedo, M. racemosus, Rhizopus stolonifer*	5,5-5,7	>20 bis <100
	Penicillium brevicompactum, P. chrysogenum, P. crustaceum, P. digitatum, P. expansum, "P. glaucum", P. italicum, P. roqueforti, P. viridicatum	2,6-7,0	20 bis 80
	Aspergillus amstelodami, "A. glaucus", A. niger, A. oryzae	3,0-7,0	20 bis 50
	Alternaria sp., *Cladosposporium herbarum, Fusarium* sp., *Trichoderma lignorum*	4,5-7,0	20 bis 40
p-Hydroxybenzoesäurepropylester	*Mucor mucedo, M. racemosus, Rhizopus stolonifer*	4,5-5,7	<20 bis 100
	Penicillium brevicaule, P. crustaceum, P. digitatum, P. expansum, "P. glaucum", P. roqueforti	4,5-5,7	<20 bis 50

Konservierungsstoff	Schimmelpilze	pH-Wert	Minimale Hemmstoffkonzentrationen (in mg/100 ml)
(Fortsetzung)			
p-Hydroxybenzoesäurepropylester	*Aspergillus amstelodami*, *A. niger*, *A. oryzae*	4,5-5,7	10 bis 50
	Alternaria sp., *Fusarium* sp., *Trichoderma lignorum*	5,0	20 bis 50
Ameisensäure	*Mucor racemosus*	5,0	3600
	Penicillium digitatum, *P. expansum*, "*P. glaucum*", *P. italicum*	4,5-5,0	164 bis 8000
	Penicillium crustaceum	7,0	1500
	"*Aspergillus glaucus*", *A. niger*, *A. oryzae*	5,0-7,0	1500 bis 5500
	Alternaria sp., *Fusarium* sp.	5,0	1200 bis 5200
Sorbinsäure	*Absidia* sp.	4,0	50
	Alternaria sp.	4,0	50
		4,5	6 bis 20
		5,0	40
		5,5	90
	Aspergillus flavus	?	20
	A. niger	2,5	20 bis 50
		3,0	25 bis <100
		3,5	50 bis 150
		3-4	5
		4,5	80 bis 120
		5,0-5,3	40 bis 150
		5,5-5,7	70 bis 140
		6,0-6,5	70 bis 100
		7,0	100 bis 200
	A. oryzae	2,5	2,5
		3,0	5
		3,7	25
		4,0	20
		4,5	20 bis 50
		5,3	1

Konservierungsstoff	Schimmelpilze	pH-Wert	Minimale Hemmstoffkonzentrationen (in mg/100 ml)
(Fortsetzung)			
Sorbinsäure	*Aspergillus oryzae*	5,7	20
	Chaetomium globosum	3,0	10
		5,0	600
		7,0	1000
	Cladosporium herbarum	3,6-4,6	8 bis 12
		5,7	100
		7,0	300
	Fusarium moniliforme, F. oxysporum, F. roseum, F. solani	5,5	80 bis 130
	Mucor mucedo	4,0	50
	M. plumbeus	4,8	50
	M. racemosus	3,0	50 bis 100
		4,5	10 bis 40
		5,7	20
	Neurospora sitophila	3,7	6
		4,5	12,5
	Paecilomyces varioti	5,0	80
	Penicillium brevicompactum	4,6	20
		7,0	700
	P. chrysogenum	3,5	150
		4,6	20
		5,0	60
		5,5	110
	P. citrinum	3,0	20
		5,0	80
		7,0	80
	P. crustosum	4,5	75
		6,0	100
	P. cyclopium	4,5	50 bis 100
		6,0	100
	P. digitatum	4,0-4,5	20 bis 50
	P. expansum	4,0-4,5	36 bis 60
		5,0	<100 bis 100
		7,0	700

Konservierungs-stoff	Schimmelpilze	pH-Wert	Minimale Hemmstoff-konzentrationen (in mg/100 ml)
(Fortsetzung)			
Sorbinsäure	*Penicillium frequentans*	4,8	250
	P. italicum	4,5	20
	P. notatum	3,6	25 bis 50
		5,5	100
	P. roqueforti	5,5	120
	Pullularia pullulans	5,5	110
	Rhizopus stolonifer	2,5	25
		3,5	12,5
		4,5	12,5 bis 20
		5,0-5,3	20 bis 50
		5,5-5,7	20 bis 120
Thiabendazol	*Aspergillus flavus*	5,6	0,4
	A. fumigatus	5,6	0,8
	A. nidulans	5,6	0,8
	A. niger	5,6	4,0
	A. terreus	5,6	0,4
	Fusarium oxysporum	5,6	>10
	Mucor mucedo	5,6	>10
	Paecilomyes varioti	5,6	>10
	Penicillium funiculosum	5,6	<0,1
	P. oxalicum	5,6	0,1
	P. spinulosum	5,6	0,1
	Rhizopus oryzae	5,6	>10
Pimaricin	*Aspergillus flavus*		0,4 bis 4,0
	A. niger		0,2 bis 0,5
	A. ochraceus		0,25
	A. oryzae		2,0
	A. parasiticus		0,2 bis 0,6
	Chaetomium globosum		2,5
	Cladosporium herbarum		0,25
	Fusarium oxysporum		2,5
	Mucor hiemalis		0,25
	M. mucedo		0,12 bis 0,5

Konservierungs-stoff	Schimmelpilze	pH-Wert	Minimale Hemmstoff-konzentration (in mg/100 ml)
(Fortsetzung)			
Pimaricin	*Neurospora sitophila*		1,0
	Penicillium expansum		0,25 bis 0,5
	Rhizopus stolonifer		0,25
	R. oryzae		1,0

konzentrationen (MIC-Werte) dieser Substanzen gegenüber Schimmelpilzen faßt Tabelle 54 zusammen.

a) Organische Säuren und ihre Salze

Kurzkettige organische Säuren werden wegen ihrer Löslichkeit und ihrer geringen Toxizität häufig als Konservierungsstoffe verwendet. Im allgemeinen beruht ihre Pilztoxizität auf dem undissoziierten Molekül, weswegen die Konservierungssäuren – in Abhängigkeit von ihrer Dissoziationskonstanten – nur im sauren Bereich wirksam sind.

α) Sorbinsäure und ihre Salze. Eine große Zahl von Untersuchungen hat einerseits die gute pilztötende Eigenschaft von Sorbinsäure und ihren Natrium-, Kalium- und Calciumsalzen, andererseits ihre toxikologische Unbedenklichkeit aufgezeigt (Lück 1969-1973). Im menschlichen Körper werden diese Verbindungen wie die Fettsäuren über die β-Oxidation abgebaut.

Durch ihre Reaktion mit Enzymen (über eine Bindung an Sulfhydrylgruppen) greift die Sorbinsäure hemmend in den Kohlenhydratstoffwechsel der Mikroorganismen ein. Vermutet wird, daß die fungitoxische Wirkung der Sorbinsäure auf einer Hemmung der intrazellulären Katalase beruht. Die sinkende Lebensfähigkeit von Konidien von *Aspergillus parasiticus*, die mit Sorbinsäure behandelt worden waren, ist die Folge eines verminderten ATP-Gehaltes.

Auf Grund ihrer geringen Dissoziationskonstante kann die Sorbinsäure auch zur Konservierung von nur schwach sauren Lebensmitteln herangezogen werden. Bei pH 3 bis 4 liegen die maximalen Hemmstoffkonzentrationen für viele lebensmittelbesiedelnde Schimmelpilze im Bereich von 20 ppm bis 200 ppm (Tab. 54). Von Vorteil ist auch der niedrige Verteilungsquotient der Sorbinsäure zwischen Fett und Wasser, so daß in der Wasserphase eine Anreicherung der zur Bekämpfung von Schimmelpilzen wirksamen undissoziierten Säure stattfindet.

Besonders ausgeprägt ist die hemmende Wirkung von Sorbinsäure gegenüber Mykotoxin-bildenden Schimmelpilzen. *Aspergillus parasiticus* (Aflatoxine), *A. versicolor* (Sterigmatocystin), *Penicillium citrinum* (Citrinin) und *Penicillium expansum* (Patulin) werden durch die empfohlenen Anwendungskonzentrationen stark gehemmt, wobei interessanterweise die Toxinbildung stärker beeinflußt wird als das Mycelwachstum.

Bemerkenswert ist die Beobachtung, daß ein geringer Zusatz von Sorbinsäure zum Substrat (0,025%) nach längerer Zeit die Biosynthese von Aflatoxin B_1 und T-2-Toxin steigert. Es wird vermutet, daß die Aktivität des Citronensäurezyklus durch die Säure vermindert wird. Aus dem infolgedessen nicht mehr optimal verarbeitenden Acetyl-CoA werden dann die genannten Mykotoxine aufgebaut. Auf der anderen Seite ist Sorbinsäure wirksamer in der Unterdrükkung des häufig auf Schnittbroten anzutreffenden mykotoxinogenen *Penicillium roqueforti* als Propionsäure oder Calciumpropionat.

Kaliumsorbat kann durch einige Schimmelpilze abgebaut werden. Hierzu gehören beispielsweise *Penicillium cyaneofulvum*, *P. frequentans*, *P. notatum* und *P. roqueforti*, die aus Cheddarkäse isoliert worden sind.

β) Propionsäure und ihre Salze. Propionsäure (und Natrium- und Calciumpropionat) wird auf Grund ihrer toxikologischen Unbedenklichkeit bevorzugt zur Konservierung von Brot und Backwaren eingesetzt. Von Vorteil ist, daß sie ähnlich wie die Sorbinsäure auch in schwach sauren pH-Bereichen noch wirkt, doch steht dem als Nachteil eine insgesamt nur geringe Konservierungswirkung gegenüber. Bei Backwaren und Brot findet vor allem das Calciumpropionat Verwendung, da dieses im Gegensatz zur flüssigen Säure pulverförmig und somit besser anwendbar ist. Eine mögliche Beeinflussung des Geschmacks muß jedoch bedacht werden.

Gegenüber mykotoxinogenen Schimmelpilzen (z.B. *Penicillium expansum*: Patulin) ist Natriumpropionat sehr wirkungsvoll, während andererseits einige Pilze besonders widerstandsfähig gegenüber Propionsäure sind (Vertreter der *Aspergillus glaucus*-Gruppe, *A. candidus*, *Fusarium culmorum*, *Paecilomyces varioti*, *Penicillium chrysogenum*, *P. claviforme*, *P. expansum*, *P. pulvillorum*, *P. roqueforti*, *Trichoderma viride*).

Während Propionsäure mit Erfolg zur Konservierung von Futtergetreide eingesetzt werden kann, führt eine Behandlung von Brotgetreide mit Zusätzen der Säure in Höhe von 0,3%-0,5% zu unbefriedigenden Ergebnissen: die daraus gewonnenen Mehle hemmen die Hefegärung in den jeweiligen Teigen, was eine erhebliche Verlängerung der Gärzeit erforderlich macht. Die Brote besitzen einen sauren Geruch und einen veränderten Geschmack.

γ) Ameisensäure und ihre Salze. Ameisensäure und ihre Natrium-, Kalium- und Calciumsalze haben eine stark pilztötende Wirkung, allerdings nur in stark saurem pH-Bereich (unter 3,5). Noch bei pH 4,5 bis 5,0 müssen meist mehr als 1000 mg Ameisensäure je 100 ml zugesetzt werden, um verbreitete Schimmelpilze abzutöten (Tab. 53). Ihre Verwendung findet die Ameisensäure daher nur zur Konservierung von sauren Produkten mit einem pH-Wert von unter 3,5 (Fischerzeugnisse, Marmeladen, Obstsäfte, Sauergemüse).

δ) Benzoesäure und ihre Salze. Benzoesäure und die Benzoate (vor allem Natriumbenzoat) beeinflussen in erster Linie die Permeabilität der Membranen der Mikroorganismenzelle, greifen aber auch in den Citronensäurezyklus ein.

Benzoesäure und Natriumbenzoat zeigen bei neutralem pH-Wert nur eine schwache Wirkung, sind jedoch in stärker sauren pH-Bereichen besonders wirksam und sind daher nur für Lebensmittel mit höherem Säuregehalt geeignet.

ε) Ester der p-Hydroxybenzoesäure (PHB-Ester). Hierzu gehören insbesondere die Methyl- bis Propylester und ihre Natriumsalze. Da sie nicht dissoziieren, ist ihr Anwendungsbereich weitgehend unabhängig vom pH-Wert des Lebensmittels. Die Wirkungsstärke der PHB-Ester steigt mit der Kettenlänge des Alkoholanteils an. Ihre antimikrobielle Eigenschaft beruht auf Wechselwirkungen mit der Zellmembran und dem Eiweißanteil der Zelle. Auf Grund ihres geschmackverändernden Einflusses finden PHB-Ester nur bei wenigen Lebensmitteln Verwendung.

ζ) Natriumdiacetat. Natriumdiacetat (kristallwasserhaltige Verbindung aus Essigsäure und Natriumacetat) ist ein lebensmittelrechtlich zugelassener Zusatzstoff, hat jedoch wegen seiner pH-senkenden Wirkung nur einen begrenzten Einsatzbereich (Fleisch- und Fischwaren, Mayonnaisen und Feinkostsalate). Zur Bekämpfung von Schimmelpilzen in Backwaren muß es in Konzentrationen von bis zu 0,8% eingesetzt werden, was jedoch zu einer starken Verlängerung der Gärzeit und zu Beeinträchtigungen von Geschmack und Geruch des Brotes führt. Diese Nachteile kann man umgehen, wenn man Brote mit krustenloser Seitenfläche (angeschobene Brote) etwa 30-60 Minuten nach dem Backen mit einer 10%igen Natriumdiacetatlösung besprüht. Wird eine Dosierung von 5 g dieser Lösung je 1000 g Brot eingehalten, kann eine Haltbarkeit von 12 Tagen erreicht werden. Der Einsatz von Natriumdiacetat als Konservierungsmittel bei Brot gewinnt insofern stärkere Bedeutung, als die Verwendung der häufig eingesetzten Propionsäure und ihrer Salze nur bis Ende 1987 erlaubt ist.

η) Dimethylfumarat. Fumarsäure und ihres Salze sind in den USA zugelassene Lebensmittelzusatzstoffe. In seiner fungitoxischen Eigenschaft übertrifft Dimethylfumarat in Broten das in den USA gebräuchliche Calciumpropionat.

b) Schwefeldioxid

Schwefeldioxid und einige seiner Derivate (Na_2SO_3, $KHSO_3$, $NaHSO_3$, $Na_2S_2O_5$, $K_2S_2O_5$) wirken stärker gegenüber Bakterien als gegenüber Schimmelpilzen. Weite Verbreitung finden diese Verbindungen bei der Konservierung von Obstprodukten, Trockengemüse und Wein. Ihre antimikrobielle Wirkung beruht im wesentlichen auf einer ausgeprägten Hemmung SH-tragender Enzyme.

c) Thiabendazol

Thiabendazol wirkt überwiegend fungistatisch und wird insbesondere zur Bekämpfung von *Penicillium*-Arten (vor allem *P. digitatum* und *P. italicum*) verwendet. Einziger Einsatzbereich ist die Haltbarmachung von Bananen und Citrusfrüchten.

d) Diphenyl

Dieses spezifisch fungitoxische Konservierungsmittel wird ausschließlich zur Bekämpfung der Schimmelpilze auf Citrusfrüchten (vor allem *Penicillium digitatum*, *P. italicum* und *Diplodia* sp.) verwendet, wobei meist das Verpackungsmaterial mit der leicht verdampfenden Substanz imprägniert wird. *P. digitatum* und *P. italicum* werden bereits durch 0,08 mg Diphenyl je Liter Luft gehemmt. Die Substanz greift die Zellwand der Pilze an und stört den Stickstoffwechsel.

e) o-Phenylphenol und sein Natriumsalz

Auch o-Phenylphenol wird nur zur Konservierung von Citrusfrüchten (durch Eintauchen) eingesetzt. Wie Diphenyl, hemmt auch diese Verbindung die Carotin-Synthese und verschiedene Enzymsysteme von Mikroorganismen und greift die Zellwand an. Das Natrium-o-phenylphenolat zeigt seine stärkste antimikrobielle Wirkung bei pH 8.

f) Antibiotika

Die Antibiotika Pimaricin (Myprocine), Rimocidin, Nystatin, Fungizone (Mischung aus Amphotericin A und Amphotericin B) und Aktidion wirken toxisch gegenüber folgenden verbreiteten lebensmittelverderbenden Schimmelpilzen: *Absidia* sp., *Alternaria* sp., *Aspergillus niger*, *Fusarium* sp., *Mucor mucedo*, *Penicillium expansum*, *Penicillium* sp., *Rhizopus* sp. Am wirksamsten erwies sich Pimaricin, dessen Grenzhemmkonzentration bei den meisten Pilzen bei 5 ppm lag.

Auch andere Autoren konnten feststellen, daß das Makrolid-Antibiotikum *Pimaricin (Natamycin)* gegenüber den Konidien und Sporen sowie dem vegetativen Mycel von verbreiteten Schimmelpilzen stark toxisch wirkt (Tab. 53). Je nach Pilzart ist Pimaricin 10- bis über 500mal aktiver als Sorbinsäure; von Vorteil sind auch die Wirksamkeit innerhalb eines breiten pH-Bereiches und die Wasserunlöslichkeit, weswegen Pimaricin bei Käsen von der Rinde her nicht ins Innere wandert. Wie andere Makrolid-Antibiotika greift auch Pimaricin die Zellwände der Pilze an und schädigt somit diese Verderbserreger.

Auf Grund seiner geringen Wasserlöslichkeit wird Pimaricin in einigen europäischen Ländern zur Oberflächenbehandlung von Würsten (Einlegen der Wursthaut in Pimaricinlösung oder Tauchen und Besprühen der Würste mit dieser Lösung), Käsen (Überzüge) und Obst (Eintauchen in Pimaricin-Suspensionen) eingesetzt. Insbesondere die Synthese der Aflatoxine wird durch Pimaricin gehemmt.

Da Pimaricin als Antibiotikum in der Medizin Verwendung findet, ist sein Einsatz als Lebensmittelkonservierungsstoff in der Bundesrepublik Deutschland nicht erlaubt.

g) Ethylenoxid

Naturbelassene Gewürze können einen starken Befall mit Schimmelpilzen aufweisen. So kann weißer und schwarzer Pfeffer bis zu 10^6 Pilzelemente je Gramm enthalten. Eine Begasung mit Ethylenoxid (das im medizinischen Bereich bei Sterilisationsverfahren verwendet wird) führt zu einer drastischen Verminderung der Keimzahl. Eine solche Behandlung ist jedoch in der Bundesrepublik Deutschland und in anderen Ländern nicht mehr zugelassen, da das entstehende Ethylenchlorhydrin toxisch ist. Dies gilt sowohl für den Vorratsschutz als auch für die Keimverminderung bei Gewürzen und anderen Produkten.

II. Bekämpfung von Schimmelpilzen in Futtermitteln

Getreide kann während der Lagerung von Schimmelpilzen befallen und verdorben werden. Dies gilt insbesondere in den Tropen und Subtropen für solche Getreidearten, die einen hohen Feuchtigkeitsgehalt und hohen Nährwert besitzen und hauptsächlich als Futter für wiederkäuende Haustiere verwendet werden. Auch in Mittel- und Nordeuropa kann es in feuchten Sommern dazu kommen, daß stark wasserhaltiges Getreide geerntet und auch über längere Zeit hinweg schimmelfrei gelagert werden muß. Eine Reihe von Problemen, die sich bei der Lagerung von feucht geerntetem Getreide ergeben, ist in einem internationalen Symposium in Paris (Multon und Guilbot 1973) behandelt worden.

Eine chemische Konservierung des Getreides vor dem Trocknen ist möglich durch den Einsatz von Begasungsmitteln oder von flüchtigen organischen Verbindungen. Ebenso wie bei der Lebensmittelkonservierung ist auch hier immer wieder zu überprüfen, ob toxikologisch bedenkliche Rückstände oder Reaktionsprodukte entstehen.

1) Begasungsmittel

Weit verbreitet ist die Anwendung von Chlorpikrin und Ethylformiat, von einem Gemisch aus NH_3-PH_3 (1,5:1, w/w) sowie von gewissen Formulierungen und Mischungen von Propylenglykol, Ethylenoxid, Methyljodid, Methylbromid und Ethylendibromid. Besonders vielversprechend ist eine Mischung aus Ethylenoxid, Methylbromid und Ethylendibromid.

Methylbromid tötet in Anwendungskonzentrationen von 120 mg/Liter/ 4 Stunden/25°C oder 40 mg/Liter/24 Stunden/25°C die mykotoxinogenen Schimmelpilze *Aspergillus flavus*, *A. parasiticus*, *A. ochraceus*, *Penicillium chrysogenum*, *P. citrinum*, *P. cyclopium* und *P. rubrum*.

2) Organische Säuren

Die kurzkettigen Carbonsäuren mit hohem Dampfdruck eignen sich zur Bekämpfung eines Schimmelbefalls in Futtergetreide. Hierzu gehören Ameisen-, Essig-, Propion-, Butter- und insbesondere Isobuttersäure.

a) Propionsäure

Diese Säure wird in vielen Ländern zur Konservierung von feuchtem Getreide verwendet. Die erforderliche Menge richtet sich nach dem Wassergehalt des Getreides sowie nach der Dauer und den Bedingungen der Lagerung. So werden bei einer Feuchtigkeit von 30% ein Zusatz von 1,0%, bei einer Feuchtigkeit von 45% ein solcher von 2,0% empfohlen, um Körnermais über 14 Wochen zu konservieren. (Ein unbehandelter Mais mit einem Wassergehalt von 45% ist schon nach vier Wochen vollkommen durchgeschimmelt.) Derart behandelte Futtermittel sind uneingeschränkt für Nutztiere zu verwenden. Der ausgeprägte Geruch und der saure Geschmack der Propionsäure beeinflussen bei Geflügel, Schweinen und Rindern nicht die Nahrungsaufnahme. Bei Rindern zeigte sich, daß derart vorbehandelter Körnermais leichter verdaulich ist als unbehandelter Mais.

Die optimalen Propionsäure-Zusätze zu Körnermais und ihre Einflüsse auf die Mikroflora und die Biosynthese von Mykotoxinen sind an der Universität Hohenheim in einer Reihe von Arbeiten untersucht worden. So wurde festgestellt, daß die zur Hemmung der Pilzentwicklung benötigte Mindestdosis mit zunehmendem Feuchtigkeitsgehalt linear ansteigt. Als Verhältnis Wassergehalt zu Propionsäure-Mindestkonzentration wurden bestimmt: 15%/0%, 19%/0,3%, 25%/0,5%, 32%/0,7% und 40%/1,0%. Zugeimpfte Schimmelpilze (*Aspergillus amstelodami, A. candidus, A. chevalieri, A. clavatus, A. flavipes, A. flavus, A. fumigatus, A. ochraceus, A. oryzae, A. parasiticus, A. ruber, A. tamarii, A. terreus, A. versicolor, A. wentii, Penicillium brevicompactum, P. chrysogenum, P. citreoviride, P. citrinum, P. claviforme, P. cyclopium, P. expansum, P. frequentans, P. funiculosum, P. islandicum, P. oxalicum, P. palitans, P. patulum (urticae), P. puberulum, P. pulvillorum, P. roqueforti, P. rugulosum, P. rubrum, P. terrestre, P. variabile, P. verrucosum* var. *verrucosum*) waren bei diesen Mindestdosierungen nicht in der Lage, die Mykotoxine Aflatoxin, Kojisäure, Ochratoxin A, Sterigmatocystin und Patulin zu bilden. Auch sieben auf Körnermais vorkommende *Fusarium*-Arten sowie *Paecilomyces varioti* und *Trichoderma viride* wurden durch die ermittelten Mindestdosen von Propionsäure gehemmt und eine Lagerdauer von mindestens sechs Monaten bei 20°C ereicht. Die Bildung der Mykotoxine Zearalenon und T-2-Toxin wurde ebenfalls unterbunden. Lag die zugesetzte Propionsäuredosis unterhalb der Mindestkonzentrationen (0,2%-0,5% bei einer Kornfeuchte von 32%), dann waren zugeimpfte Schimmelpilze (*Aspergillus candidus, A. flavus, Penicillium expansum, P. roqueforti*) in der Lage, die Säure mehr oder minder stark abzubauen. *A. flavus* konnte unter diesen Bedingungen mehr Aflatoxin B_1 bilden als in unbehandeltem Mais.

In Schweden konnten in einigen Getreideproben (7 von 61), die mit Propionsäure behandelt worden waren, zwar *Aspergillus flavus* und *A. parasiticus* nachgewiesen werden, jedoch niemals die Aflatoxine; die Pilze aus vier der sieben positiven Proben bildeten Aflatoxine jedoch in künstlicher Kultur.

Auch in amerikanischen Untersuchungen wurde die hemmende Wirkung von Propionsäure (Zusatz 1%) auf die Bildung von Aflatoxin und Ochratoxin A in Mais festgestellt. Der Schimmelpilz *Byssochlamys nivea* wird durch einen Zusatz von 2% Propionsäure zu feuchtem Mais gehemmt, die Bildung der Mykotoxine Byssochlaminsäure und Patulin bereits durch geringere Zusätze reduziert.

b) Andere Säuren

Ameisen- und Essigsäure sind ebenfalls zur Konservierung von Feuchtgetreide empfohlen worden, finden jedoch wegen ihrer geringeren Wirksamkeit nur wenig Verwendung.

Methylpropionsäure (Isobuttersäure) ist zur Haltbarmachung von Sojaextraktionsschrot und von Körnermais geeignet. Unter den Bedingungen der Praxis ist die erforderliche Mindestdosierung von Methylpropionsäure höher als die von Propionsäure.

3) Andere organische Verbindungen

Schwedische Forscher studierten den Einsatz flüchtiger Aldehyde, Ketone, Ester und Terpenoide zur Konservierung von Weizen. Fünf Aldehyde (Pentanal, Hexanal, Heptanal, 2-Nonenal und Citral) und drei Ester (Allylcaproat, Butylpropionat und Ethylsalicylat) erwiesen sich als ausgeprägt pilzhemmend *(Aspergillus candidus, A. glaucus*-Gruppe, *Fusarium nivale, Penicillium* sp.*)*. Heptanal und die beiden letztgenannten Ester zeichneten sich außerdem dadurch aus, daß sie die Keimfähigkeit der Weizenkörner praktisch unbeeinflußt ließen.

Der Triphenylmethanfarbstoff Gentianaviolett wird häufig in den USA zur Konservierung von Geflügelfutter eingesetzt.

III. Bekämpfung von Schimmelpilzen in und auf Verpackungsmaterialien

1) Packstoffe, die direkt mit dem Lebensmittel in Kontakt kommen

Packstoffe, die unmittelbar mit den verpackten Lebensmitteln in Berührung kommen, sind Bedarfsgegenstände im Sinne des Lebensmittel- und Bedarfsgegenständegesetzes und dürfen daher bei bestimmungsgemäßem Gebrauch die menschliche Gesundheit nicht beeinträchtigen.

a) Lebensmittel mit geringem Wassergehalt

Bei ordnungsgemäßer Lagerung solcher Produkte (z.B. Zwieback, Hartkeks, Milchpulver, Schokolade, Gewürze) kann ein mikrobieller Verderb nicht auftreten. Eine Forderung nach völliger Keimfreiheit der Packstoffe wäre hier unsinnig und dies insbesondere dann, wenn die Produkte selbst mehr oder minder viele Keime enthalten (z.B. Gewürze). Es muß allerdings immer sichergestellt sein, daß das Verpackungsmaterial frei ist von pathogenen Keimen.

b) Lebensmittel mit hohem Wassergehalt

Produkte mit hoher Wasseraktivität können sehr rasch verderben. Hier muß dann darauf geachtet werden, daß der Verkeimungsgrad der Packstoffe möglichst niedrig ist. So kann Butter zwar nur durch wenige Schimmelpilze (Vertreter der Gattungen *Aspergillus*, *Alternaria*, *Cladosporium* und *Penicillium*) zersetzt werden, dennoch schreibt DIN 10 082 vor, daß Buttereinwickler höchstens zwei Schimmelpilze und sechs Bakterien und Hefen je 100 cm^2 enthalten dürfen.

2) Packstoffe, die nicht unmittelbar mit dem Lebensmittel in Kontakt kommen

Selbst Materialien, die nicht direkt das Packgut berühren, können zu dessen Verderb führen. Werden beispielsweise Pralinen in stark verkeimten Kartons verpackt, können sie bei ungünstigen Lagerungsbedingungen einen modrig-muffigen Geschmack annehmen. Verwendet man zum Transport von Gläsern in eingeschrumpften Paletten Wellpappen mit hohem Schimmelgehalt, dann können die Mündungen der Gläser so stark infiziert werden, daß beispielsweise ganze Chargen heiß eingefüllter Marmeladen verschimmeln.

3) Entkeimung von Verpackungsmaterialien für Lebensmittel

a) Physikalische Methoden

α) Hitze. Sauerprodukte (pH-Wert unter 4,5) werden vorwiegend von Organismen verdorben, die verhältnismäßig hitzeempfindlich sind. Solche Verderbserreger können durch eine Heißabfüllung abgetötet werden, d.h. durch das heiße Produkt (z.B. Obstsäfte) wird die Innenfläche der Glaflaschen keimfrei gemacht. Hierbei werden Temperaturen von 70-85°C bei Einwirkungszeiten von bis zu 20 Minuten benötigt. Ein solches Entkeimungsverfahren setzt allerdings hitzestabile Verpackungsmaterialien voraus.

Die Hitzebehandlung kann jedoch die sensorischen Eigenschaften der Lebensmittel ungünstig verändern und ihren Vitamingehalt senken. Daher wird in zunehmendem Maße die Kaltabfüllung ("aseptisches Abpacken") verwendet, bei der das Produkt kurzzeithocherhitzt wird. Heute werden neben Milch (H-Milch) auch Säfte, Joghurts und andere Milchprodukte auf diese Weise haltbar gemacht. Die Kaltabfüllung erfordert allerdings eine Entkeimung der Packstoffe unmittelbar vor dem Einfüllen der Produkte.

β) UV-Strahlen. Konidien von *Aspergillus niger* und *Penicillium frequentans* lassen sich auf handelsüblichem Verpackungsmaterial für H-Milch (Verbundmaterial aus Polyethylen, Aluminium und Karton) mit Hilfe von UV-C-Hochleistungsstrahlern (254 nm) abtöten. Zur Erzielung einer optimalen Abtötungsrate muß die Oberfläche der Packstoffe allerdings glatt und staubarm sein, da sich Schatteneffekte durch Staubpartikel störend auswirken. Unter diesen Bedingungen rufen Strahlendosen von 120 Ws/cm^2 eine ausreichende Abtötung hervor.

Auf vorgeformtem Verpackungsmaterial (z.B. Joghurtbecher) ist allerdings damit zu rechnen, daß die als UV-widerstandsfähig bekannten Schimmelpilzkonidien nur zu einem geringen Prozentsatz inaktiviert werden. Hier führt ein alleiniger Einsatz einer UV-Bestrahlung nicht zu einer ausreichenden Keimfreiheit.

γ) *Wasserdampf.* Neuere Verfahren der Packgut-Entkeimung verwenden Sattdampf. Der Vorteil liegt in geringen Kosten und in einem rückstandsfreien Ablauf. Allerdings setzt die Hitzeempfindlichkeit vieler Kunststoffmaterialien dem Einsatz dieser Verfahren Grenzen.

b) Fungitoxische Substanzen

Verpackungsmaterialien für aseptisch abgefüllte Getränke können durch eine Behandlung mit Wasserstoffperoxid keimfrei gemacht werden. Die Konidien der Schimmelpilze *Aspergillus niger*, *A. repens* und *Penicillium frequentans* werden durch 30%iges Wasserstoffperoxid bereits innerhalb weniger Minuten abgetötet. Die Empfindlichkeit von *A. niger*-Konidien gegenüber Wasserstoffperoxid beruht vermutlich auf der Abwesenheit des Enzyms Katalase.

In Glasbehältern für Orangensäfte werden die Konidien von *A. niger* durch eine Behandlung mit 4%iger Natronlauge bei 63°C und anschließendem Spülen in Natriumhypochlorit-Lösung sicher abgetötet.

4) Bekämpfung von Schimmelpilzen auf verpackten Industriegütern

Verpackte Industriegüter können auf verschiedenen Wegen vor dem Befall durch Schimmelpilze geschützt werden:

- Hitzesterilisation;
- Bestrahlung;
- Absenken des Wassergehalts der Luft in der Packung (z.B. durch Trockungsmittel);
- Zugabe von flüchtigen antimikrobiellen Substanzen zum verpackten Gut. Durch die rasch entstehenden Dämpfe werden die Verderbserreger abgetötet. Zum Abtöten der Konidien von *Aspergillus niger* eignen sich insbesondere organische Quecksilberverbindungen (Phenylquecksilber[II]-acetat und -borat), Formaldehyd und p-Nitrophenol.

IV. Bekämpfung von Schimmelpilzen im Materialschutz

Bei der Bekämpfung von materialabbauenden Schimmelpilzen gibt es weniger Probleme und vom Gesetzgeber auferlegte Einschränkungen als bei der Lebensmittelkonservierung, da hier der wichtige

Aspekt der gesundheitlichen Verträglichkeit keine Rolle spielt. Die wirksamste vorbeugende Maßnahme gegen ein Verschimmeln von Materialien ist ein Absenken der relativen Luftfeuchtigkeit auf 70% und darunter durch Trocknung des Materials oder Lüftung bzw. Klimatisierung der Lagerräume. Ein Verpacken in hoch undurchlässigen Folien kann sich nachteilig auswirken, da eingeschlossene Pilzsporen infolge einer Kondenswasserbildung auskeimen und Pilzkolonien bilden können. Erst wenn eine trockene Lagerung nicht möglich ist, müssen chemische Schimmelbekämpfungsmittel eingesetzt werden.

1) Papier

Bei der Papierkonservierung ist es wichtig, durch Lagerung in trockener Luft eine Entwicklung von Schimmelpilzen zu unterbinden. Dies ist stets einfacher und zweckmäßiger als die nachträgliche Restauration verschimmelter Objekte. Eine Beseitigung von Schimmelschäden in Büchern wird nur sehr selten gelingen, da das Papier meist schon irreversible Schäden erlitten hat. Sollen bestimmte Papierprodukte in Tropenländern verwendet werden, können Behandlungen mit fungitoxischen Substanzen sinnvoll sein. Als solche eignen sich Kupfer-8-hydroxychinolat, Phenylquecksilber-Verbindungen, Pentachlorphenol und einige anorganische Salze (z.B. Kupfersalze, Zinkchlorid, Natriumfluorid).

2) Baumwolle

Imprägnierungen von Baumwollgewebe mit Kupfer-8-oxychinolin (1%), Natriumpentachlorphenolat (1,9%) + Kupferacetat (1%) sowie mit Laurylpentachlorphenolat und Dihydroxydichlordiphenylmethan unterdrücken das Wachstum von *Chaetomium globosum*, *Myrothecium verrucaria*, *Penicillium funiculosum*, *Stachybotrys atra* und *Trichoderma viride* vollständig.

3) Leder

Ein Verschimmeln von Leder kann wirkungsvoll durch p-Chlor-m-kresol, Pentachlorphenol und p-Nitrophenol unterbunden werden. Die letztere Verbindung wird in Mengen von 0,2%-0,35% eingesetzt, abhängig vom Fettgehalt des Leders. Schuhe können vor der Einlagerung durch eine Begasung mit Ethylenoxid vor Schimmelbefall geschützt werden.

4) Kunststoffe

Der Einbau fungitoxischer Substanzen in polymere Kunststoffprodukte ist ein komplizierter Vorgang. So muß etwa sichergestellt sein, daß die eingesetzten Verbindungen nicht mit den vielfältigen Zusatzstoffen (Weichmacher, Füllstoffe u.a.) reagieren oder durch Wanderung an die Oberfläche "ausblühen". Zum Einsatz gelangen beispielsweise Kupfer-8-chinolinolat und organische Quecksilberverbindungen. Bewährt hat sich N-(Fluordichlormethylthio)-phthalimid bei der antimikrobiellen Ausrüstung von Einlegeschuhsohlen, Duschvorhängen, Handlaufleisten an Treppen u.a. Fugendichtungsmassen aus Polyurethan werden mit dem pilzwidrigen N,N-Dimethyl-N'-phenyl-N'-(fluordichlormethylthio)-sulfamid ausgerüstet.

5) Gummi

Bei der Bekämpfung von Schimmelpilzen in verschiedenen Gummitypen findet eine breite Palette an fungitoxischen Substanzen Verwendung: organometallische Verbindungen (z.B. Kupfer-8-chinolinolat), schwefelhaltige Verbindungen (z.B. Tetramethylthiuramdisulfid, Kupferdimethyldithiocarbamat und 2-Mercaptobenzothiazol), aromatische Verbindungen (z.B. Thymol, Pentachlorphenol, Benzylphenole), quartäre Ammoniumverbindungen (z.B. Alkyldimethylammoniumchlorid) und anorganische Verbindungen (z.B. Zinkchlorid).

6) Gemälde

Besonders wirkungsvoll zur Desinfektion befallener Bilder ist das Begasen oder Besprühen mit Fungiziden. Je nach Art des Objektes kommen unterschiedliche Präparate zur Anwendung:

- *Gemälde auf Leinwand:* besonders geeignet ist eine Lösung von p-Chlor-m-kresol und Phenylquecksilberacetat in Terpentin und Aceton, die auf die Vorderseite von Gemälden aufgesprüht, auf die Rückseite hingegen eingebürstet wird;
- *Gemälde auf Holz:* empfohlen wird eine Begasung der Objekte mit Ethylenoxid, das mit Kohlendioxid, Freon oder anderen inerten Gasen verdünnt ist, um so die Explosionsgefahr zu beseitigen. Ebenfalls geeignet zur Abtötung von Schimmelpilzen sind Behandlungen mit Cyanwasserstoff, Methylbromid, Pentachlorphenol und Lösungen von p-Chlor-m-kresol und Phenylquecksilberacetat in Terpentin und Aceton;
- *Gemälde auf Papier:* Dämpfe von Ethylenoxid (mit Kohlendioxid), p-Chlor-m-kresol oder Phenylquecksilberacetat bekämpfen wirksam jeglichen Pilzbefall, ohne die Malschicht anzugreifen;
- *Gemälde auf Mauern:* Fungizide, die Schimmelpilze auf Fresken vernichten sollen, müssen vor allem lang anhaltend wirken. Auch hier verwendet man p-Chlor-m-kresol und Phenylquecksilberacetat, die in alkoholischer Lösung versprüht werden. Ein hoch wirksames Derivat von Nystatin zeigte gute Erfolge bei der Bekämpfung des Schimmelbefalls auf italienischen Kirchenfresken.

7) Farben und Anstriche

Zur Unterbindung eines Schimmelbefalls von Farben der verschiedensten Art fanden früher organische Quecksilberverbindungen und organische Zinnverbindungen Verwendung. Nachdem jedoch die hohe Toxizität solcher Substanzen bekannt wurde, wich man auf andere fungitoxische Verbindungen aus. Hierzu gehören beispielsweise quartäre Ammoniumverbindungen, halogenierte Sulfonylpyridine, Captane und Triazine.

In Räumen mit hoher Luftfeuchtigkeit und Verschmutzungen der Wände mit organischem Material (z.B. fettige Filme in Großküchen und Schlachthöfen, Mehlstaub in Bäckereien) tritt besonders leicht ein Schimmelbewuchs auf den Wänden auf. Dadurch können nicht nur die Anstriche zerstört, sondern auch Menschen und Lebensmittel infiziert werden. Bei der Auswahl geeigneter Anstrichfarben, die mit einem fungiziden Zusatz versehen werden, muß allerdings darauf geachtet werden, daß das Lebensmittelgesetz vorschreibt, daß von den Anstrichstoffen keine fremden Stoffe auf Lebensmittel übergehen dürfen, die gesundheitlich, geschmacklich und geruchlich bedenklich sind. Daher müssen fungizide Substanzen, die bei der Herstellung von Schimmelschutzfarben Verwendung finden, geruchlos, praktisch ungiftig, nichtflüchtig, licht- und luftbeständig und nur gering wasserlöslich sein. Ein gewisses Maß an Wasserlöslichkeit ist jedoch erforderlich, damit der Wirkstoff in ausreichender Konzentration im Feuchtigkeitsfilm, der die Anstriche bedeckt, gelöst wird. Nur das gelöste Fungizid wird vom Schimmelpilz aufgenommen und kann dann wirken.

Bei der Herstellung von Schimmelschutzfarben finden bzw. fanden folgende fungitoxische Substanzen Verwendung:

- *Organische Schwefel-Stickstoff-Verbindungen:* Zu dieser Gruppe gehören die meisten Wirkstoffe. Als Beispiele seien genannt: Thiocarbamate, N-(Fluordichlormethylthio)-phthalamid, N,N-Dimethyl-N'-phenyl-N'- und N,N-Dimethyl-N'-tolyl-N'-(fluordichlormethylthio)-sulfamid;
- *Organische Zinnverbindungen:* Besonders in Dispersionsfarben finden gewisse Trialkylzinnverbindungen (z.B. Tributylzinnhydroxid) Verwendung;
- *Chlorierte Phenole:* Die stark fungiziden chlorierten Phenole (vor allem p-Chlor-m-kresol, aber auch Tri- oder Pentachlorphenol) haben den Nachteil, daß sie einen Eigengeruch besitzen und mit eisenhaltigen Verunreinigungen aus dem Untergrund rotbraune Verfärbungen hervorrufen. Daher werden diese Verbindungen heute nicht mehr eingesetzt;
- *Organische Quecksilberverbindungen:* Phenylquecksilberverbindungen wurden früher bevorzugt verwendet, werden aber heute wegen ihrer verhältnismäßig hohen Flüchtigkeit nicht mehr eingesetzt.

8) Wolle

Unter gewissen Umständen (tropisches Klima, Verpackung in dichten Kunststoffpackungen) ist es nicht zu vermeiden, daß der Feuchtigkeitsgehalt von Wolle und Wollwaren derart ansteigt, daß ein Schimmelbefall ermöglicht wird. Hier müssen dann pilzhemmende Substanzen eingesetzt werden, zu denen insbesondere Dichlorophen- und Pentachlorphenol-haltige Präparate gehören. Zusätze in Höhe von etwa 3% (bezogen auf das Gewicht der Wolle) ergeben einen wirksamen Schutz vor jeglicher Infektion mit Schimmelpilzen. Früher verwendete Präparate auf der Basis von Salicylanilid, Kupfernaphthenat, Chrom und Organoquecksilber sind heute außer Gebrauch, weil sie oft zu Verfärbungen führen bzw. für Mensch und Tier toxisch sind.

9) Kühlschmierstoffe

In den modernen wassermischbaren Kühlschmierstoffen können sich neben Bakterien und Hefen auch Schimmelpilze vermehren, dichte Mycelien bilden und Rohrleitungen und Düsen verstopfen. Zur Bekämpfung des Schimmelwuchses werden Oxazolidin- und Hexahydrotriazinderivate sowie schwefelhaltige Verbindungen eingesetzt.

10) Metalle

Die durch Schimmelpilze hervorgerufenen Korrosionserscheinungen in Flugzeugtanks erfordern den Einsatz wirksamer Bekämpfungsmaßnahmen. Neben Verfahren, die das Eindringen von Wasser, Schmutz und Pilzsporen unterbinden, werden auch Biozide verwendet. Hierzu gehören organische Borverbindungen, Kaliumdichromat und Ethylenglykolmonomethylether. Die letzte Verbindung belastet die Umwelt nicht, muß jedoch in verhältnismäßig hohen Konzentrationen (0,1%-0,15%) dem Treibstoff zugesetzt werden.

11) Andere Materialien

Tabelle 55 informiert über den Einsatz fungitoxischer Substanzen zur Bekämpfung von Schimmelpilzen in anderen Materialien.

Tabelle 55. Beispiele für den Einsatz von Fungiziden im Materialschutz

Material	Zur Bekämpfung von Schimmelpilzen eingesetzte Substanzen
Holz	$Cu_2(OH)_2$, As_2O_3, NaF, Na_2HAsO_4, Dinitrophenol, Pentachlorphenol, Kresollösungen, Ethylquecksilberchlorid, Natriumtetrachlorphenoxid, o-Phenylphenol, Tetrachlorphenol, 2-Chlor-o-phenylphenol u.v.a.
Textilfasern und andere cellulosehaltige Produkte	Vor allem Kupferverbindungen, wie Kupfer-8-chinolinolat/Kupferoleat, Kupferformiat, Kupferammoniumfluorid; auch Quecksilberverbindungen, wie Quecksilberoxid; Phenole: Hexachlorophen, Pentachlorphenol, Tetrachlorphenol, o-Phenylphenol; organische Metallkomplexe: Phenylmercuriumlactat u.a.; Antibiotika: z.B. Neomycin; andere Substanzen: quartäre Ammoniumverbindungen, Zinkoxid, Zinkchlorid, Zinknaphthenat, Benzoate, Salicylate, Terpentin, p-Chlor-m-kresol, Natriumfluorid, Fluoridsalzkomplexe, Zinkdimethyldithiocarbamat
Klebstoffe, Leime	3-Methyl-4-chlorphenol, 2-Phenylphenol

Literatur

Beuchat LR (1983) Influence of water activity on growth, metabolic activities and survival of yeasts and molds. J Food Prot 46:135-141, 150

Cerny G (1982) Mikrobiologische Probleme bei der Lebensmittelverpackung. Verpackungs-Rundsch 33:Tech-wiss Beilage S 65-69

Doyle MP, Marth EH (1975a) Thermal inactivation of conidia from Aspergillus flavus and Aspergillus parasiticus. I. Effects of moist heat, age of conidia, and sporulation medium. J Milk Food Technol 38:678-682

Doyle MP, Marth EH (1975b) Thermal inactivation of conidia from Aspergillus flavus and Aspergillus parasiticus. II. Effects of pH and buffers, glucose, sucrose, and sodium chloride. J Milk Food Technol 38:750-758

Frazier WC, Westhoff DC (1977) Food microbiology. McGraw Hill, New York

Heiss R, Eichner K (1984) Haltbarmachen von Lebensmitteln. Springer, Berlin Heidelberg New York Tokyo

Lubieniecki-von Schelhorn M (1967) Untersuchungen über die Verteilung von Konservierungsstoffen zwischen Fett und Wasser. I. Mitteilung. Physikalisch-chemische Untersuchungen. Z Lebensmittelunters-Forsch 131:329-345

Lubieniecki-von Schelhorn M (1973) Vermehrung und Absterben von Mikroorganismen in Abhängigkeit vom Milieu unter besonderer Berücksichtigung kombinierter technologischer Einflüsse. III. Mitteilung. Einfluß der relativen Luftfeuchtigkeit auf die Hitzeresistenz verschiedener Typen von Schimmelpilzsporen. Chem Mikrobiol Technol Lebensm 2:26-32

Lubieniecki-von Schelhorn M (1974) Vermehrung und Absterben von Mikroorganismen in Abhängigkeit vom Milieu unter besonderer Berücksichtigung kombinierter technologischer Einflüsse. IV. Mitteilung. Die Beeinflussung des Mikroorganismenwachstums durch Kohlendioxid. Chem Mikrobiol Technol Lebensm 3:138-147

Lück E (1969-1973) Sorbinsäure. Bd 1: Chemie, Bd 2: Biologie, Bd 3: Technologie, Bd 4: Recht. Behr, Hamburg

Lück E (1977) Chemische Lebensmittelkonservierung. Springer, Berlin Heidelberg New York

Müller G (1975) Grundlagen der Lebensmittelmikrobiologie. Steinkopff, Darmstadt

Multon J-L, Guilbot A (Hrsg) (1973) Conservation des grains rêcoltês humides. Symp Int 5.-10. März 1973. Inst Nat Res Agron, Paris

Ray LL, Bullerman LB (1982) Preventing growth of potentially toxic molds using antifungal agents. J Food Prot 45:953-963

Rehm H-J (1961) Grenzhemmkonzentrationen der zugelassenen Konservierungsmittel gegen Mikroorganismen. Z Lebensmittelunters - Forsch 115:293-309

Rehm H-J (1980) Industrielle Mikrobiologie. Springer, Berlin Heidelberg New York

Rose AH (Hrsg) (1981) Microbial biodeterioration. Academic Press, London New York

Schmidt-Lorenz W (1977) Hitze-Inaktivierung von Schimmelpilzen und Hefen in Lebensmitteln. Schriftenr Schweiz Ges Lebensmittelhyg H 6:28-35

Stehlik G (1968) Brotkonservierung unter Verwendung von Gammastrahlung. Atompraxis 14:195-200

Walters AH, Elphick JJ (Hrsg) (1968) Biodeterioration of materials. Elsevier, Amsterdam London New York

Sachverzeichnis